机器人技术人才培养从理念到实践

谭立新 著

北京理工大学出版社
BEIJING INSTITUTE OF TECHNOLOGY PRESS

图书在版编目（CIP）数据

机器人技术人才培养从理念到实践／谭立新著 . --
北京：北京理工大学出版社，2022.10
ISBN 978 - 7 - 5763 - 1763 - 3

Ⅰ. ①机… Ⅱ. ①谭… Ⅲ. ①工业机器人—人才培养
—研究 Ⅳ. ①TP242.2

中国版本图书馆 CIP 数据核字（2022）第 189750 号

出版发行／北京理工大学出版社有限责任公司
社　　　址／北京市海淀区中关村南大街 5 号
邮　　　编／100081
电　　　话／（010）68914775（总编室）
　　　　　　（010）82562903（教材售后服务热线）
　　　　　　（010）68944723（其他图书服务热线）
网　　　址／http：//www.bitpress.com.cn
经　　　销／全国各地新华书店
印　　　刷／唐山富达印务有限公司
开　　　本／787 毫米 × 1092 毫米　1/16
印　　　张／13.5
字　　　数／302 千字
版　　　次／2022 年 10 月第 1 版　2022 年 10 月第 1 次印刷
定　　　价／42.00 元

责任编辑／王玲玲
文案编辑／王玲玲
责任校对／刘亚男
责任印制／施胜娟

前　　言

本书是作者从事机器人与智能系统研究和教育 26 年思想理念、研发实践及人才培养的总结与提炼，特别是 2007 年 12 月至 2019 年 1 月，作者任湖南信息职业技术学院信息工程系主任、电子工程学院院长、总支书记，以及湖南农业大学硕士研究生导师期间，以立德树人为根本遵循，以多元智能理论为基础，针对机器人工程硕士、机器人工程应用型本科、工业机器人技术（高职大专）、工业机器人应用与维护（中职）、机器人岗位培训各类型、各层次人才培养培训的特点，全面推出了以产业链、教育链、人才链与创新链"四链融合"的人才培养模式及"机器人系列产品驱动"的专业建设与人才培养的教育思想进行电子信息类及机器人类专业教育教学改革。主要创新性成果有：一是以机器人全产业链为目标，针对应用工程硕士、应用型本科、高职、中职、岗位培训确定了各层次、各类型在产业链中的分工与定位，系统解决了各层级的交叉与螺旋式上升逻辑，构建了系统体系；二是以工程项目为基础、以实践体系为依据，系统厘清了学术型人才与工程应用、技术技能人才之间的区别及联系；三是构建了教师队伍、学工团队、教材与教学资源开发、实践基地建设、技能竞赛、专业群建设与实施等方面机器人及专业建设的全面发展逻辑构架。

全书分为 3 章，第一章为机器人技术人才培养体系，从机器人全产业链角度，系统构建了机器人应用型人才培养体系，包括工程硕士、应用本科、高职大专、中职技校、岗位培训与专业群建设这几类。第二章为机器人人才培养理念及实现支撑，从教师团队建设、专业带头人建设、学工团队建设、人才培养的底层逻辑、教材与教学资源开发、专业群构建与实施方面全面、系统地论述了机器人专业的人才培养体系构建的理念及其实施思路，以及与机器人技术人才培养系列相关的条件与拓展，包括针对课程建设、人才培养的发展、技能竞赛与创新创意竞赛、"1＋X"证书建设、师资培训及学术大会发言等。第三章为机器人应用人才培养实践，以大事记为载体，全面展示湖南信息职业技术学院在智能机器人、工业机器人、无人机人才培养方面 12 年的过程及人才培养成果。

本书得到湖南省芙蓉人才支持计划：2019 年湖南省芙蓉教学名师项目（湘教通〔2019〕261 号）支持。

目　　录

第一章　理　念　篇

第一部分　人才培养与专业建设 ………………………………………………… 3

　　第一节　基于"机器人系列产品"的专业建设研究与实践
　　　　　　——以湖南省示范性特色专业电子信息工程技术为例 ………… 3

　　第二节　成果导向教育理念下的高职专业（群）建设再思考 …………… 11

　　第三节　人工智能时代高职人才培养的反思
　　　　　　《十年磨一剑　智慧育英才》前言 ………………………………… 19

　　第四节　人工智能时代高职人才培养的哲理再思考
　　　　　　《十年磨一剑　智慧育英才》后记 ………………………………… 22

　　第五节　《高职院校专业建设哲理分析、系统设计与智能落实》前言 … 25

　　第六节　"1＋X"证书制度对职业院校教育教学改革的启示 …………… 26

第二部分　团队建设与教师成长 ……………………………………………… 31

　　第一节　"项目驱动、八维一体"机器人团队建设研究 ………………… 31

　　第二节　"三信"培养理念的机器人学工团队建设研究 ………………… 36

　　第三节　高职专业（群）带头人建设的哲理思考 ………………………… 42

　　第四节　寻梦·启航·坚守
　　　　　　——2018级新生开学典礼上教师代表发言 …………………… 46

　　第五节　切实履行育人使命，做新时代合格教师
　　　　　　——2018年岗位培训老教师代表发言 ……………………… 47

　　第六节　竞赛引领　产教协同　做电子技术"大国工匠"的引路高人
　　　　　　——2019世界技能大赛电子技术项目湖南师资能力提升培训致辞 ……… 49

第三部分　教材开发与课程教学 ……………………………………………… 52

　　第一节　高职工业机器人技术专业教材体系开发研究与实践 ………… 52

　　第二节　工业机器人技术专业系列教材总序（第二版） ………………… 58

　　第三节　《机器人与智能技术》后记 ……………………………………… 60

第四节 《智能家居机器人设计及控制》前言 ………………………………… 61

第五节 《工业机器人入门与实操》序 …………………………………………… 63

第六节 做智能制造时代的智者

   ——《智能制造概论》序 ……………………………………………… 64

第七节 高职机器人技术应用专业群"人工智能应用基础"课程教学思考与

   实践 ………………………………………………………………………… 65

第四部分 学生成长与会议致辞 …………………………………………………… 70

第一节 追求卓越,做有"信仰、信心、信用"的智能英才

   ——2017 年元旦晚会讲话 …………………………………………… 70

第二节 做智能时代"三信"真人

   ——电子工程学院 2018 级新生成人礼上讲话 …………………… 71

第三节 莫负新时代,做智能时代佼佼者

   ——2019 年上学期电子工程学院第一次"朝阳朝话"讲话 ………… 73

第四节 人才培养须借力 创新融合上青云

   ——"互联网与智能制造"校企合作(长沙)峰会暨"做中学"互联网

   教学平台发布会发言 ………………………………………………… 76

第五节 做智能技术创新者 做智能时代弄潮儿

   ——2019 年全国青少年电子信息智能创新大赛湖南省区赛上的讲话 …… 77

第六节 人工智能,是权力剥夺还是自由降临? ………………………………… 79

第七节 国际会议致辞 …………………………………………………………… 81

第二章 体 系 篇

第一节 机器人工程硕士人才培养方案 ………………………………………… 85

第二节 机器人工程应用本科人才培养方案 …………………………………… 86

第三节 工业机器人技术高职大专培养方案 …………………………………… 92

第四节 中等职业学校工业机器应用与维护人才培养方案 ………………… 103

第五节 机器人与智能技术岗位培训方案 ……………………………………… 110

第六节 工业机器人应用技术岗位培训方案 …………………………………… 113

第七节 高职机器人技术应用专业群建设实施方案 ………………………… 115

第三章 实 践 篇

第一节 2008 年信息工程系大事记 …………………………………………… 153

第二节 2009 年信息工程系大事记 …………………………………………… 154

第三节 2010 年信息工程系大事记 …………………………………………… 157

第四节 2011 年信息工程系大事记 …………………………………………… 160

第五节 2012 年信息工程系大事记 …………………………………………… 163

第六节　2013 年信息工程系大事记…………………………………………… 166

第七节　2014 年信息工程系大事记…………………………………………… 168

第八节　2015 年电子工程学院大事记………………………………………… 172

第九节　2016 年电子工程学院大事记………………………………………… 176

第十节　2017 年电子工程学院大事记………………………………………… 183

第十一节　2018 年电子工程学院大事记……………………………………… 193

第一章 理 念 篇

本章系统阐述高职机器人技术应用专业群的建设理念，从专业整体设计、教师、教材、教法及证书体系设计五个方面进行论述，主要包括机器人专业整体建设、机器人教学团队建设、机器人学生工作团队建设、高职机器人专业（群）带头人建设、专业教材与教学资源开发、课程教学（以机器人专业群内通识课程——人工智能应用基础）、双证书制度设计与运行系统，谋划与设计了机器人技术应用人才培养的整体理念。

第一部分

人才培养与专业建设

第一节 基于"机器人系列产品"的专业建设研究与实践
——以湖南省示范性特色专业电子信息工程技术为例

摘要：以湖南省示范性特色专业电子信息工程技术专业建设为例，提出了一种基于"系列产品"驱动专业建设的全新模式。该模式通过人才市场和产品市场充分调研，确定人才培养目标与培养规格，选用（或开发）符合学生认知和兴趣特点，具有知识综合性、技术先进性和综合性，在合适周期（三年）内可完成的专业系列产品（载体），以系列产品设计与制作流程（工序）为主线，设计人才培养方案、课程体系和课程标准，建设校内外实践基地，开发教学资源，提升教学团队，引导学生主动发展。实践证明，该模式综合了"就业导向"和"工作过程"导向等主流专业建设模式的优点，并克服了其在对产业整体性和系统性把握不足等缺点，较好地培养学生的综合职业能力。该模式特别适用于技术性为主的工科类专业。

关键词：系列产品；机器人；专业建设模式；电子信息工程技术

中图分类号：G718.5 **文献标志码**：A

0. 引言

专业建设是高职院校内涵建设的核心，也是提高教育教学与人才培养质量的关键[1]。目前高职院校专业建设模式主要有三种：一是"压缩饼干"模式，其主要特征是按照传统学科体系在本学科相近或相同专业的基础上进行压缩或增减相关课程进行改造而来的，是高职初建阶段的主要模式，不符合高职人才培养的基本规律和忽视了综合职业能力的培养。二是"就业导向"模式，其以企业需求和学生择业志向满足程度为前提，能够实现订单培养，符合合作企业的当前要求，但这样培养的学生会过于功利、学习缺少系统性，工作后出现可持续性能力不够，忽视了学生的主观能动性。三是"工作过程导向"模式，以工作过程为导向，是目前高职流行的专业建设模式，以企业岗位（群）为基础，其课程定位与目标、内容与要求、教学过程与评价都落实在岗位能力的培养上，但市场和岗位变化太快，学生所学不能很好地适应市场需求，缺少产业的整体性和系统性。

湖南信息职业技术学院电子信息工程技术专业 2007 年提出了系列产品建设的基本思路，2009 年进行了完善，2011 年立项为湖南省"十二五"重点建设项目，2014 年验收"优秀"。在专业建设特别是省级示范性特色专业建设过程中，系统思考并探索了一种基于"系列产品"驱动专业建设的新模式。

1. 什么是"机器人系列产品"驱动专业建设的模式

1.1 什么是"系列产品"

本文中所指的"系列产品"具有以下五个特点[2]：一是在相关专业生产领域具有较高的知识综合性，在技术上具有可持续的先进性和一定竞争力；二是具有完整的服务和使用功能且在关键部件上有自主知识产权；三是通过一定的努力和协同，学生可以在三年内完成；四是在设计、制作或开发上不需要投入过多资金；五是随着行业的发展，在一定的时间内有着良好的商业价值和市场前景。

"系列产品"驱动专业建设是指以产品设计与制作流程为主线，设计人才培养方案和课程标准，进行专业建设的一种新模式。

1.2 什么是"机器人系列产品"驱动专业建设

该模式是指对接新兴机器人产业，以机器人技术应用综合职业能力培养为核心，以机器人产业链的技术与服务为需求，以机器人项目管理、设计开发、生产制作、系统集成与应用服务为主线设计人才培养方案、课程体系、课程标准、建设实践基地、提升教师团队，引导学生主动发展的一种专业建设模式。

1.3 为什么选用机器人作为驱动专业建设的载体

一是现代电子信息专业具有信息化与智能化两大特点，信息化、智能化是现代工业、现代社会的发展趋势。二是现代大学生的"声色犬马"的特点[3]，需用"声色犬马"的手段和方法改进进行教学。"声"：是一系列多姿多彩的声音声乐世界中熏陶出来的。"色"："90 后"学生生活在色彩斑斓的世界，有丰富多彩的数码产品及网络资源。"犬"这里是指"娱乐休闲"智能玩具，从小就生活在高科技的环境下。"马"这里是指"交通工具"。"90 后"学生生活在智能交通发展时代。三是机器人具备"声色犬马"功能，可以适合和充分调动学生的兴趣，引导学生有效学习。四是机器人涵盖了计算机技术、现代控制技术、传感技术、机械设计、人工智能技术、电子技术、通信技术、信息处理技术、材料与各学科专业的融合等。五是机器人是正在蓬勃发展的新兴产业，2014 年是中国工业机器人"元年"，长沙处在湖南省机器人产业集中区。六是选取机器人作为明确的载体，可以有效解决目前校企合作中存在的"假、大、空"问题，使校企合作做到目标明确，可实施性强等，有效地激发和调动企业参与校企合作的热情，变"一头热"为"两头甜"，让企业由配角变成主角，参与专业教育教学全过程，实现"校企文化交融"，培养和造就真正满足企业需求的高素质技能型人才。

由上可知，选用机器人作为专业建设的载体，符合学生的兴趣和认知特点、符合电子信息工程技术专业的专业特点，"机器人"系列产品涵盖的知识技术在电子信息领域内具有综合性、先进性和可持续性的特点，并且有一定竞争力，同时符合现代产业发展的需求，因此，选用机器人作为驱动专业建设的载体具有可行性和合理性。

2. "机器人系列产品"驱动专业建设的主要做法

电子信息工程技术专业在省级示范性特色专业建设过程中，系统提出并完成了以下10个方面的建设：完善"依托平台、五方联动"的专业动态调整机制；完善"互通互融、协同创新"的校企深度合作机制；全面落实"双元培养、工学融合"的人才培养模式；落实"目标模式、任务分解"的课程体系开发模式；实施"名师引领、项目驱动"的教学团队提升工程；全面建成"四位一体、共享多赢"的实践教学基地；建设"校企共建、优质共享"的立体教学资源；努力完善"发展导向、系统评价"的教学管理制度；拓展"对接产业、服务区域"集成化社会服务能力；充分发挥"专业联盟、品牌辐射"的示范引领作用。

2.1 "依托平台、五方联动"的专业动态调整机制

围绕机器人产业的发展，依托湖南信息产业职业教育集团、湖南省中小企业远程培训基地、长沙市机器人产业技术创新战略联盟等平台，建立与完善了"政府＋行业＋企业＋学校（学校项目组、兄弟院校）＋学生"五方联动的专业动态跟踪与调整机制。五方紧密合作，发挥各自强项，建立校企共同开展专业调研、专业培养目标定位、专业课程体系构建、课程开发、基地建设、专业师资团队建设、校企文化融合、人才培养质量评价与监控、学生就业创业指导与服务的制度，全面构建"人才共育、过程共管、责任共担、成果共享"的校企合作长效机制。基于"系列产品驱动"的专业建设模式下的专业动态调整的具体流程如图1所示。

2.2 "双元培养、工学交融"人才培养方案与课程体系开发

第一阶段，通过行业、区域经济、人才市场与产品市场的调研，确定专业建设的人才培养目标与人才培养规格，主要体现为"三大能力"（专业能力、基础能力、社会能力）；第二阶段，根据"三大能力"的要求，设计（或选择）确定实现培养过程的"载体"——系列产品；第三阶段，根据产品的技术实现这个目标，整合典型流程（工序），设计课程体系，同时以此为依据，建设校内"生产性"实践基地。将专业知识和实践技能的获取贯穿到"迎宾机器人"设计与制作过程中。

（1）专业核心课程设计。以机器人设计与制作流程（工序）为主线（图2），按照实际工程开发的流程进行专业核心课程设计。对应机器人设计制作的七个核心流程，设计开发了电子产品项目管理、电路设计与仿真、PCB设计、PCB制作、电子产品制造、嵌入式

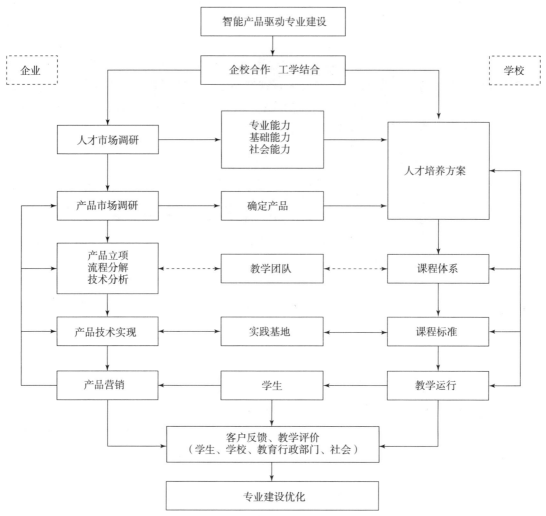

图1 基于"系列产品驱动"的专业建设模式下的专业动态调整流程图

系统设计与开发、毕业项目综合训练等课程。

（2）专业支撑与拓展课程的设计。依据核心课程和相关职业技能训练及专业拓展提升，设计支撑与拓展课程，开发了C语言程序设计、电子设计自动化、传感器应用技术、模拟电子技术应用、数字电子技术应用、电子信息专业英语、质量检测与控制等课程。

（3）基础课程的设计。依据学生职业生涯及终身发展的需求，建设基础能力模块课程。

所有课程基于机器人的设计与制作主线，以做为核心，通过"一做、二讲、三练、四评、五拓展"五个教学环节，实现了"知行合一""教学做合一"。在以"迎宾机器人系列产品驱动"的课程体系中，学生获取了专业基础知识、职业素养，并具备了设计制作其他类型的机器人、智能电子产品的能力，达到举一反三、触类旁通的目的。

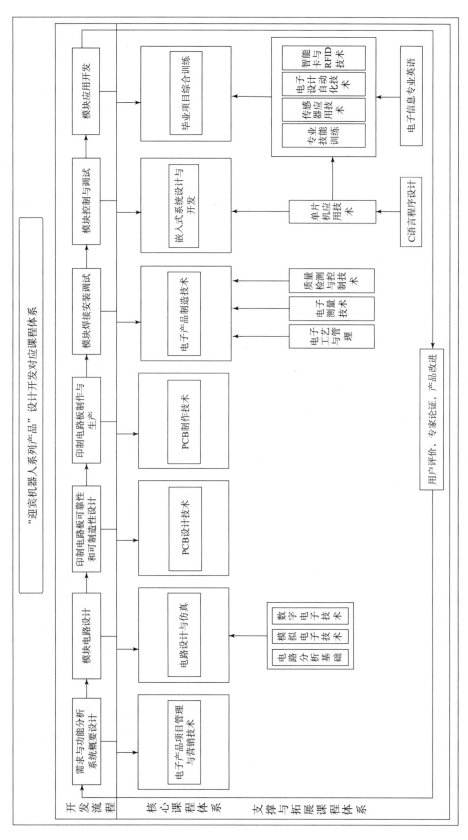

图2 基于"机器人系列产品驱动"的专业建设模式下的课程体系

与其他专业建设模式的课程体系及本科教学的区别在于一个是知识（理论）体系，一个是实践体系；一个强调知识的完整性与系统性，一个强调实践的完整性与系统性。与"就业导向"及"工作过程导向"相比，虽然都强调实践，但该模式具有完整的产业链，强调上下游之间的衔接与联系，是系统的、完整的；是以技术为主线的开放式系统，强调产业链的共同技术，不以某一企业或某几个企业的需求为依据，具有较强的产业共性。

2.3 全面建成"四位一体、共享多赢"的实践教学基地

"四位一体"是指产、学、研、培四位一体。产：电子产品来料加工、PCB 设计与制作等；学：实践教学；研：机器人等智能电子产品开发、技术服务和标准制定；培：学生、社会人员职业培训、技能鉴定、资格认证。"共享多赢"是指投入的单位（学校、学生、企业或其他出资单位或个人）实现多赢，实践基地由"输血"向"造血"转变[4]，但所有实践基地的收入不能来自"学生本身"，也不能来自对学生劳动力的"剥削"。

以职业能力培养为核心，集生产、教学、科研、培训于一体，软硬同步提升的建设理念，建设具有现代企业先进管理理念和企业文化的校内实习实训基地；构建科学、合理的实践教学体系，实现实践教学体系的模块化、开放化、多层次化，使用先进装备和系统进行操作训练，让学生受到全面的"任务"工程训练；扩大校企双方物质、智力和信息三大资源共享面，全面建成"四位一体、共享多赢"的实践教学基地。按"机器人系列产品"设计开发与生产制造的基本流程（图3）：①机器人系列产品需求分析与功能设计；②机器人系列产品外形及机械结构设计；③机器人硬件电路设计及 PCB 版图设计；④机器人产品印制电路板制作；⑤机器人产品硬件电路焊接与装配调试；⑥机器人产品软件控制与调

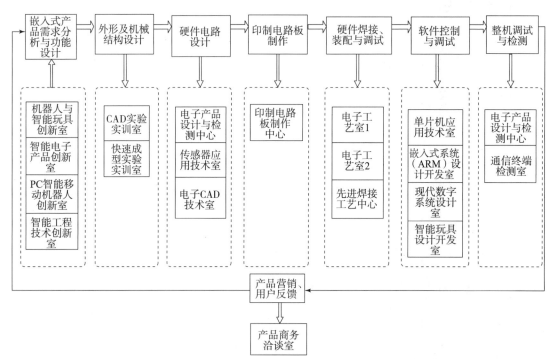

图3 产品生产流程与实践基地建设关系

试；⑦机器人产品整机调试与检测；⑧机器人产品营销与售后服务。按以上思路，对原有实习实训场所进行重新规划与优化，通过调整、整合、改造、新建等形式形成了新的实践基地。

3. "机器人系列产品"驱动专业建设的主要成效

我们认为，高职专业建设的成果与成效主要体现形式为人才培养、教师发展、专业声誉提升[5]三个方面。

3.1 人才培养质量的提高

教育的主体是学生，专业建设的最终目的还是要落实到学生培养上，学生基于"机器人系列产品驱动"的课程体系的学习、实践、创新，综合职业能力得到较大的提升，主要体现在技能竞赛、职业技能鉴定通过率、就业质量、学生作品和学习的积极性等方面。

（1）学生技能（设计）创业规划竞赛。2007—2014年连续9年在全国职业院校技能竞赛（教育部等）与湖南省技能竞赛、中国机器人竞赛暨RobCup中国公开赛（与重点本科院校博弈）、中国水中机器人竞赛（与重点本科院校博弈）、中国教育机器人竞赛、全国大学生电子设计竞赛、湖南省黄炎培创业规划大赛、工信部电子设计与技能竞赛等各类比赛中获省级和国家级一、二等奖累计500多人次。

（2）学生自主完成的作品。学生通过电子协会、机器人协会和创业协会平台制作了40余款机器人及相关电子产品，其中，游铁钢的自动货运小车、邓黎的太阳能小车与曙光集团签署了产业化合作意向；游铁钢的自动货运小车控制系统成功申报了计算机软件著作权及国家发明专利。

（3）国家职业技能鉴定通过率与等次。电子信息工程技术专业近5年学生全部通过无线电调试工职业技能鉴定、Protel制图员职业技能鉴定，获得高级工，并有15%学生获技师职业资格证书。

（4）学生就业质量。学院被评为就业"一把手工程"优秀单位，电子信息工程技术专业学生历年一次性就业率在90%以上，基本是在全国机器人及相关知名企业从事技术支持、研发、基层管理工作，主要有长沙长泰、深圳中兴、华为技术、美的、长沙宇顺、威胜集团、海尔、中科鸥鹏等。根据第三方教学质量评价体系——麦可思数据（北京）有限公司提供的数据，本校电子信息工程技术专业2013届毕业半年后月收入3 710元，高于全国高职电子信息工程技术专业平均值3 178元17个百分点，就业率96%以上，对口就业率90%以上，社会满意度97%以上，远高于全国平均水平。

3.2 教学团队的促进

通过三年的示范性特色专业建设，教学团队经过境内外专业培训、专业教师下企业培训、技能竞赛指导、与企业联合开发机器人系列产品与技术服务等途径，培养了省级学科带头人1名、省级教学名师1名、省级专业带头人2名、省级骨干教师3名；获机器人技术省级科研项目26项；国家发明专利、实用新型专利、计算机软件著作权11项，发表论文150余篇，其中EI、SCI收录20余篇，编写《家居机器人设计与控制》等专著和教材

20 余本；湖南省教学成果奖 1 项，科技进步奖 2 项；主持湖南省电子 CAD（绘图员）等职业技能鉴定标准等 10 个标准开发。

3.3 专业声誉的提升

电子信息工程技术专业 2007 年系统提出并实施以"机器人系列产品"驱动专业建设以来，2007 年获省级重点实习实训基地，2008 年获省级教学团队，2009 年获省级精品专业，2011 年获省级示范性特色专业，2014 年获省级中高职衔接试点项目；2013—2014 年承办了"机器人与智能技术"等 6 个国家级和省级品牌的师资培训，形成了机器人设计与控制等 6 门品牌课程，承办了电子信息类和机器人类国家级、省级技能大赛品牌竞赛 20 项次；湖南卫视、湖南教育电视台、长沙晚报、大湘网等媒体对电子信息工程技术专业的机器人进行报道；与湖南省示范性工业机器人园区进行了深度的品牌合作；组织和参与 2013 年世界之窗的机器人狂欢节等社会科普品牌宣传活动；吸引了马来西亚、德国等国前来参观学习交流等。

4. 结论

本文以湖南信息职业技术学院电子信息工程技术省级示范性特色专业建设作为建设范例，系统提出并实践了一种基于"系列产品"驱动的全新专业建设模式。该模式的核心在于：以区域产业整体技术需求为基础，强调产业链技术的系统性和完整性，以产业典型的系列产品设计与制作流程（工序）为主线，设计人才培养方案、课程体系和课程标准，建设校内外实践基地，开发教学资源，提升教学团队，引导学生主动发展。其特点在于强调实践的系统性。实践证明，该模式综合了"就业导向"和"工作过程"导向等主流专业建设模式的优点，并克服了其对产业整体性和系统性把握不足等缺点，较好地培养学生的综合职业能力。该模式特别适用于技术性为主的工科类专业。

参考文献

[1] 李建求. 论高职院校的专业建设 [J]. 高等教育研究，2004，24（4）：79.

[2] 陈焕文，谢丽娟. 高职院校人才培养的系统分析、设计与实践 [M]. 北京：知识版权出版社，2011.

[3] CMI 校园营销研究所，群邑智库. 互联网下九〇后—"90 后"大学生数字化生活研究报告 [EB/OL]. http://wenku. baidu. com/view/002f8dc62cc58bd63186bd4f. html.

[4] Ruth Nickse. Competency‐Bsaed Education：Beyond Minimum Competency Testing，New York：Teachers Press，1981.

[5] 余克泉，等. 职院专业建设与评价 [M]. 长沙：中南大学出版社，2009.

[6] 雷正光. 当代职教专业建设若干新理念 [J]. 职教论坛，2005（24）：13‐15.

基金项目：湖南省职业院校教育教学改革研究重点项目：高职专业建设效益评价模型及其应用（项目编号：ZJA2013016）；湖南省职业教育"十二五"重点建设项目：电子信息工程技术示范性特色专业（项目编号：湘教通〔2011〕379 号）。

第二节 成果导向教育理念下的高职专业（群）建设再思考

高等学校的主要职责可以概括为人才培养、科学研究、社会服务、文化传承与创新、国际交流与合作五个方面。高等职业教育作为高等教育的一种类型，其基本职责与学术型高校相比，有其自己的侧重点，可以将其概括为高素质技术技能人才培养、技术研究及其应用、面向区域与产业的社会服务、工匠文化传承及其应用创新、符合产业发展创新的国际交流与合作。高职教育教学改革进入了深水区，加强重点领域综合改革，突破制约办学水平提升、人才培养质量提高的体制机制障碍，打造一流师资，建设一流专业（群），产出一流成果，最终将落实到培养一流人才这个目标上来。成果导向教育（Outcome Based Education，OBE）是基于所有学习者均成功（Success for All）的理念，教育过程聚焦学生培养的最终成果，彰显了教育本质。在一流高职院校建设中，成果导向教育是推进高水平专业（群）建设的有效途径。高职专业院系是专业（群）建设的主要设计者、核心组织者和实施者，如何运用成果导向教育理念，在专业（群）建设特别是人才培养方面取得突破性成果，是高职五大职能实施成败的关键与核心，没有之一。

1. 成果导向教育理念是什么

1981 年美国学者斯派蒂（Spady）等人提出了成果导向教育理念，其中的"成果"是指学生的学习成果，斯派蒂把学习成果归结为：学习者在完成学习后所应知道的、理解的和具备的能力水平，其核心是学生完成学业后可以"带得走"的能力。作为教育过程最终表现的形态，学习成果中的"能力"内涵包括：一是知晓和理解学术领域理论知识的能力；二是能掌握在某个情境中实践和操作的知识并懂得如何去做；三是能够形成与人沟通和合作的成熟的价值观，并能在社会活动中合理运用这些价值观；四是能将知识、技能、态度和责任等综合表现在具体的社会活动中。从高职教育角度看，学习成果是学生在完成高职教育学习过程后应确切知道、理解和掌握的知识和技能的总和。也可表述为"通过高职教育，学生在某一专业领域里能够达到的最终能力，包含通用能力和专业能力两个方面"。其理论内涵见表 1。

表 1 成果导向理论内涵

序号	内容	核心内涵
1	人人都能成功	所有学生都能在学习上获得成功，但不一定同时或采用相同方法。而且，成功是成功之母，即成功学习会促进更成功的学习
2	个性化评定	根据每个学生个体差异，制定个性化的评定等级，并适时进行评定，从而准确掌握学生的学习状态，对教学进行及时修正
3	精熟（master learning）	教学评价应以每位学生都能精熟内容为前提，不再区别学生的高低。只要给每位学生提供适宜的学习机会，他们都能达成学习成果

序号	内容	核心内涵
4	绩效责任	学校比学生更应该为学习成效负责,并且需要提出具体的评价及改进的依据
5	能力本位	教育应该提供学生适应未来生活的能力,教育目标应列出具体的核心能力,每一个核心能力应有明确的要求,每个要求应有详细的课程对应

1.1 成果导向教育金字塔模型

斯派蒂于 1994 年在《成果导向教育:关键问题与回答》(Outcome - Based Education: Critical Issues and Answers)书中,提出了成果导向教育金字塔模型,可表述为"一个执行范式、两个关键目标、三个关键假设、四个执行原则、五个实施环节",如图 1 所示。

一个执行范式
两个关键目标
三个关键假设
四个执行原则
五个实施环节

图 1　成果导向教育的金字塔模型

一个执行范式:OBE 实施伊始,应有一个清晰的愿景及框架来清楚阐明学生在专业领域应具有何种能力,并围绕具体能力指向设计教学目标、课程组织、教师教学以及教学评价的框架体系。

两个关键目标:一是构建成果蓝图;二是营造成功情境和机会。成果蓝图表明学生在毕业时应当具有的知识、能力与价值追求即培养目标即毕业要求。营造成功情境与机会要求学校应创设学生成功学习的条件和环境,并为学生成功学习提高充分的选择权,这也是实现成果蓝图(培养目标)的充分条件。

三个关键假设:一是所有学生均能取得成果,但不一定在同一时间和以同一种方式;二是成功的学习能促进更成功的学习;三是学校掌握影响学生成功学习的环境与条件,即学校的各项工作会影响学生的学习。

四个执行原则:一是清楚聚焦于学习成果(最终成果),而不是学习过程中的阶段性的成果;二是增加学生成功学习的机会并支持成功的学习;三是教师应当将学生的学习历程视为学生自我实现过程;四是从学习成果反向设计课程体系,课程与教学设计回归到使学生能够掌握学以致用的技能,即学生能够"带得走的能力"。

五个实施环节:一是定义学习成果;二是构建课程体系;三是课程实施;四是成果评量;五是确定进步并逐级达到最终成果(或称最高成果、顶峰成果)。

1.2　高职专业（群）建设的成果分析

高职专业（群）建设首要考虑专业（群）开发是否是当前社会经济所迫切需要，新专业（群）开发对提升学校办学能力的作用与贡献，花巨额投资的专业（群）设施是否可持续发展，当前热门专业（群）若干年后是否被人才市场所接受等一系列问题。关键是专业（群）建设应尊重市场经济规律和高等职业教育的特点，根据厂商、行业或产业岗位群对人才规格、能力、素质等方面的要求，设定专业（群）培养方向、能力素质标准、教育内容、教育模式、教学手段，提供优质的教育、培训、服务，最大限度地满足社会经济发展对人力资源开发的需求，从而把高等职业教育作为一种"产业"来"经营"，提高经费投资效益，以求在人力资源开发、提升劳动力素质和资源输出等成果方面获得"最大回报"。高等职业专业（群）建设经济效益观从宏观上还得系统研究整个教育体系。职业教育普通化自然拓展了自己的双向适应性，为高等职业教育乃至普通高等教育特别是工科院校提供优质生源。这是深层次的系统经济观，已被高等职业教育专业（群）建设接纳为当代新思念。

专业（群）建设及其运行过程中需要大量的投入，例如课程建设、师资培养、实践基地建设、教学资源建设等。投入是基础，投入了并不一定有产出，没有产出的投入是无效的投入。高职专业（群）建设的目的在于培养高素质技术技能型人才。因此，专业（群）建设第一产出是通过管理与运行培养出大量的高素质技术技能人才。

目前，高职院校（成果）产出最直观的形式是奖项的获取。例如：70 个立项建设的国家示范性高等职业院校的产出形式，体现在教育部目前设的奖项上。教学团队建设的最好表现形式是被评为国家级教学团队，专业团队的负责人或重要成员成为国家级教学名师。课程建设的最好表现形式是成为国家精品（网络）课程，实训条件建设的最好表现形式是成为国家级实验教学示范中心、工程技术中心、科普中心。教学效果的最好表现形式是学生能否在全国大学生数学建模竞赛、全国三维数字建模大赛、全国大学生 ERP 技能大赛、全国大学生电子设计竞赛、全国"发明杯"大学生创新大赛、全国大学生机器人大赛等各种技能大赛中获奖。这些都评不上，至少说明投入与产出是不成比例的。笔者认为，高职专业（群）建设产出的成果主要体现形式人才培养、教师发展、专业声誉的提升三个方面：

（1）人才培养。①学生课堂学习的自主性与创新性、各种协会、课外活动的表现等，近期反映；②学生技能（设计）创业规划竞赛，中期反映；③学生文艺活动比赛，中期反映；④学生自主完成的作品数与等次，近中期反映；⑤国家职业技能鉴定、行业证书通过率与等次，近中期反映；⑥技能抽查合格率与优秀率，近中期反映；⑦学生就业质量（学生就业专业对口率、起点工资、职业稳定性及转岗后的适应性与发展性），后期；⑧学生人格的完整性、"三观"的正确性，全程；⑨长期的人才培养效果与后劲（培养的杰出人才、高端人才、高技能人才、技能大师等）。

（2）教师的发展。①教研科研立项数与等次；②教研科研成果获奖数与等次；③论文专著数与创新性及收录数；④教学名师与专业（学科）带头人数与等次；⑤教学（技能）竞赛获奖数与等次；⑥自主知识产权数（国家发明专利、国家实用新型专利、国家软件著作权数、外观专利等）；⑦教师在学生心目中的认可度（满意率）；⑧参与或主持行业企业或国家标准的制定数与等次；⑨教学团队及其等次。

（3）专业声誉提升。①牵头或核心参与的学会或产业联盟等次与规模；②对外培训数量与质量；③承办技能竞赛等次与数量；④职业技能鉴定层次与数量；⑤科普基地的数量、容量与等次；⑥承办学术会议的层次与数量；⑦产品开发能力与市场效益；⑧科研成果转化率及其社会与经济效益；⑨精品课程数量与等次；⑩实践基地（工程技术中心、示范性教学基地）等功能与等次。

2. 成果导向教育理念下高职专业（群）怎么做

成果导向教育理念的基本原理是"所有学习者均成功"，其理论基础是多元智能理论，人的智能包括语言智能（Verbal/Linguistic）、数理逻辑智能（Logical/Mathematical）、空间智能（Visual/Spatial）、身体 – 运动智能（Bodily/Kinesthetic）、音乐智能（Musical/Rhythmic）、人际智能（Inter – personal/Social）、内省智能（Intra – personal/Introspective）、自然探索智能（Naturalist）、存在智能（Existentialist Intelligence）。多元智能理论和成果导向理念强调，所有学生均能取得成果，但不一定在同一时间和以同一种方式，并且学校掌握着影响学生成功学习的环境与条件，会影响学生成功学习。因此，实施成果导向教育要加快学分制改革，积极为学生创设有利于成功学习的环境和条件，加强学生选择学习进度与时间安排的自主权，使所有学习者均能按照自己的节奏取得学习成果。其实施的关键是"以学生为中心、因材施教、知行合一"。一是要产学研用服相结合，在学习中发现问题、解决问题、创新产品、产业化，实现创新与创业目标，服务社会；二是要有责任理念意识，学生与教师都是团队成员，学生不是被学习者，老师不是老板，不是蜡炬，而是引路人，对学生成长和发展负责；三是树立全面成才观念，培养学生高尚情操与综合素质，会工作，也要会生活，事业有成及生活幸福。

2.1 人才培养是高职专业（群）建设的"牛鼻子"

高素质技术技能人才培养是高职专业（群）建设的目标及其核心成果，也是做好高职专业（群）建设的"牛鼻子"。成果导向教育金字塔模型构建了根据人才需求确定培养目标、根据培养目标分解毕业要求、按照毕业要求归纳能力结构、根据能力结构设计课程矩阵，从而形成专业人才培养方案基本框架的反向设计路径。而人才培养方案的实施则从编制课程标准开始组织正向实施，即按照课程标准组织教学内容及进行单元教学设计、基于所有学习者均成功的教育理念选择教学策略与实施方法、聚焦最终学习进行成果评量。基于成果导向教育金字塔模型的反向设计、正向实施的人才培养方案闭环结构如图 2 所示。

2.1.1 反向设计培养方案

一是确定培养目标（即学习成果）。成果导向教育理念始于学习成果的创设，终于学习成果达成度的评价。按照 OBE 金字塔模型，成果导向教育实施伊始就应该有一个清晰的愿景，阐明学生在专业领域应具有何种能力。而这个"愿景"的具体表现就是成果蓝图即培养目标，它一般是对学生毕业五年内能够达到专业水平的总体描述。确定培养目标要遵循满足内外部需求；目标表述要精准两个原则：①专业人才培养目标需满足内外部需

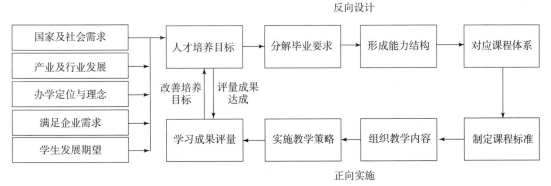

图2 成果导向的反向设计、正向实施的人才培养方案闭环结构

求。专业人才培养既要满足社会需求、企业需要，体现教育价值，更要满足学生成长与发展，既要满足学生就业能力的当前需求，也要满足学生未来职业生涯的可持续发展能力的长远需求，因此，人才培养目标的内外部需求应包括国家及社会需求、产业和行业的发展要求、学校办学特色与定位、用人单位需求及学生发展需求等五个方面。②专业人才培养目标的精确表述。精确表述专业人才培养目标要求内涵要准确、条理要清晰。目前普遍存在的一个问题是：专业人才培养目标不具有成果性，表述既不精准，也不具有条理性，更无法具体转化为能力要求进而形成能力结构，并且文风八股。比较典型的表述是"本专业培养具有……，掌握……，能在……从事……的高级技术技能人才"。培养目标的表述要准确而有条理，便于在毕业要求中具体化。培养目标应由4～6个准确表达、条理清晰的条目构成，每一条目必须有1条或多条毕业要求来支撑。

二是明确毕业要求。毕业要求支撑专业人才培养目标的有效达成，是培养目标在专业人才培养中的具体要求。二者间有明确的对应关系，即一条培养目标可以有1条或若干条毕业要求做支撑，而1条毕业要求也可以支撑多条培养目标的达成。毕业要求可参照合适专业认证标准，一般由8～12条组成。

三是设计能力结构。能力结构是由按毕业要求分解成具体的能力指标（能力点）构成的整体，即能力指标体系。每一条毕业要求可以分解为1个或多个能力指标，但每一个能力指标都只对应一条毕业要求，能力指标的表述要准确达意且能区分能力层次要求，不同能力层次可参考布鲁姆认知目标分类进行合理表述。

四是课程体系转化。课程是实现毕业要求的具体能力指标的有效载体，一条能力指标可以由一门课程实现，也可由多门课程共同实现，而一门课程可以实现1条或多条毕业要求的能力指标，我们用课程矩阵表达就会清楚地看到毕业要求、能力指标与课程的映射关系。将课程矩阵所列课程按照前导、后续以及涉及的能力指标难易程度进行序化即可得到专业人才培养的课程体系。课程体系用课程地图加以表现，不但能够作为教学组织实施的基本文件依据，而且能成为指引学生自主学习的课程索引。

2.1.2 正向实施人才培养

一是编制课程标准。课程标准是对学生完成课程学习后的学习结果所做的具体描述，是课程对毕业要求和培养目标达成的贡献度的具体表现，也是对课程教学的基本规范和要求，以及实施教学组织与管理、课程教学评价的依据。课程标准的基本框架一般由前言、课程目标、课程内容和要求、实施建议、学习评价等部分组成。编制课程标准时，要注意课程目标与能力指标间的对应关系，应清晰表明课程教学对达成学习成果中具体的能力指标的贡献度，并以此设计和安排学习内容，并提出课程实施的教学建议及学习评价方法。

二是组织教学内容。教师根据课程标准进行单元教学内容选择、开展单元教学设计，即教师编制授课计划和教案。教师在组织教学内容并进行单元教学设计时，应充分贯彻成果导向教育金字塔模型的"四个执行原则"。

三是实施教学策略。按照 OBE 金字塔模型的三个关键假设，在教学组织与管理中，应以学生为中心，扩大机会，学生可以根据课程地图自主选择学习的内容与时间，相同的学习成果可以在不同的时间以不同的方式取得。学校在学习资源组织与供给方面应能促进学生成功地学习。因此，实施成果导向教育，需深化人才培养机制改革，建立健全以学分制和弹性学制为核心的导学、选课等机制，以学生为中心，采用多种教学方式，适应不同能力层次的学生的学习需求。

四是学习成果评量。OBE 在学习成果评量上区别于传统教育的共同标准参照的分等评价，采用自我标准参照。由于强调包容性成功，学习成果评量不能用于学生间比较。因此，OBE 倡导采用多元评量机制，直接评量与间接评量成为多元评量的方法，测验蓝图与评量规准成为评量的标准，纸笔测验与非纸笔评量成为多元评量的主要方式。

2.2　师资团队是高职专业（群）建设的"牵绳人"

师资团队是高职人才培养建设具体实施者与组织者，是学生成长成才的引路人、指导者，也是高职专业（群）建设真正走向何方的"牵绳人"。在成果导向教育理念和多元智能理论体系下，师资团队要重新定位自己的学生观、教学观、成才观、团队成长发展观。

一是要改变以往的学生观。在人才观上，多元智能理论认为几乎每个人都是聪明的，但聪明的范畴和性质呈现出差异。"天生我才必有用"。学生的差异性不应该成为教育上的负担，相反，是一种宝贵的资源。要改变以往的学生观，用赏识和发现的目光去看待学生，改变以往用一把尺子衡量学生的标准，要重新认识到每位学生都是一个天才，要正确地引导和挖掘他们，每个学生都能成才。

二是重新定位教学观。在教学方法上，多元智能理论强调应该根据每个学生的智能优势和智能弱势选择最适合学生个体的方法。按照孔子的观点，就是要考虑个体差异，因材施教。"因材施教"是孔子创立并在个别教学环境下成功地实施了，继承这一珍贵的教育遗产，在运用多元智能理论的前提下，更好地实施。要关注学生差异，善待学生的差异，在教学中，根据学生的差异，运用多样化的教学模式，促进学生潜能的开发，最终促进每个学生都成为自己的优秀。

三是教师要改变自己的教学目标。在教育目标上，多元智能并不主张将所有人都培养成全才，而是认为应该根据学生的不同情况来确定每个学生最适合的发展道路。通俗来讲，多元智能理论不是让学生千军万马过独木桥，也不是简单地要求给学生多架几座桥，而是主张给每条学生都铺一座桥，让"各得其所"成为现实。这也就是所提倡的"让每个学生都来有所学，学有所得，得有所长"。人是手段，更是目的。教育的价值除了为社会培养有用之才外，更在于发展和解放人本身。

四是观念的变化带来教学行为的变化。教师备课、上课不能再像以往那样仅仅为了完成教学大纲的要求，而是更多地从关注学生，开发学生潜能，促进学生全面发展方面去考虑问题。采用多种方式和手段呈现用"多元智能"来教学的策略，实现为"多元智能而教"的目的，改进教学的形式和环节，努力培养学生的多种智能。在教学形式上，重视小组合作学习和讨论，以利于人际智能的培养。在教学环节上，重视最后的反思环节，培养学生的内省智能。力争使课堂教学丰富多彩，课堂互动形式多样，使学生的主体地位更加明显。

五是融合发展与共同成长。在育人领域，打破以往学工系统、教学系统、行政系统、政工系统、后勤系统等政出多门的管理模式，形成"全员育人、全方位育人、全过程育人"的"三全"育人模式。以工程实践项目为载体，师生之间、教师之间、校企之间通过科研、教研、课程、创业创新、协会、教学、信息化建设等活动进行紧密融合，鼓励教师融入学生班级、社团，融入机器人行业发展与技术应用中，激发学生的主动性、积极性，实现教师与学生共同成长；以专业工程实践项目为载体，组建团队，引导教师紧密合作，扬长避短，共同提升。组建政府、行业、企业、学校多元融合的专业群平台，整合资源，协调发展，既服务学生培养和就业，又提升和发展教师的个人能力。师资团队要在科研技术服务、教育教学改革研究、课程资源开发、创新创业指导、专业协会指导、技能竞赛指导、课堂教学与运行实施、信息化建设与应用，特别是在学生健全人格的培养上，形成合力，共同为学生的成长成才贡献自己的应有之力、应尽之才。

六是要加强对培养对象的研究。网络（手机）改变了新时代的思维方式和表达方式。网络（手机）信息的透明、快捷，网络的交互性、平等性，使学生有更多的机会发表自己的见解，民主意识、权利意识、参与意识大为提高。对于新事物的学习和接受能力也是前人无法企及的，具有强烈的创新意识与创新愿望，对网络（手机）的迷恋及对新鲜事物的敏锐性是其行为特征。作为新时代的师资团队，应该根据大学生生活的世界及其行为特征，与时俱进，充分运用信息化的"声色犬马"功能，因势引导，因材施教，精细管理，充分利用网络（手机），构建数字化信息教学平台，用"声色犬马"的手段优化管理与服务，建立"声色犬马"的学生学习、生活与管理服务平台工作体系，建立符合新时代大学生个性与特色的教学、管理与服务等学生工作方法，打造一支高素质的师资团队，提高人才培养质量，引导学生技术技能专业人才的成长之路。

2.3 实践基地是高职专业（群）建设的"主草坪"

高职核心职能是培养高素质的技术技能型人才，而实践基地是实现技术技能人才培养的主课堂，需要充足的、符合产业要求的、符合区域经济发展要求的教学实践基地，学校要主动与企业"联姻"，结成联盟，共结秦晋之好，利用各自的优势，实现资源与效率最大化，提高人才培养质量。因此，实践基地是专业（群）建设的"主草坪"。

高职院校实践基地包括校内实践基地和校外实践基地，前者是专业建设的基础，后者是专业建设的条件，两者同等重要，不可偏废。校外实践基地要进行产学结合、与企业联姻、充分调动社会力量办学，实现资源共享、互惠互利，在教学、科研的同时，帮助企业实现利润最大化，为社会创造财富，结成"秦晋之好"。高职院校实践基地建设中存在的主要问题是：实践基地无法满足专业（群）人才培养模式改革的需要，表现为一是校内实践基地建设没有满足产业与区域经济发展，没有融入课程建设，特别是生产性实践基地所占比例和实训对岗率不高，基地建成后利用率不高，资源优势和功能没有充分发挥。二是实践教学体系不完善，管理不够规范，建设、运行、操作等规程没有制度化。三是校内校外实践基地"两张皮"，没有实现有机结合，顶岗实习陷入"放羊式"。四是实践基地建设没将学生健全的人格塑造与人文精神养成结合起来，实践基地单纯是技术技能培养的地方。

实践基地功能的准确定位是专业（群）建设健康持续发展的关键点之一，对学生技能水平的训练不能再满足于再生性动作技能和再生性智力技能的水平，应特别关注创造性动作技能和创造性智力技能水平，后者在执行任务中表现出相当的灵活性和变通性，更能推动专业创新与技术创新。基于以上观点，实践基地功能定位主要有：

（1）营造一种环境。实践基地建设尽可能与生产、建设、管理、服务一线相一致，形成真实或仿真的职业环境，借鉴现代企业先进管理经验，在构建整体或局部职业环境时，将实践内容、实践流程、质量标准挂牌公布，利用室内空间展示企业常用器材、物料、设备、仪器等；强化职业行为，引进企业现场"8S"（整理、整顿、清理、清洁、素养、安全、环保、节能）管理，加强灌输安全意识、质量意识、环保意识，形成职业素养与人文素养。

（2）实现三个任务。实践教学与人文素养养成（实验、实习、实训）；开发生产（产、学、研、发、贸相结合）；培训鉴定（职业培训、技能鉴定、资格认证等）。

（3）建成四种基地。一是培养高素质技能型人才的实践教学基地；二是高等、中等职业教育的师资培训基地；三是高新技术的开发、应用、推广基地；四是职业技能的培训、考核、鉴定基地。

3. 成果导向教育给专业（群）建设带来什么

实施成果导向教育必定要建立基于成果导向的专业（群）人才培养体系，积极引入专业认证，优化人才培养目标和毕业要求，促进各专业与境外高水平院校师生互访互换和学分互认，培养具有国际视野的高素质技术技能人才，建设与国际接轨的高水平专业。

一是有利于促进学分制改革。成果导向教育理念的基本原理是"所有学习者均成功"，同时强调，所有学生均能取得成果，但不一定在同一时间和以同一种方式，并且学校掌握影响学生成功地学习的环境与条件，会影响学生成功学习。因此，实施成果导向教育会促进和加快学分制改革，积极为学生创设有利于成功学习的环境和条件，加强学生选择学习进度与时间安排的自主权，使所有学习者均能按照自己的节奏取得学习成果。

二是有利于创新课堂教学改革。成果导向教学理念之一就是精熟学习，强调教学目的应促进每位学生都能够精熟学习，学生不能交上一份差强人意的答卷，得一个勉强及格，然后继续学习新的知识。如果成绩不好，就不能学习新内容，这位学生必须继续努力，直到证明自己已经完全掌握了这些知识。但在传统的以教师为中心的课堂教学中却很难实现精熟学习，原因就在于在一次课程教学中老师很难采用多种教学模式来适应不同学习程度的学生，从而实现精熟学习。但现在，翻转课堂的优势恰恰弥补了这个缺陷，学生课下自主学习、老师课上指导学习，能够让学生自主决定学习进度，老师在课堂指导有学习难度的学生实现精熟学习。

三是有利于创新创业教育。成果导向教育以学习成果作为实施教育的起点和终点，学生毕业时必须证明通过学习已经取得学习成果，在以往的教学安排中，学生经过学习很难自证已经切实具备了毕业要求中的能力，推行创新创业教育，为学生自证其已经取得最终学习成果打开了另一扇窗，学生可以通过创新作品、创新设计、专利等可观测的学习成果证明其已经具备毕业要求中的能力。学生也可以通过创业实践自证毕业要求的专业能力。因此，实施成果导向教育会大力促进创新创业教育的有效落实和取得教育实效。

四是有利于加强人才培养质量诊断与改进体系的建立。实施成果导向教育有利促进学校加快人才培养质量诊断与改进体系建立，加快实施人才培养质量诊断与改进制度与运行机制。成果导向教育必将促进"专业质量保证""师资质量保证""学生全面发展保证"等3大诊断项目7个诊断要素、18个诊断点的改进。

4. 结束语

从当前高职教育改革看，成果导向教学理念具有一定的先进性和可行性，但将成果导向教育落实到专业人才培养改革中还有一段漫长的路要走。其一，基于成果导向教育的"成果"定义是一个复杂而艰难的工作，需要专业教师抛弃原有的定式思维，重新理解什么样的成果才能准确表达专业人才培养目标；其二，要转变教学思路，由以教师为中心转变为以学生为中心，唯有这样，才能真正实现人才培养目标由"老师教什么"转向"学生学什么"；其三，教师要主动学习和掌握现代信息技术在教学中的应用，促进翻转课堂等有利于学生"学"的教学方法的应用。

成果导向教育是专业人才培养回归质量内涵的重要途径，实施成果导向教育将促进人才培养从"点"的质量突破向"面"的质量提升的置换，从而实现人才培养的质量真正提高。

第三节　人工智能时代高职人才培养的反思
——《十年磨一剑　智慧育英才》前言

本书是湖南信息职业技术学院电子工程学院团队在机器人技术应用十年心血与汗水的结晶，本书定名为"十年磨一剑　智慧育英才"包含了以下几个意义："十年"指2007年12月—2017年11月，是电子工程学院落实学院探索机器人技术应用型人才培养的十年，是新的历史条件下探索院系机制体制建设、教学团队建设、技术人才培养、企校双元合作、专业建设、技能竞赛、电子设计大赛、创新创业大赛各项工作开展，并逐渐成长的历程。"磨"是以"雷锋精神与工匠精神"为指导，以园校企校协同为途径，通过第一、第二、第三课堂，让学生成长成才、让教学团队发展提升的淬炼过程，学生的成长成才与教学团队发展提升是一个艰难的磨炼过程。"剑"，对学生而言，是培养学生"有信仰、有信心、有信用"的职业精神及机器人技术应用职业综合能力；对教师而言，是以机器人信息感知与智能控制为技术主线的机器人技术研发与服务并具备理念先进、师德高尚、回归教育本位的知行合一的职业精神。"智慧"包括两层含义：一是指针对机器人的智能，电子工程学院主要培养学生机器人的"大脑、精神、五官"等智能，掌握其设计开发与应用服务的技术技能；二是指人才培养系统教学设计、严谨严格的教学运行（如：四项考核等）、经典而富有创意的课外活动等系统地培养学生。

十年来，电子工程学院获"电子信息工程技术示范性特色专业"等湖南省职业院校省级重点建设项目立项 18 项，获《高职专业建设效益评价模型及应用》等省级以科研教研立项 45 项，发表论文 600 多篇，编写《工业机器人视觉技术》等教材 65 本，撰写《智能家居机器人设计与控制》等专著 25 部，牵头撰写省级专业教学标准和技能鉴定标准 16 个，全国机器人大赛获奖 600 多人次，国家专利 40 多项，"系统论视野下机器人应用人才培养"省级以上教学成果奖、科技进步奖 5 项，通过教科研成果鉴定 4 项，科研教研培训等项目进账近 1 000 万元等；学生规模在各高职院校电子相关专业急剧下降与撤并之时稳定在年均 450 余人，学生规模与质量稳居湖南省前三名，培养了"全国优秀技能选手"曹延焕为代表的学生 5 000 多人；承担了教育部高中职教师素质提升计划、湖南省新技术培训等培训项目 28 项，对外培训学员与技能鉴定 5 000 多人次，新增了工业机器人技术、无人机应用技术等两个专业。"十年"的过程是电子工程学院（信息工程系）机制体制逐步完善、教学团队水平发展提升、人才培养质量一直改善的过程，是对外影响力逐步提升的过程；也是从追求外在表现到逐步追求内涵与本质的过程；从追求高效到追求高质的成长过程；从在乎人家目光与评价到追求发现真理、回归教育本质蜕变过程；从追求成果转化逐渐成追求内心平和的过程；从"工业化"育人到"农业化"育人的过程。十年中，通过在职教师培训及新进教师的加盟，团队的结构更科学、合理，实践基地日趋完善，但更新速度有待加快，需要"从服务产业、对接产业"向"提升产业、引领产业"的更高层次转型。经过十年的沉淀与磨炼，智能人才培养已经初见成效，初具规模，初步形成了自己的理论体系、实现策略、过程监控方法、传播与示范体系等，小荷已露尖尖角。特别是湖南省电子学会、湖南省机器人与人工智能推广学会两个省级学会平台在湖南信息职业技术学院的落地，作为湖南省高职院校唯一拥有两个省一级学会的主持挂靠单位，充分说明电子工程学院在机器人研发、应用服务和人才培养等方面的资源、技术优势及对外影响力。

毋庸讳言，十年的成长也形成了一些暮气，逐渐养成了"茧"，必须直接面对、勇敢面对，抽丝剥茧，认真反思；总结过去，是为了更好地面向未来，是为了总结经验、发现不足，提升自我。在此，想起了三个典故：破茧成蝶、凤凰涅槃、老鹰重生。

一是破茧成蝶。一只蛹看着蝴蝶在花丛中飞舞，非常羡慕地说："我可以和你一样飞翔吗？"蝴蝶答道："可以，但是，你得做到两点：一，你渴望飞翔；二，你有脱离你那巢穴的勇气。"蛹说："这不是意味着死亡？"蝴蝶说："以蛹来说，你已经死亡；以蝴蝶来说，你获得了新生。"——要重获新生，就放下曾经作茧自缚的自己，破茧成蝶——蜕变。

二是凤凰涅槃。在传说当中，凤凰是人世间幸福的使者，每 500 年，它就要背负着积累于人间的所有痛苦和恩怨情仇，投身于熊熊烈火中自焚，以生命和美丽的终结换取人世的祥和与幸福。同样，在肉体经受了巨大的痛苦和轮回后，它们才能得以重生。垂死的凤凰投入火中，在火中浴火重生，其羽更丰，其音更清，其神更髓，成为美丽辉煌永生的火凤凰。

三是老鹰重生。鹰是世界上寿命最长的鸟类，一生的年龄可达 70 岁。可是很少有人知道，要活这么长的寿命，在其生命的中期必须做出艰难却重要的决定。因为鹰活到 40 岁的时候，它的爪子开始老化，无法有效地抓住猎物；它的喙变得又长又弯，翅膀也越加沉重，飞翔十分吃力。这时，它只有两种选择：一是等待死亡；二是重整后再生。150 天漫长的操练，它必须很努力地飞到山顶。在悬崖上筑巢，停留在那里，不得飞翔。老鹰首先用它的喙击打岩石，直到完全脱落。然后静静地等候新的喙出来。它会用新长出的喙把指甲一根一根地拔出来。当新的指甲长出来后，它们便把羽毛一根一根地拔掉。5 个月以后，新的羽毛长出来了。老鹰开始飞翔，重新得力再过 30 年的岁月！

三个典故告诉我们不畏痛苦、义无反顾、不断追求、提升自我的执着精神，这是一个痛苦的过程。在我们的生命中，有时候我们也必须做出困难的决定，一个部门、一个团队的成长也是如此。开始一个更新的过程，我们必须把旧的习惯、旧的束缚抛弃，使得我们可以重新飞翔。只有我们愿意放下旧的包袱，愿意学习新的事物，我们才有机会发挥我们的潜能，开创另一个崭新的未来，从而百尺竿头，更进一步，为机器人与智能技术领域技术人才培养发挥更好的示范与引领作用。

本书在成书过程中，团队负责人谭立新教授提出了本书的基本设计思路，确定了分工，撰写了前言、后记，并整理了 2008—2015 年的大事记的主体内容；肖成讲师、张平华副教授、朱运航教授等整理了 10 年来"十一五""十二五""十三五"团队重点项目建设情况；陈鹏慧副教授整理了 2016—2017 年的大事记及湖南省机器人与人工智能推广学会平台资料；李雄英讲师整理了 10 年来大事记内教职工名录、教师团队示范课及公开课、学生优秀作品、优秀毕业生剪影资料；雷道仲副教授整理了 10 年来科研教研项目；张卫兵讲师整理了 10 年来竞赛获奖情况；黄秀亮高级实验师、孙小进副教授整理了 2013—2015 年承办的师资培训项目以及教学团队荣誉情况；蔡琼副教授、李刚成副教授整理了 2017 年机器人技术应用专业群内人才培养方案；罗昌政高级政工师、尹小雁政工师整理了 10 年来师生经典活动开展以及学生团队荣誉情况；邓知辉副教授整理了湖南省电子学会平台资料。

本书上述所罗列名单，只是表明在本书成书过程中材料整理的分工人员，在人才培养、专业建设、项目建设、教学运行、学生管理服务、培训与技术服务、科研教研、教材开发、教学资源开发等过程中，是电子工程学院团队所有成员的心血与汗水（现在职人员名单附后），并且还有兄弟部门与兄弟院校及企业的支持协助等，也有原来在本部门工作作出了贡献，但调离了本部门的相关人员，如：信息工程系原副教学主任吴再华副教授、原副主任潘勇军高级政工师、电子工程学院原总支部书记杨正刚高级政工师、屈辉立副教授、罗坚博士、徐红丽讲师等；已退休的杨安召高级实习指导教师、候海燕副教授、刘正源、李苏明等老教师。

第四节　人工智能时代高职人才培养的哲理再思考

——《十年磨一剑　智慧育英才》后记

从 2007 年 12 月到 2017 年 11 月，机器人技术应用人才培养经过十年的高速发展，外部条件已发生深刻的变化，以大数据、人工智能、互联网＋为代表的新一代信息技术已越来越融入高职的人才培养中，社会已正从信息时代迈向智能时代。智能时代，高职人才培养究竟会发生什么？高职院校会发生什么变化？需要什么样的教师？学生的学习会发生什么样的变化？课堂会发生什么样的变化？还有最重要的是，在智能时代什么会改变？什么不会改变？

高职院校、高职教师、高职课程设置以及课堂教学等如何才能拥有独特的、不可替代的价值和作用？这需要先洞悉人工智能将为"高职院校"、为"高职学生的学习"、为"高职课程与教学"等带来了什么变化，以这些变化为前提和依据，才能再来聚焦教师是否能够在这些变化面前如何厚植学生文化底蕴、让学生精湛一技之长，为学生未来人生出彩奠定基础有所作为以及如何作为。

1. 智能时代，高职院校的变化

对于"高职院校"而言，智能时代的学校同样具有生存危机，它未必会"脱胎换骨"为大小不一的"学习中心"。但可以肯定的是，学校这座"孤岛"会在智能时代带来的共享开放中，与外界的联系愈加紧密，学校空间利用率、学校时间弹性化会大幅度提升；更重要的在于学校的功能和作用将发生重大变化，越来越走向"精准教育"，通过"精准定位"为学生提供"精准服务"，实现"服务学生、成就学生"的育人理念。如：一位学生想成为一个电子工艺工程师，高职院校可以做些什么？应该告诉学生或家长是否可以提供这样的帮助，有什么独特的环境，有什么教师、课程、实践基地，有什么方法与手段（如：提供大量陶行知先生的"知行合一"的教学方法）等可以帮助这个学生成为他希望的那类人。如果高职院校无法提供这样的"精准服务"，至少可以告诉学生或家长，学校有别的什么"精准服务"，别的什么充足条件，有助于孩子成长为什么样的人，成为什么类型的人才，如：应用服务型、善用人工智能型、创意型、技术组织型等。

2. 智能时代，高职课堂的变化

对于课程与教学而言，各种课程资源和课程定制的丰富性、专业性，已无须学校和教师过多参与，课程外包或订购逐渐成为主要方式之一。课堂教学的"智能化"是大势所趋。主要表现在：除了白板、多媒体和通常网络教室之外，未来显示屏可能大到覆盖整面墙壁，可以操纵显示几乎任何课堂需要的内容。智能屏幕成为现代黑板，智能课桌成为现代课桌的升级版本，教师可以随时插入并控制屏幕与课桌。这些联网的平板提供了与智能手机相同的在线资源并实现"课堂在场"。这样的课堂，可以随心如意实现线下实体课堂与线上虚拟课堂的穿梭转换。学生在线上通过网络社群、创客空间与智能机器人进行个性化的自主学习，在线下则进行分享、交流、讨论、练习、创造等活动。

3. 智能时代，学生学习的变化

智能时代学校最根本的变化是学生学习的变化，高职院校不但要以"就业为导向"为未来职业做准备，还要真正为人的终身学习和终身发展而准备。同样是"准备"，人工智能时代学校的准备是"精准准备"，与人才培养和能力提升的"精准特色"有关，这样才可能带来真正的"个性化教育"，实现"因材施教"。在学习目标上：

首先是普遍目标。学习的普遍目标是"人之为人"，它的重点不再仅仅是习得为将来从事某个职业所需要的特有知识、技能与方法，更重要的是拥有合理的价值观、人生观与世界观，强大的创新思维与创新能力，以及自主学习能力等，这些都是真正"成人"并走向"终身学习"的基础性、根基性前提。

其次是特殊目标。它与学生的个性化需要有关，是真正的"学以为己"。满足自己的兴趣和需要的学习，形成个性化知识体系，而不只是适用于所有人的标准化知识体系。

再次是学习方式。在学习资源上，学生获取知识与方法的来源与途径，不再局限于教师与课堂。学生会使用人工智能去寻找学习资源，也不再拘泥于制度化、固定化的"课堂时间"。与此相关的是学习方式的改变。移动电话、平板电脑、掌上电脑等便携设备使学习不再局限于固定的和遇到的地点。它在改变现代社会知识的性质与来源的同时，也改变了知识习得的方式，最终形成"移动学习与固定学习并驾齐驱、线上学习与线下学习比翼齐飞、人工智能与人的智能交融共生"的新格局。

最后是学习伙伴。在学习伙伴上，昔日近乎同龄的"学习共同体"成员将会发生质的变化。学生的年龄差异会加大，学生可以通过"互联""物联""人联"等实现"混龄教育"，充分实现新的学习模式，学生与教师之间的身份也会发生一些质的变化，"教学相长"的特性特质也会更加明显。例如：斯坦福大学提出开放式大学的概念，学生在一生当中任何六年时间里完成学业，即可拿到本科学位。

4. 智能时代，高职教育的"不变"

智能时代，教师怎么办？什么将被人工智能替代？什么无法被替代？教师需要做出什么改变才可能适应这个变化并掌握主导权，重新置于时代的潮头？

可以被替代的是那些需要重复做的事情（如：布置作业、批改作业），需要大量信息资料搜集、数据积淀和分析的事情（如：把很多教师的教学经验汇聚到机器里，计算所有的可能性，找到最佳路径），需要精准定位的事情（如：学生的个性特质、个性需求，学生的学习难点、障碍点等）。现在很多所谓的"信息化"的反复"折腾"和来自不同系统或主管部门的数据重复录入、不能共享将逐步得到改善。这些事情被替代，是人工智能对教师的解放，当人工智能可以随时随地用更精准、更有效的方法来教学的时候，何乐而不为？

什么是人工智能无法替代的？决定教师能否被替代的不是人工智能，是教育的本质，是学生的需要，是贯穿其中不变的教育之理、教育之道。在此之前，我们一直在思考并回答"人工智能时代什么将发生改变"的问题，与此同时，还需要提出另一个问题：人工智能来了，什么不会改变？这个明确了，人工智能时代的教育就围绕着这些不变的东西"教书育人"。

首先，不变的是教育本身。无论是通过"学校"还是"学习中心"，或者"社区"等其他载体，人类始终需要教育，人工智能本身的发展、使用始终离不开教育。既如此，"教育在"则"学生在"，"学生在"则"教师在"。

其次，不变的是教育的本质与真谛。教育是为成人、育人而生的，即"教天地人事，育生命自觉"，是"为人的一生幸福奠基"而变革与发展的。不论何种时代的教育，概莫能外。任何人工智能都不能改变这一真谛。

最后，不变的是学生成长的需要。学生的素养与能力不会自动发生，也不能只凭自学养成，学生的成长始终需要"教师"这样的引路人、互动者、对话者、帮助者和陪伴者。这些角色是智能时代教师最需要承担的角色。他们是陪伴学生在人工智能时代的重重险滩和荆棘中前行的人，是通过赋予学生自主学习能力和创新性思维，给予学生打破旧知识、创造新知识能力的人，从而是引导、帮助学生在人工智能的世界里，获得不可被替代的自尊、自爱、自立、自强和自主、自由能力的人。

人工智能时代的教师需要具备三大本领，即"爱商""数商""信商"，才能成为依然被学生需要的人。与人类的智商、情商相呼应，"爱商"是教师最核心的情商，"数商"和"信商"是教师最重要的智商。"爱商"与价值观、情感实践相关。这是人工智能无法给予学生的。教师首先应是仁爱之人，具备"爱的能力"，能够精准把握、了解、洞察学生的成长需要与个性特质，及时给予细致入微的个性化关怀、呵护、尊重，因而可以让学生在充满了编程、编码、算法的冷冰冰的人工智能世界里，依然能够感受到人性的温度、生命的温暖和仁爱的力量，进而学会相互传递温暖和仁爱。"数商"与"大数据"相关。人工智能时代脱胎于大数据时代，两者相伴相随。数据是人工智能赖以运行的基础，人工智能进课堂，首先意味着大数据进课堂。这将是教师在人工智能时代的教学新基本功。大数据时代的教书匠及其内含的工匠精神将被赋予新的核心内涵："数据精神"。"信商"与"信息时代"相关。除了数据之外，人工智能时代每日涌现的信息，尤其是各种教育教学信息，将更加势如潮水，滔滔不绝……面对这些信息，教师同样需要具备"信息化胜任力"，具体涉及如何检索、辨析、判断、提炼、整合、利用和生成各种信息的能力，只有具备这样的能力，才能避免教师在信息潮面前失去方向、丧失自我。

教师要拥有高超的"爱商""数商"和"信商"，根底在于持续学习的能力，特别是移动学习的能力，综合运用手机、平板电脑等各种信息技术媒介与工具的能力。从来没有一个时代像人工智能时代一样，对教师的学习能力有如此高的期待和要求：不学习，就淘汰；不持续学习，就落伍。当教师遇上人工智能，这已经不是传说，不是遥远的想象，更不是玄想或臆想，而是正在到来的现实。

第五节 《高职院校专业建设哲理分析、系统设计与智能落实》前言

一所学校有名气，与它具有自己的专业特色和专业优势相关，这些特色和优势的形成与学校的办学历史、文化积淀、科研成果和为社会输送优秀的人才密不可分。我们提到一所高等学校，常会讲它的哪个专业强，哪个专业的教师有名气，专业强，则学校有影响，教师强，则学校有影响，专业建设的成就不仅关系到专业人才培养目标的实现，而且对学校的办学特色产生重大影响。如：就湖南省高等学校而言，提到湖南大学，我们就会想到土木工程、金融学；提到中南大学，就会想到材料学、医学、冶金；提到湖南师范大学，就会想到伦理学；提到长沙民政职业技术学院，就会想到老年护理与殡仪专业；提到湖南信息职业技术学院，就会想到"机器人"（电子专业）；提到湖南铁道职业技术学院，就会想到轨道交通专业等。目前，高职院校大多都有自己的主要服务面向，与行业企业或区域经济有着较多的联系，办学特色正在逐渐形成，因此，进一步加强专业建设，巩固现有成果，深化专业改革，既可以提高人才培养的质量，增强专业特色，也会为学院的特色增添新的亮点。

目前，对高等教育及高等职业教育研究，很多专家学者从本身的角度和实践经验进行了大量的研究，解决了不少的实际问题，我们已建立了具有较大规模的高等职业教育的"大厦"，人们也发现了这个大厦还存在诸多问题并提出了相应对策，但是"大厦"各个部分是相互关联的整体，一个对策对于某个部分存在的问题解决是好的，可对其他部分却不一定是好的。因此，从系统的高度研究高等职业教育是必要的。现阶段用系统论的观点国内研究高等教育尤其是高等职业教育才刚刚起步，而且由于一些研究成果的深度不够或可操作性不强等，还未引起大家的足够重视和广泛的兴趣。赵文华用系统论的观点考察了高等教育的规模、质量、效益、布局和国际化等我国高等教育现实中的热点问题，认为系统论不但是这些课题的指导思想，而且是有效的分析工具。

本书的基本观点是专业建设是一个与外部环境具有物质、能量、信息交换的开放式闭环控制系统，基本研究思路是把一般系统论和控制论的基本原理特别是其研究方法引入专业建设中，通过系统分析与设计，构建专业建设系统模型，确定输入输出的信息，探讨系统特性（如主要矛盾和矛盾的主要方面等）；专业建设的智慧落实是运行系统论基本原理和反馈控制论等进行系统优化，以制造、培育、创建出满足人们目的的、更好的新系统，不断提升专业建设水平，提高人才培养质量，实现良性的可持续发展。

全书共分为四个部分：第一部分，运用寓言与成语故事对高职院校专业建设的现状、目标定位、研究方法进行了哲理性的分析；第二部分，运用系统论、控制论和信息论的基本原理的研究方法将高职院校的专业建设作为一个具有能量、物质、信息交换的系统进行系统设计与控制，并以系列产品（项目）驱动专业建设的模式为例，重点分析了顶层设计（人才培养方案）、中间层设计（课程标准）、底层设计（教材和课程教案）；第三部分提出了运用系统优化（整体优化、结构优化、协同进化、反馈控制等）进行专业建设智慧落实的基本思路，并对专业建设系统中各子系统或要素（如：教学团队、实践条件、教材开

发、教学资源建设等）的优化；第四部分对专业建设投入产出的效益理论进行了分析，指出专业建设的第一产出是人才培养，并介绍了专业建设效率分析的数学模型。本书研究主体虽然是高等职业院校的专业建设，但其研究思路与研究方法对其他类型的教育尤其是应用本科阶段的教育具有参考意义。

本书得到了以下基金项目资助：湖南省职业院校教育教学改革研究项目重点项目：基于系列产品驱动的专业教育教学改革研究与实践（项目编号：ZJGA2009004）和高职专业建设效益模型及应用（项目编号：ZJGA2013009）；湖南省职业教育"十一五"重点建设项目：应用电子技术精品专业（项目编号：湘教发〔2007〕41 号）；湖南省职业教育"十二五"重点建设项目：电子信息工程技术示范性特色专业（项目编号：湘教通〔2011〕379 号）。

第六节 "1 + X"证书制度对职业院校教育教学改革的启示

1. "1 + X"证书制度现实背景与时代意义

1.1 外部环境变化

以信息网络、智能制造、人工智能等为主导的技术变革与生产组织方式的变化，制造业与互联网、物联网的融合发展，以及思想文化的多元化、多样性及其交融、交流、交锋等对职业教育带来新的挑战。社会生产组织已由单件生产方式、大规模生产方式不断向精益生产方式和网络化产业组织方式转变，职业院校人才培养面临的工作对象、内容、手段、组织、产品、环境等要素发生了深刻的变化，如："机器换人"的挑战；对复合型技术技能人才的要求等。

1.2 内部职业教育功能定位变化

职业教育功能是以立德树人为根本，服务发展为宗旨，促进就业为导向。从服务社会经济的发展与人的发展角度出发，职业教育发展目标从更多关注社会人的工具性培养，转向同时要关注本体人的个性发展。强调要走内涵式发展道路，适应经济发展新常态和技术技能人才成长成才需要。

1.3 现实问题的严峻挑战

现实问题的严峻挑战见表 1 和图 1、图 2 所示。

表 1 2013—2018 年全国中等职业教育基础信息

年份	中职学校数量/万所	在校生数量/万人	占高中阶段在校生比例/%	年招生数/万人	占高中阶段招生比例/%	年毕业生数/万人
2013	1.23	1 922.97	44	674.76	45.06	674.44
2014	1.19	1 755.28	42.09	619.76	43.76	622.95

续表

年份	中职学校数量/万所	在校生数量/万人	占高中阶段在校生比例/%	年招生数/万人	占高中阶段招生比例/%	年毕业生数/万人
2015	1.12	1 656.7	41	601.25	43	567.88
2016	1.09	1 599.01	40.28	593.34	42.49	533.62
2017	1.07	1 592.5	40.10	582.43	42.13	496.88
2018	1.02	1 555.26	39.53	557.05	41.27	487.28

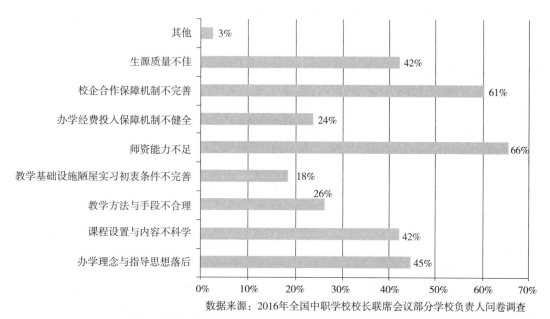

数据来源：2016年全国中职学校校长联席会议部分学校负责人问卷调查

图1　制约与影响中等职业教育教学质量的主要困难与问题

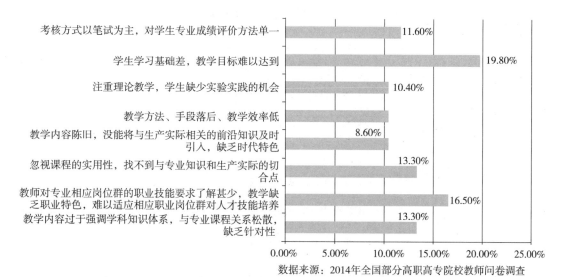

数据来源：2014年全国部分高职高专院校教师问卷调查

图2　高职高专院校课程与教学存在的主要问题（节选）

1.4 "1+X"证书制度的三个基本结论

一个基本判断。已具备诸多有利条件和良好工作基础，到了必须下大力气抓好职业教育的时候。

实现三个转变。一是由追求量的发展到质的显著提升转变；二是由参照普通教育办学模式向企业社会参与、专业特色鲜明的类型教育转变；三是由政府举办为主向政府统筹管理、社会多元办学的格局转变。

四个主攻方向。一是着力提升技术技能人才培养质量；二是加快形成社会力量多元参与的办学格局；三是建立健全国家职业教育制度框架；四是营造重视技术技能人才的良好社会环境。

2019年1月24日，国务院正式发布《国家职业教育改革实施方案》，明确了一系列制度设计和政策举措。以提升职业教育质量为主线，深化改革、破解难题，是深化职业教育改革的路线图、时间表、任务书。

2. "1+X"证书制度内涵与机制设计

2.1 "1+X"证书概念界定、内涵与外延

"1"是学历证书，是指学习者在学制系统内实施学历教育的学校或者其他教育机构中完成了学制系统内一定教育阶段学习任务后获得的文凭。X为若干职业技能等级证书。职业技能等级证书反映职业活动和个人职业生涯发展所需的综合能力。职业技能等级证书以社会需求、企业岗位（群）需求和职业技能等级标准为依据，对学习者职业技能进行综合评价，如实反映学习者职业技术能力，证书分为初级、中级、高级，"1+X"证书与相关职业资格证书关系表见表2（来源：《关于在院校实施"学历证书+若干职业技能等级证书"制度试点方案》）。

表2 "1+X"证书与相关职业资格证书关系表

序号	证书名称	核心特点
1	1与X的关系	学历证书是基础，X是"1"的强化、补充、拓展。①强化：职业技能、知识、素养等；②补充：新技术、新工艺、新规范、新要求；③拓展：职业领域、职业能力等
2	国家职业资格证书	①面向工种（XXX工、员、师）的证书；②准入证书（39个有法律法规依据的证书）；③最低要求
3	职业技能等级证书	①面向技术技能领域（XXX技术、管理等）；②能力水平证书；③学习结果的凭证；④分等级
4	其他证书	①行业水平评价类、企业培训认证类证书：通过社会化招募遴选机制，可择优纳入X证书目录中，要注意在院校实施的适宜性与可操作性。②社会通用类证书的关系，要考虑职业技能领域的相关性、与"1"的关系等

2.2 "1＋X"定位与范围（三个对接）

（1）对接科技发展趋势，新理论、新技术、新工艺、新规范、新要求、新装备；对接国际国内先进标准。

（2）对接市场需求，关键岗位、生产、建设、管理与服务一线岗位，技术技能人才紧缺领域。

（3）对接职业标准。面向一线关键岗位—关键工作领域—典型工作任务—能力要求；反映职业岗位所需的职业知识、技能、素养，是职业知识、技能、素养的综合体现。

2.3 "1＋X"开发依据

培训评价组织按照相关规范，联合行业、企业和院校等，依据国家职业标准，借鉴国际国内先进标准，体现新理论、新技术、新工艺、新规范、新要求、新装备等，开发有关职业技能等级标准。

标准化：为了在既定范围内获得最佳秩序，促进共同效益，对现实问题或潜在问题确定共同使用和重复使用的条款以及编制、发布和应用文件的活动（《GB/T 20000.1—2014标准化工作指南 第1部分：标准化和相关活动的通用术语》）。

开发逻辑范围界定（岗位群—岗位、工作任务—典型工作任务、通用—专项技能等）等级划分（"1"的层次定位、岗位层级、工作范围、工作难度、技术技能复杂程度等）如：人类的技术活动可以分为三个维度的要素，即操作形态、知识形态与实物形态。技术活动要素结构的底层是最基础的技能、经验知识与使用工具；中间层次是技术规范、工艺与机器设备；最高层次是技术理论、工程设计与机器系统。

3. "1＋X"证书制度对深化职业教育教学启示

3.1 政府层面

一是构建终身学习型社会，建立学历证书与职业技能等级证书相互衔接和等值互认的国家资历框架是关键。

二是激发社会力量举办职业教育的内生动力，进行机制创新。

三是提高职业教育服务经济社会发展能力，制定制度作为保障。

四是借鉴书证融通优化专业评价体系。将湖南省对专业评估的"毕业设计抽查、技能抽查"等几大评价指标进一步优化，特别是在技能抽查的评价机制上，应充分借鉴与利用国家"1＋X"证书体系，优化学校的专业技能题库。

（1）技能抽测标准证书化。抓住职业技能等级证书试点的窗口期，把湖南在技能抽测中表现突出、优势明显、产生了较好社会影响的专业技能标准升级为1＋X职业技能等级证书，实现两者的有机融合。反过来，试点效果好的1＋X职业技能等级证书相关内容可以借鉴融入技能抽测标准，从而提高和丰富标准。

（2）技能抽测标准层次化、课程模块化。技能抽测标准可以借鉴1＋X证书设置等级的长处，把标准依据职业对技能需求的高低、岗位对人才质量的高低、任务完成的精细程度等分成几个对应的层次，如一级标准、二级标准等。

（3）技能抽测标准课程化。目前，模块化的技能抽测标准需进一步提炼和延展，与专业教学的课程体系结合起来，如一个模块对应哪几门课程。技能抽测标准的抽测模块具有良好的逻辑性和脉络。其清晰的内在优势可以很好地转变成专业课程体系。

（4）职业技能等级证书标准化。1＋X证书目前已对接国家的教学标准、实践标准，可以充分利用制定技能抽测标准的流程、方法和经验，快速地提炼1＋X证书技能标准，从而把技能抽测的优秀成果通过1＋X证书推向全国。

3.2　学校层面

（1）内容融合——人才培养方案修订。证书培训内容有机融入专业人才培养方案：与"1"的课程体系相融合，可作为课程或课程内容的置换、补充、深化。书证融通的载体是课程，课程是实现书证融通的基础。通过对职业技能等级标准中每一工作任务所对应的职业技能（能力）要求，分解形成具体的知识点、技能点与素养点，与已有课程或课程内容进行匹配（直接转化、整合等）。免修：现有课程内容与要求能完全达到完成工作任务所需的知识、技能与素养要求，不单独增加学时。补修：现有课程内容与要求不能涵盖完成工作任务所需的知识、技能与素养要求，需要单独补充学时。强化：对现有课程内容与要求的调整与强化（如：现有课程教学已具备知识点或技能点，但要根据职业技能等级标准要求，进行强化训练），不单独增加学时。

（2）育训结合——教学方法与教学手段深化。一是育训设计。针对教育目标、重难点、方式方法、实施步骤与时间分配等进行整体设计，做到教学做合一，产教融合。二是育训实施。通过培训项目、案例、情境、模块化等育训模式，培训启发式、讨论式、参与式、体验式等育训方法进行教学方法改革。三是育训评价。改革考核评价理念、方式、内容等，采用同步考试与评价等方式，强化过程考核，过程考核与结果评价并重。

（3）双师协同——建设满足书证融通的教学团队。一是加强专兼结合的师资队伍建设，打造能够满足教学与培训需求的教学创新团队。二是开展师资培训和交流，提高教师实施教学、培训和考核评价等工作能力。三是探索建立以书证融通课程组织为基础的育训教师协同机制。四是强化职业教育作为类型教育，出台具有契合这一类型定位的制度安排。

（4）资源共享——形成立体化新形态育训资源体系。培训教材与培训大纲、讲义、培训PPT、培训平台、培训资源（企业真实项目、数据、案例）相结合，形成立体化新形态的育训资源共享体系。

第二部分

团队建设与教师成长

第一节 "项目驱动、八维一体"机器人团队建设研究

：系统提出了一种基于"项目驱动、八维一体"的机器人团队建设的思路。指出机器人团队建设要从科研技术应用、教学改革研究、课程资源开发、创新创业指导、专业协会指导、技能竞赛指导、信息化建设、教学运行实施的八个方面进行一体化建设，采用项目驱动的基本建设策略，实现团队的"共同成长、追求卓越"的建设目标。

关键词：项目驱动；八维一体；机器人；团队建设

中图分类号：G718.5　**文献标志码**：A

0. 引言

团队（Team）是由基层和管理层人员组成的一个共同体，它合理利用每一个成员的知识和技能协同工作，解决问题，达到共同的目标。团队的构成要素总结为5P，分别为目标（purpose）、人（people）、定位（place）、权限（power）、计划（plan）[1]。机器人团队建设要在以下理念建设下进行：一是"水乳交融，共同成长"。以机器人结构设计、传感技术应用、系统集成、机器人控制与编程等工程实践项目为载体，师生之间、教师之间、校企之间通过科研、教研、课程、创业创新、协会、教学、信息化建设等活动进行紧密融合，鼓励教师融入学生班级、社团，融入机器人行业发展与技术应用中，激发学生的主动性、积极性，实现教师与学生共同成长；以专业工程实践项目为载体，组建团队，引导教师紧密合作，扬长避短，共同提升。二是"多元融合、协同发展"。建设政府、行业、企业、学校多元融合的专业群平台，整合资源，协调发展，既服务学生培养和就业，又提升和发展教师的个人能力。三是因材施教、精细服务。针对学生群体和个性特点，通过因材施教，实现精细服务、做学生成长的引路人与服务者。

·31·

1. 机器人团队的目标

以"灯塔指引，追求卓越"的团队建设目标，通过"精神灯塔、目标灯塔、技术灯塔"三个层面追求卓越。一是雷锋精神的精神灯塔，在新的历史时期，雷锋精神内涵与实质可以理解为：服务人民、助人为乐的奉献精神；干一行爱一行、专一行精一行的敬业精神；锐意进取、自强不息的创新精神；艰苦奋斗、勤俭节约的创业精神。二是以创新创业为目标的目标灯塔。三是以智能控制技术为技术灯塔，通过灯塔照亮前行道路，指引团队追求卓越。通过 2 年左右的建设，形成在全国高职教育范围内，在"智能系统设计及感知控制"领域内具有较高声誉的机器人团队。

2. 机器人团队的组成（人）

机器人技术团队的人员构成主要以工业机器人技术专业教研室人员为主体组成，聘请企业、科研院所相关人员，柔性引进与固定人员相结合。机器人是典型的光机电高度一体化产品，其制造与应用涉及了机械设计与制造、传感器技术、电子技术、计算机技术、视觉技术、控制技术、通信技术、人工智能与模式识别等诸多领域。构建机器人技术团队，要从专业（机械电子工程、机械制造、电子信息工程、电气工程、自动化、控制科学与控制工程、计算机科学与技术、通信与信息工程等），年龄（老年、壮年、中年、青年、学生），职称（高、中、初），学历学位（博士、硕士、学士、大专等），学缘（不同学习背景等），地域（不同出身等），性别（男、女比例），工作经历（如：企业、高校、科研院所等），文化结构等方面进行搭建与优化，其核心是要有共同的在机器人技术方面的追求，有共同的理想，有共同的志向。一个高效的机器人技术团队要有一个灵魂人物，其具备在机器人系统设计与架构设计等方面的宏观理念与顶层设计能力。

3. 机器人团队的定位

高职机器人团队的功能定位：八维一体，即机器人科研技术服务、教学改革研究、课程资源开发、创新创业指导、专业协会指导、技能竞赛指导、教学运行实施、信息化建设应用等。

3.1 科研技术服务

这里的科研技术服务主要指机器人关键技术与共性技术研究、技术应用与技术服务、技术改造与技术升级、科学普及与应用推广、职业技能鉴定与培训等。将机器人技术应用与技术服务、科学普及作为科研的突破口与切入点，以服务中国制造 2025 与工业 4.0 为目标，以智能制造系统设计与智能感知控制为主线，以教研室为载体，进行科研团队建设，建设一个机器人技术应用与技术服务的团队，团队形成自己的比较稳定和集中的研究方向，这是做好团队建设前提，也是长久发展的基础。机器人工程技术中心及相关实践基地已建设了科普教育中心、机器人虚拟仿真与离线编程中心、机器人基础教学工作站、典型应用工作站、可穿戴设备装配智能自动化生产线（智能工厂）、科学研究与技术应用服务中心（项目组）、作品展示与创新创业区等硬件设施，具备二次开发与系统设计的基础，前期在工业机器人相关企业进行过顶岗与系统培训，对机器人系统集成有了较为深刻的认识，因此，科研方向定位为智能制造系统设计及其智能感知控制；个人科研方向围绕智能制造系统设计及其智能控制选择与发展，主要有智能工厂及自动化线系统设计、多传感与信息耦合技术、控制系统及其控制算法、机器视觉与伺服控制、高速适时网络总线技术、人机交互技术、通信技术及多机器人协调、机器人系统与架构设计、机器人可靠性研究、机器人安全性研究、机器人补偿技术等。

3.2 教学改革研究

在这里，教学改革研究主要界定为高职工业机器人技术及相关专业的人才培养目标、人才培养定位、人才培养方案制订、实践体系的构建与实现、机器人相关课程教学方法与教学手段改进、教学载体与案例素材选取等。目前高职工业机器人技术专业定位主要是面向工业机器人系统集成企业培养机器人操作与编程、机器人调试与维修、工作站设计与安装、机器人销售与客服、机器人仿真与离线编程、机器人项目设计与应用等岗位相关技术应用型人才，探索"校中厂""厂中校""现代学徒制"等相关工学结合、校企合作的人才培养模式及其运行与考核机制是机器人团队教学研究与应用的重要课题。要实现从目前的"目标—达成—评价"的"阶梯形"课程向"主题—探索—发表"的"登山形"课程组织改变；从以知识与技能的传授，追求"学会"的"模仿模式"向以促进学习者思考与探究方法的形成，追求"理解"的"变化模式"改变，重视学生的参与、合作、探究与表达。

3.3 课程资源开发

课程建设与教学资源开发是教研室工作的核心，课程教学与运行是课程建设与开发的最终表现形式。围绕"智能系统设计与感知控制技术"，进行课程开发，包括课程体系的建设、课程标准的制定、教材编著及教学资源开发等。目前工业机器人技术专业主要课程开发与建设思路是以工业机器人系统集成的工艺流程与技术实现为主线，以可穿戴装配智能自动化线的技术实现为载体，开发工业机器人入门、工业机器人项目设计与工程应用、工业机器人操作与现场编程、工业机器人虚拟仿真与离线编程、工业机器人视觉技术、工业机器人典型工作站设计与安装、工业机器人维护与保养、工业机器人行业典型应用等。

3.4 创新创业指导

创新是机器人技术团队建设的灵魂，创业是其技术及其市场发展到一定阶段的产物与自然结晶。科研与技术应用、教研、协会、课程开发、竞赛、教学运行与实施等围绕创新创业进行。创新创业的关键不是"授鱼"与"授渔"之争，其核心是"引欲"，培养学生创新欲望与创新能力，其实现途径是重视学生的参与活动，没有学生参与的教学是徒劳的，真正让学生放手参与教学活动，在"做中学""错中学""玩中学"，才能提高创新意识，提升创造能力，问题比答案更重要、方法比知识更重要、体验比体面更重要，特别是兴趣比什么都重要。机器人是实现创新创业教育的最好载体。机器人技术团队创新创业的技术成果初期阶段的主要任务是指导学生创新创业大赛、黄炎培职业规划大赛、创客空间建设规划与创意、机器人创意设计与技术实现等。初期表现形式是指导学生在相关竞赛中获奖；中期表现形式是科研教研成果，如：科技成果鉴定、发明专利、科技论文、教研论文、教学成果奖、科技成果推广与应用等；最终表现形式是学生创业孵化，根据市场机制成立及运行良好的机器人学院，为社会所作的贡献度等。

机器人技术团队的创新创业的三个层次：第一层次：创意——做自己想做的，自己能做的。根据自己的兴趣，在机器人领域选择自己感兴趣的点进行突破，找到成就感与动力源，如：简单的教育机器人，基于单片机控制的移动机器人，相对技术要求不高，创意设计与基本智能控制容易实现。第二层次：创造——做市场需要的。在做比较充分的市场调研基础上，做好功能设计与技术实现，功能来源于市场，来源于实践。最高层次：创业——做客户满意的。创新创业指导的关键是让学生打开思路，勇于实践与开拓。

3.5　专业协会指导

专业协会是学生成长和专业能力提升的关键与重心，机器人学生专业协会是学生实现创新创业的主要载体及表现形式。成立机器人协会、无人机协会、电子协会、创新创业协会等机器人及相关协会，让学生在第二课堂、第三课堂内自由成长，尽可能地让各机器人及相关专业学生融入机器人及相关协会中，这是学生自主成长的核心与实现途径。协会指导教师的职责关键：一是思想上的"点火"与"引欲"；二是方法上的指导；三是知识上的"点拨"；四是社会活动条件创造。协会要成为创新创业、机器人竞赛的基本载体与团队。

3.6　技能竞赛指导

机器人设计与技能竞赛是提高学生兴趣、让学生获得成就感与持续动力的重要方法与手段。形成竞赛的长效机制是竞赛真正能培养学生的关键，不为成绩而竞赛，不为排名而竞赛，以协会为基础，以日常教学和课后为训练时间，不搞集中强化训练，不搞教师停课、学生停课的竞赛。竞赛指导教师的职责关键还是"点火"与"引欲"，并解决在竞赛训练过程中的技术指导与心理指导，让学生通过技术攻关，培养"吃苦耐劳、拼搏进取、团结协作"的精神，通过机器人设计与技能竞赛，发现设计理念、编程思路、控制方法、电路实现、技术水平等与兄弟院校和企业需求的差距与优势，从而提升自己与团队。

3.7　教学运行实施

目前学校教学的问题是：学生在学校不是主动学习，而是"被学习"，不仅那些差的学生"被学习"，好学生实际上也是"被学习"，只是按照学校规定的体系在学习。解决症结的办法就是以机器人协会为载体、以创新创业为目标、以竞赛为手段、以课堂教学互动为方法等解放学生。教师重在"点火"与"引欲"，重在方法指导、重在知识点拨，教学的目的不在于灌输了多少知识，而在于引发了多少学生自主学习。学生作为学习生产力的主体，把学习和教育的主动权还给学生，才能真正改变教育的现状，就像农业把土地还给农民，工业发展把市场还给企业家一样。职业教育对机器人技术教师的要求：一是职能定位，教师是教学的组织者、学生的帮助者。二是基本功，会找到和会组织合适的资源，评价的关键是资源的整合能力和运用能力。三是教师身份——不一定是"千里马"，但一定是"伯乐"。四是教学目的——"教是为了不教，教是为了发展"。五是教学工作——"点火理论"，而不是"水桶理论"。六是过程关键——互动，"师生没有互动，教育没有发生"。七是教学方法——"教学有法而无定法，无法之法乃为至法"。教学运行与实施考核的关键点从对教师的所带的基本材料，如教案、教材、PPT、教态等显性考核变成对教师如何调动学生参与度及参与效果的考核，真正发挥教师的主导性与学生的能动性，将教学的主动权还给学生，包括部分教研活动也让学生参与进来。

3.8　信息化建设应用

教育信息化是指在教育领域（教育管理、教育教学和教育科研）全面、深入地运用现代信息技术来促进教育改革与发展的过程，特点是数字化、网络化、智能化和多媒体化，特征是开放、共享、交互、协作。机器人专业教育信息化主要包括：机器人教学资源中心、网络教学互动应用、网上虚拟实验教学与职业鉴定认证应用等。其中，专业教学资源中心包括机器人专业标准、机器人信息文献、特色资源、多媒体课件、图片动画视频、专业试题资源、案例资源等模块。不仅要有文本、视频、课件、素材、案例、图片等传统资源，更要有利于技能训练的虚拟多媒体和实景展现、实操演示的资源和项目实施过程案例等，通过有效整合，建构一个理想的、具有全新沟通机制与丰富教学资源的学习环境，使学习者可以快速、灵活地获取资源，构建以学习者为中心，融合校内外学习，支持个性化与开放式的数字化学习与服务资源。

4. 机器人团队建设的策略

"策略"就是为了实现某一个目标，首先预先根据可能出现的问题制定的若干对应的方案或者根据形势的发展和变化来选择相应的方案，并且在实现目标的过程中，根据形势的发展和变化来制订出新的方案，最终实现目标[2]。

策略包括实现的途径、方法、手段，上级部门授予的权限、设计与计划等。机器人团队建设的途径、方法、手段是"项目驱动"，机器人团队建设的项目来源可以是申报的省市和国家的科研项目，可以来源于企业的横向项目，也可以是学校的科研项目，还可以是团队自己确定的项目和学生协会在活动过程中碰到和发现的一系列需要解决的问题。在这里，项目是指一系列独特的、复杂的并相互关联的活动，这些活动有着一个明确的目标或目的，必须在特定的时间、预算、资源限定内，依据规范完成[3]。项目通常有以下一些基本特征：项目开发是为了实现一个或一组特定目标；项目受到预算、时间和资源的限制；项目具有复杂性和一次性；项目是以客户为中心的。

项目驱动是机器人团队建设的实现途径与实现方法，不论是教师团队的科研、教研、课程与教学资源，还是学生团队的创新创业与协会活动，以项目为载体是其根本。

机器人团队建设需要一定的自主权限，如：在政策允许范围内经费一定的自主使用权，团队负责人在一定程度上的用人自主权、对技术领域的自由发展权、在服务工业机器人细分行业领域的自主与调整选择权等；需要宏观的顶层设计与目标，如：整体实现目标的设计、实现途径的设计、经费预算的设计、实现过程的设计与目标等；也需要自己的实现计划，如：年度工作计划、季度工作计划、三年或五年的工作规划、与企业合作与交流的周工作计划，此外，还有人员的分工与合作、团队成员培训提高计划与安排、团队与外部机器人相关企业的合作计划等。

5. 结论

以机器人团队建设为例，分析了团队建设的理念、目标、组成、定位和实现的策略，提出了以"项目驱动，八维一体"的团队建设思路，该团队建设思路的主要特点是以教研室为主体，强调与企业和学生的协同，强调技术与科研的基础性，强调教研室团队在"八个维度"的整体性与系统性，在教学运行与实施过程中强调学生的主体性及教师与学生之间的互动性和协同性。

参考文献

［1］许湘岳. 团队合作教程［M］. 北京：人民出版社，2011.

［2］互动百科：策略. http：//www. baike. com/wiki/％E7％AD％96％E7％95％A5.

［3］百度百科：项目. http：//baike. baidu. com/link？url＝GIOzuVuwyx73ybJDYhwqvod_SS4FrZs3l8cyD6YQZqDxvnKyW7ig8j6Z53uOMUZh5co1_uMnBrkiztqvRkhlK#1.

第二节 "三信"培养理念的机器人学工团队建设研究

摘要：学生工作团队是高职人才培养的重要方面军，特别是在学生人格塑造、社会能力与方法能力培养中发挥着不可替代的作用。提升学生工作团队的职业道德，提高学生工作团队的职业能力，规范学生工作团队的职业行为，对培养高素质的技术技能型人才具有迫切的现实意义。在分析"95后"高职学生的生活世界与行为特征的基础上，以高职机器人技术应用专业群的学生工作为例，创造性地提出了高职学生工作团队建设的角色定位、工作理念、工作要求、核心环节、学生"三信"成长成才特色。

关键词："三信"成长特色；机器人；学工团队；

中图分类号：G718.5 **文献标志码：**A

0. 引言

学生工作团队在学生人格塑造、社会能力与方法能力培养中发挥着不可替代的作用，是高职人才培养的核心力量。因此，加强学生工作团队建设是高职人才队伍建设的关键与重要组成之一。本文中学生工作团队特指在教学院系直接从事学生管理、学生服务、学生指导等工作人员因共同目标与工作关系的一线学生工作人员组成的团队，包括院系党总支

（副）书记、院系学生工作副院长（副主任）、院系学生工作党支部书记（团总支书记）、学生干事、辅导员、班主任等。

1. 学生生活世界的"四个"行为特征

目前高职院校学生是"95 后"，其从生命的孕育开始及至整个成长过程，接触的是一个色彩斑斓的世界，一个全新的数字化与信息化世界，可以借用成语"声色犬马"来表达的世界。主要表现在：

（1）声。"95 后"学生从胎教开始，就赏音乐、听故事；从小就用录音机、MP3、MP4、MP5、CD、点读机，看动漫，听解说，学电子琴、玩吉他、吹口风琴、练钢琴等，是一系列多姿多彩的声音声乐世界中熏陶出来的。

（2）色。"95 后"学生生活在色彩斑斓的世界，彩色影视、彩色图片、动画、动漫、多功能手机、电脑、相机、摄像机、VCD、DVD 等丰富多彩的数码产品及网络、QQ、MSN、E-mail、微信、视频等数码生活方式。

（3）犬。"犬"这里是指"娱乐休闲"。"95 后"的学生是玩智能玩具、旅游、电子卡通、电动汽车、电子游戏、手机游戏、开派对、跳街舞、蹦极、太空船、网上购物、网络商店、网络游戏、UC、QQ 空间、博客、微信等长大的，从小就生活在高科技的支撑下。

（4）马。"马"这里是指"交通工具"。"95 后"学生是在电动车、摩托车上，在出租车、公共汽车、地铁、家用小汽车里上成长起来的，大多数学生坐过飞机，少数学生出过国，即使是家庭生活条件差的学生，也是在电动车、摩托车背上成长起来的。

"95 后"大学生在媒体接触行为上有一个重要特征，即网络是他们获取信息的主要途径。对于"95 后"大学生而言，传统媒体所能传递的信息，他们更倾向于从网络获取，网络对传统媒体形成功能性替代的状态。并且，网络对四大传统媒体的时间性替代作用显著，因为"95 后"大学生将时间投注在网络之上[1]。网络改变了他们的思维方式和表达方式。网络信息的透明、快捷，网络的交互性、平等性，使他们有更多的机会发表自己的见解，民主意识、权利意识、参与意识大为提高。对于新事物的学习和接受能力也是前人无法企及的，具有强烈的创新意识与创新愿望[2]。

因此，"声色犬马"是"95 后"学生生活世界的经典描述，对网络的迷恋及对新鲜事物的敏锐性是其行为特征。作为新时代的教育工作者与一线的教师，我们应该根据"95 后"学生生活的世界及其行为特征，针对机器人技术应用专业群的高职大学生，与时俱进，充分运用机器人的"声色犬马"功能，因势引导，因材施教，精细管理，充分利用网络构建数字化信息教学平台，用"声色犬马"的手段优化管理和服务，建立"声色犬马"的学生管理服务平台工作体系，建立符合"95 后"大学生个性与特色的管理和服务等学生工作方法，打造一支高素质的学生工作团队，提高人才培养质量，引导学生从机器人兴趣爱好者到机器人技术技能专业人才的成长之路。

2. 学工团队做好的"两个"角色定位

学工团队的角色定位要实现从纯粹的学生管理者向学生成长的引路人与服务者转变，

寓管理于服务之中。《普通高等学校辅导员队伍建设规定》（教育部令 24 号）指出："专职辅导员是开展大学生思想政治教育的骨干力量，是学生日常思想政治教育和管理工作的组织者、实施者和指导者，是学生的人生导师和健康成长的知心朋友。"因此，院系学生工作团队要做学生成长的引路人与服务者，引导学生从机器人兴趣爱好者到机器人技术技能专业人才的成长之路。

3. 学工团队遵循的"四个"工作理念

3.1 "水乳交融、共同成长"的信念

学工团队教师与教师之间、教师与学生之间、学生与学生之间通过管理、服务和活动进行紧密融合，鼓励和要求辅导员与班主任融入学生班级、社团协会中，激发学生的主动性，教学相长，共同成长；以机器人专业项目、兴趣爱好为载体，组建学生协会团队，与机器人技术应用专业教学团队教师紧密合作，扬长避短，共同提升。

3.2 "灯塔指引、追求卓越"的目标

一是以"工匠精神"为精神灯塔。"工匠精神"的核心是"专心专注、精益求精、追求极致"，机器人是"中国制造 2025"十大重点领域之一，是制造业皇冠顶上的"明珠"。"工匠精神"是实现中国由制造大国向制造强国的重要支撑。机器人技术应用专业群学生工作团队以"工匠精神"为指引，专注于学生成长的"引路与服务"，并以此为榜样与模板，引导与示范学生，培养机器人技术应用的"大国工匠"。

二是以创新创业为目标灯塔。创新是在人们已经发现或发明的基础上，能够做出新的发现，提出新的见解，开拓新的领域，解决新的问题，创造新的事物；或是对他人的成果做出了创造性的运用。创业能力是一种以专业知识为基础、以创新和创造为载体、以持续改进为主线、以创业实绩为核心尺度的综合能力。学工团队在学生创新创业能力方面的培养核心：一是注重培养学生创新特别是原始创新意识，开展启发式、讨论式、探究式班级活动的组织形式，激发他们丰富的想象力，培育工匠精神；二是培养创业意识、创业心理品质、创业精神、竞争意识、决策能力、经营管理能力、专业协同能力与交往协调能力组成等。

三是以智能控制为技术灯塔。"智能控制"机器人的大脑与神经。对于机器人技术应用专业群的高职学生而言，技术目标就是要不断地吸收消化机器人的专业知识，不断提高观察能力、实验能力和动手能力，提升机器人设计者与指挥官的能力。学工团队的职责关键是"点火"与"引欲"，让学生在第二课堂、第三课堂内自由成长，尽可能地让各专业学生融入机器人及相关协会中，这是学生自主成长的核心与实现途径。

3.3 "多元融合、协同发展"的机制

学校和院系要建立一个学工团队、教学团队、管理团队之间的相互融合的工作平台与工作机制，形成"你中有我，我中有你"的工作格局，整合资源，协调发展，既服务学生培养和就业，又提升和发展教师的个人能力。主要可以从以下几个方面进行：一是鼓励与

要求教学经验丰富的专任教师担任班主任工作，从事学生学业指导、主题班会活动开展、第二/第三课堂机器人相关技术指导、机器人科普与应用推广等活动开展等；二是鼓励与要求辅导员等在专业范围内发挥强项，担任一定的课程教学；三是辅导员根据班级专业特点，每学年参加 1～2 次该专业的教研活动，与教学团队共同探讨学生的成长；四是教研室主任和骨干教师每学年参加 1～2 次学生活动和学生工作会议等。

3.4　"精细服务、因材施教"的保障

"精细服务、因材施教"是学工团队做好学生成长与引导的工作保障，"声色犬马""网络迷恋""新生事物敏锐"只是对"95 后"大学生的宏观与综合描述，但不同的学生，因为家庭出身、生活经历、知识结构、地域血缘等不同，从而形成自己独特的个性，因此，学工团队在实际工作过程中，要针对学生的特点进行精细管理与服务，因材施教，因势利导，采取不同的工作方法和手段进行教育、鼓励、批评等，让学生健康成长、全面发展、个性发展。

4. 学工团队遵守的"五字"工作要求

一是"信"。"信"是学工团队做好引路人与服务者的思想前提。"信"是相信自己，信任学生。高职学生从传统观点看，是高考落榜差生，学习不自觉，学习能力差。多元智能理论表明，人的智能是多元的，对高职学生，实践能力正是他们的长处，特别是对选择电子与机器人的相关学生来说，机器人的"声色犬马"功能与专业特性结合是能把学生的积极性与爱好充分调动起来的，要坚信学生能够学好、做好，能够管理好自己。

二是"爱"。"爱"是学工团队做好引路人与服务者的感情基础。爱自己的孩子是本能，爱别人的孩子是神圣，师爱是严慈相济的爱、是只讲付出不计回报的爱、是无私广泛而没有血缘关系的爱，学生只有"亲其师"，才会"信其道"。对机器人技术应用专业群的学生而言，既要引导学生爱自己，爱师长、爱家长，更要提升学生具有博爱，爱社会、爱国家、爱他人。用自己的专业和兴趣，发挥自己的机器人与智能技术的强项，为社区、为同学做机器人技术科学普及与应用推广，指导周边中小学生进行机器人及相关智能产品的创意、创新。

三是"严"。"严"是学工团队做好引路人与服务者的基本保障。"严"对教师是严谨治学、精细服务，积极进取，是严于律己，以身作则；对学生是严格要求，严师出高徒，严与爱要有机结合，严在当严处，爱在细微中。主要体现在要有严格、规范的管理制度并认真执行，不能因人而异；要规定学生在三年内完成的基本任务，如参加一个协会、读几本课外书、机器人技能中级工标准、当一次班干部、参加一项体育运动、组织一次班级活动等。

四是"导"。"导"是学工团队做好引路人与服务者的基本方法。"导"是指导与疏导，本质是因材施教、精细服务；作为高职学工团队，要充分扮演好引路人与服务者的角色，要指导学生加入一个专业协会或综合性协会（如：电子协会、机器人协会、无人机协会、创新创业协会等）和一个兴趣爱好协会（如：街舞协会、羽毛球协会、书法协会等），充分展现个性，学会团队合作，指导学生学会思索与研究，充分发展潜力和发挥

专长。

五是"放"。"放"是学工团队做好引路人与服务者的最终目的。"放"指放手教会掌握学习方法与获取知识的本领,而不仅仅是知识本身,放手让学生充分利用课中、课余的时间,在机器人与智能产品的设计、装配、调试、编程与制作的过程中学会方法,提高能力,让学生成为机器人的"设计者"与"指挥官",在"做中学、错中学、试中学"。放手让学生学会加强修养,锤炼品格,宽以待人,严以律己,团结合作,勤奋学习,自尊、自爱、自立、自强;学会自我管理、自我激励、自主学习,展现个性,建立一种接纳性、支持性、宽容性的育人环境。

5. 学工团队夯实的"四项"基础考核

学生工作是一种实践活动,其本质不在于"知",而在于"行",其验证不在于逻辑,而在于成果。没有结果等于工作没有完成,没有结果的工作也将没有任何意义。结果导向的理论前提是"过程优先",结果导向必须关注完成结果的过程,对结果负责就必须先对工作的程序负责,对工作程序负责才能真正对工作的结果负责,这是一种工作智慧。

因此,加强对学生日常行为的引导与考核,是学生工作的一个基础性与必然性的工作。日常行为的引导与考核主要包括:一是课堂自习出勤;二是寝室文明行为;三是学习场所卫生;四是各类主题活动。

6. 学工团队打造的"三个"成长特色

学工团队工作目标是形成以"信仰、信心、信用"为主要特征的机器人专业群学生成长成才的三个特色。

6.1 以"雷锋精神"为引领,培养有"信仰"的学子

信仰指对某种主张、主义、宗教或对某人某物的信奉和尊敬,并把它奉为自己的行为准则[3]。学校地处雷锋故乡望城,雷锋精神有其天然影响力,对大学生而言,雷锋精神本质是:一是在学习上"向上",发扬刻苦钻研的"钉子"精神;二是在生活上"向上",发扬艰苦奋斗的创业精神;三是在价值取向上"向善",发扬"大爱无疆"的奉献精神;四是在人际关系上"向善",发扬助人为乐的合作精神。主要依托的四个载体:一是每年面向新生的"青春与梦想同在,成长与责任同行"的成人礼活动;二是电子协会,每年以3月5日为代表的不定期为社区进行义务家电维修与智能产品使用咨询等活动;三是机器人协会、无人机协会为中小学进行的机器人创意创新指导及科学普及与应用推广活动;四是国际红十字会志愿服务队"义务献血""关爱老人""腊八节施粥"及其他志愿服务活动。

6.2 以"工匠精神"为指引,铸造有"信心"的学子

信心是指相信自己的愿望或预料一定能够实现的心理[4]。主要依托:一是课堂与自习专业学习,提升学生的专业基本能力、核心能力与职业素养;二是教学团队组织、学工团

队紧密配合的中国机器人竞赛、大学生电子设计大赛、"互联网＋"创新创业大赛、中国教育机器人大赛、机器人与智能电子产品设计与制作、专业协会的日常技术活动、协助教师进行机器人科学研究与技术服务等，彰显机器人技术服务与应用的"技术与工艺"，通过身边的技术技能榜样，提升学生在机器人技术学习过程中的"信心"；三是引导学生追求"工匠精神"的本质与内核，"精益求精、做到极致，专心专注"于机器人装配工艺、结构工艺、程序设计、路径优化、应用编程、视觉控制等技术技能领域，有信心成为机器人某一领域的行家。

6.3 以"园校互动"为途径，锤炼有"信用"的学子

"信用"是指依附在人之间、单位之间和商品交易之间形成的一种相互信任的生产关系和社会关系[5]。主要依托：一是电子工程学院创新创业实践基地、项目组的机器人项目开发与设计、学生创新创业协会、项目路演等进行初期的内部模拟（或实际）协同与合作等；二是黄金创业园创业孵化基地、长沙市高新产业开发区、长沙雨花经济开发区等创新创业基地等进行机器人与智能电子产品的创意创新与创业孵化活动，整合与融合社会资源，通过"园校互动"，提高学生的创新意识与创业能力，提升协同意识与合作能力；三是在合作过程中的合同协议意识培养及实现合同协议意识的能力提升，培养学生"重合同、守信用"的公民意识。

7. 结论

学生工作是一个具有创意创新创造的服务与管理工作，需要激情与付出，针对"95后"大学生的特征及机器人专业的特点，系统提出了学生工作团队自己的工作理念、工作方法、工作要求及"信仰、信心、信用"的"三信"目标成长成才特色。

参考文献

［1］CMI 校园营销研究所，群邑智库. 互联网下"九〇后"——"90后"大学生数字化生活研究报告［EB/OL］. http://wenku. baidu. com/view/002f8dc62cc58bd63186bd4f. html.

［2］楼启炜. "90后"大学生思想特点调查与分析［J］. 江苏教育学院学报（社会科学），2011.27（4）.

［3］百度百科. 信仰［EB/OL］. http://baike. baidu. com/link? url = Z9N091eb3C_8uDEb1H0 MFZjNDclg3sQvDxzNUNj9x1u5T_Ynl7G7 - TkO0pM4k6wD0k5byHqyZiPDuIPpc - _x_ r7Y3zV3 CsQUhv8Tgkn_Ik7.

［4］百度百科. 信心［EB/OL］. http://baike. baidu. com/link? url = aw7b6kdbF8SqVDmIfv - 24rfLt6fYZHtSwu1yGU9e36AOEVLLI3Hk6qmoOwEWOlRsEON2mmkjMqRhFGgNjpoMZ_.

［5］百度百科. 信用［EB/OL］. http://baike. baidu. com/link? url = 3hMPYZu2hQH2lAzcs0t YXHX5ricaf0aTlpWp725DlyGWUNzoPORR9_X6YKwdLnpO7aaNPpRgG7fPBRH9YU1G3_ 4Fu3TMZL4 wRRLZWX3tWFW.

第三节　高职专业（群）带头人建设的哲理思考

摘要：从教育哲学的角度，系统界定了职业院校专业（群）带头人的内涵，并以机器人技术应用专业（群）带头人为例，系统分析专业（群）带头人是什么、做什么和怎么做。

关键词：高职；专业（群）带头人；机器人技术应用

中图分类号：G718.5　**文献标志码：**A

0. 引言

专业（群）带头人建设是高职专业（群）建设与教学团队建设的一个极其重要方面，一个优秀的专业（群）带头人，就是一面旗帜、一个方向，是决定一个专业（群）发展与建设质量的关键因子。但专业（群）带头人是什么？专业（群）带头人应该做什么？专业（群）带头人怎么做？在各个学校有着不同的界定与职责。本文以机器人技术应用专业（群）带头人为例，力图从教育哲学的角度进行分析。

1. 专业（群）带头人是什么

1.1　专业（群）带头人之"人"

从教育哲学角度，对人的理解有五个属性：一是可能性和生成性，指人的本质是在自身的活动中不断生成的，是一种"自我规定"。二是自主性和创造性，指人不但会学习，而且会发问，会探索，会创新。三是实践性和发展性，指人可以通过有目的、有意识的自主创造性活动不断地进行自我否定、自我超越、自我实现。四是历史性和现实性，指人的自我本质是在不断发展的历史和现实生活中逐渐生成的，并受到一定历史和现实条件的制约。五是多样性和差异性，指人作为一种存在的可能性本身就蕴含着丰富性和多样性且个体生命具有独特性、不可替代性及差异性[1]。

从上面的论述可以看出，作为高职的专业（群）带头人来说，首先满足的是教育学里的人的基本属性，能自我规定、自我发展，受历史环境影响，不同专业、不同阶段会有差别等，有其独特气质与风格，特别是能带领团队会应用、会发现、会探索、能创新。

1.2　专业（群）带头人之"头"

专业（群）带头人为"头"，在专业（群）建设与教学团队建设中，应该在哪些方面为"头"，与党政领导的"头"有什么区别？个人觉得，专业（群）带头人可以在以下五个方面为"头"：

一是教育教学理念要挺胸"昂头"。作为高职的专业（群）带头人，首先要有现代先进独特的职业教育教学理念，要有符合高职学生发展的教育教学方法。要根据职业教育的特性和学生的成长特点及个性特征，采用合适的教育教学策略，要充分利用机器人的产品与应用特点，如："声、光、电""有趣、好玩"等，让学生在做中学、学中做。

二是教书育人大任要成为"龙头"。人才培养是高职院校的首要职责与核心任务，也是专业建设的最终目的。因此，作为专业（群）带头人，要充分研究高职教育教学规律，研究学生成长特点，在教书育人方面要成为本专业（群）的榜样，要能从学校视角、行业视角、学生发展视角、区域经济视角，特别是"为党育才、为国选才"等对教书育人进行研究，在课程教学与实践的过程中充分研究思想政治教育规律，研究教书育人规律、学生成长成才规律等，并运用到教书育人的实践中，以身作则、以身垂范，成为教书育人的"龙头"。

三是科研技术服务要做个"倔头"。科学技术研究与社会服务是高职院校的重要职责，也是专业设计与专业教学能否适应时代发展和产业提升的前提与基础。对高职院校而言，科学技术研究与社会服务无疑具有挑战性，具备一定的难度，对机器人技术应用专业而言，机器人是典型的光机电一体化产品，其本身涉及的专业既广又深，且其应用极其广泛，并且要对应用的细分领域深入理解，机器人的主要研究方向有：多传感器信息融合、控制系统及其控制算法、视频处理及视觉伺服控制、人机交互、机器学习、通信技术及多机器人协调等。因此，作为专业（群）带头人，对科研技术服务方面，要有钻研的精神，要有深入的勇气，要有一定方法，特别是要有韧性，要成为一个不服输的"倔头"。

四是创新创业指导要能有"拳头"。创新创业指导是高职院校专业建设与专业教学重要的方面。高新技术应用与文化创意是高校创新创业的重点。作为专业（群）带头人，要在创新创业方面有自己的观点、视角、切入点和突破口。机器人及其应用是高新技术的典型代表，涉及国民生活与智能制造的各个方面，对技术的本身突破或将机器人或其关键技术应用到某个细分领域，均是一个很好的创意或突破口，如果能结合传统文化进行创新创业，更是一个突破。如：机器人主题餐厅，机器人助老助残，无人机在农业、交通等领域的应用等创业项目就是很成功的典型案例。

五是团队成长发展要树立"竿头"。教学团队是专业建设的设计者与实施者，也是影响人才培养质量与专业建设的核心因子之一。带领团队共同成长是专业（群）带头人核心职责之一。专业（群）带头人要成为带领团队成长的标杆，要成为团队的榜样，要成为团队的核心与灵魂。作为机器人专业（群）带头人，要成为在机器人团队机器人科学研究与技术服务的"竿头"，成为团队成长的示范与标杆。

1.3　专业（群）带头人之"带"

专业（群）带头人之"带"，个人认为：一是团队的师德示范；二是团队及学生的思想解惑；三是团队的技术解难，专业（群）带头人要有"几把刷子"；四是专业（群）带头人要成为团队行动引领；五是专业（群）带头人要有教学担当。

1.4　专业（群）带头人之"业"

专业（群）带头人之"业"，个人认为：第一个层面，从工作内容而言，以湖南信息职业技术学院为例，作为信息技术特色的行业高职院校代表，"信息感知、信息处理、信息应用"是学院整体特色及强项。因此，作为专业（群）带头人，一是要承高职教育之业；二是承信息技术之业；三是承机器人在智能制造中应用之业；四是承文化传承与创新之业，特别是机器人与人工智能的文化及创新之业。第二个层面，一是从工作态度上要敬业、乐业；从工作目标上立业、兴业；从工作过程上修业、创业。

1.5　专业（群）带头人之"专"

"专"有两个层面的意思：一是单纯、独一、集中在一件事上；二是独自掌握和占有[2]。作为专业（群）带头人之"专"：一是科学技术研究方向具有专一性，要在某一领域作纵向深入，有自己的专长；二是追求的执着性，要坚持在一个特定领域深入发展，不要今天一个方向，明天换一个地方；三是成就的领先性，作为专业（群）带头人，教学科研的学术成就必须具有领先性，能运用先进的教育教学理念，结合区域经济与产业特点、学校的领域强项。专业（群）带头人研究方向要有专一性、在学术追求上要有执着性、教学研究与科学技术成就具有领先性、教书与育人理念具备前瞻性、教学行动必须有持久性、学术成果要有创造性。

综上所述，专业（群）带头人，要具有高尚的政治素质、职业道德素质和严谨正派的学风；要学术造诣深厚，学术思想活跃，在某一专业步入了专业前沿领域，有突出的专业研究方向，并取得了创造性的、具有一定学术水平的教学和科研成果，能组织和带领青年教师进行专业建设。专业（群）带头人是一种学术性称谓和资格，也可作为一种职务与岗位要求。

2. 专业（群）带头人做什么

专业（群）带头人主要带头做：一是专业设计，主要包括：专业优化调整调研；专业人才培养规格；专业人才培养方案。二是专业规划，包括：专业发展整体规划；实践基地建设规划；专业团队发展规划。三是专业指导，包括：课程体系执行指导；课程标准设计指导；产教融合实践指导。四是团队建设，包括：基于专业发展和科研服务能力提升；基于"传帮带"团队青年教师成长；基于"项目驱动"的团队建设策略等。团队建设基于"项目驱动、九维一体"，从科研技术服务、学习改革研究、课程资源开发、创新创业指导、专业协会指导、技能竞赛指导、教学运行实施、信息化建设、国际交流合作等九个方面进行。

3. 专业（群）带头人怎么做

专业（群）带头人的工作主要从以下五个方面着手做：一是专业调研报告。包括：①组织设计专业人才需求调研表，调研典型企业；②组织撰写区域的产业人才需求报告。

二是人才培养方案。包括：①确定人才培养目标、培养规格、核心岗位综合职业能力与发展能力、关键与核心技术；②设计课程体系，撰写人才培养方案，培育与总结提炼人才培养方案特色。三是产教融合方案。包括：①提出完善实践基地建设建议；②基于"产学研"的校企合作建议。四是教学团队建设。包括：①提出本专业团队提升（培训、科研、教研、技术服务等）的计划与建议；②指导本专业青年教师"传帮带"师德与业务能力提升。五是科研教研指导。包括：①研究本专业新理论、新技术、新工艺、新装备、新方法、新业态，组织面向本专业师生或对外进行学术讲座；②研究智能时代本专业学生学习行为特征，提出教育教学研究、信息化、国际化等新教育思想与可行性建议。六是教学资源开发。包括：①组织与指导本专业教材、信息化教学资源开发；②组织与指导技能竞赛、专业协会及教学资源开发。

4. 我们的实践与体会

湖南信息职业技术学院在专业（群）带头人建设方面做了一定的建设与探索。学院层面建立了"青蓝"工程"传帮带"制度等"五蓝"工程制度等。在专业（群）建设中，电子工程学院专业（群）带头人发挥了积极作用，成绩突出，在立项湖南省职业教育省级重点建设项目中：省级学科带头人1人、省级教学名师1人、省级芙蓉名师1人、全国机电行业职业教育教学名师1人、省级专业带头人2人（谭立新、朱运航）、省级教学团队1个（应用电子技术），市级教学团队2个（工业机器人、智能机器人）、省级重点实习实训基地1个（应用电子技术）、省级精品专业2个（电子信息工程技术）、省级示范性特色专业1个（应用电子技术、电子信息工程技术）、省级现代学徒制试点项目1个（工业机器人技术）、省级中高职衔接试点项目1个（电子信息工程技术），市级示范性专业群1个（机器人技术应用专业群），特别是在2019年，立项全国样板党支部、全省样板党支部及两个"双带头人"；近5年在省级以上科研项目与技术服务中立项30多项，发表研究论文200多篇，发明专利、实用新型专利、计算机软件著作权60多项，获省级教学成果奖二等奖2项，参与国家教学成果奖二等奖1项，参加省级以上技能大赛及创新创业大赛获奖学生500人次，立项省级精品资源开放课程6门、市级3门等。

5. 结论

从教育哲学的角度系统分析与介绍了专业（群）带头人的内涵及高职院校专业（群）带头人具备的条件，并从专业（群）建设与人才培养、科学研究、技术服务等方面界定了专业（群）带头人的主要职责以及专业（群）带头人发挥带头人的真正效能。

参考文献

［1］百度百科．人［EB/OL］．https：//baike. baidu. com/item/人/13020851．
［2］百度百科．专［EB/OL］．https：//baike. baidu. com/item/专/6587296？fr = aladdin．
基金项目：湖南省2019年度芙蓉教学名师建设项目（项目编号：湘教通〔2019〕261号）

第四节　寻梦·启航·坚守

——2018级新生开学典礼上教师代表发言

尊敬的各位领导、各位老师和亲爱的同学们：

大家早上好！

秋风送爽，丹桂飘香。我很高兴能作为教师代表，迎接来自三湘四水、四海五湖，汇聚湘江之滨、雷锋故里的新生朋友们，我代表信息职院的全体教师对你们的到来表示热烈的欢迎！

你们每个人都那么的与众不同，满腔激情，蕴含巨大的潜能。帮助你们寻找人生方向，激发潜能、创新创业、放飞梦想是信息职院全体教师最重要的职责和工作目标。

但如何履行这个重要职责，怎样实现这个工作目标，却不是一两句话就能概括的。作为教师代表和信息职院教学团队的一员，我向新生朋友们庄严承诺与郑重保证，全校所有教职员工将十分乐意关注你们的兴趣，满足你们的好奇心，陪伴你们快乐学习、社会实践、创新创业、茁壮成长。

面对朝气蓬勃、活力四射的新生朋友们，让我的思绪穿越时空回到二十多年前，我的老师和学长将我迎进大学校园，开始了快乐学习和步入了人生和成长的新轨道，从此改变了我的人生与命运。在此，我感恩和缅怀给我知识与力量的诸多恩师，我常忆起爱生如子的欧谷平老师，雪夜来我们宿舍辅导、答疑、解惑的动人场景；还有学识渊博、教学严谨的唐利强教授，在三尺讲台慷慨激昂讲解，将我们带入丰富多彩的物理世界，感受到物理学的博大精深；还有平易近人的学者章从善先生，用通俗的语言给我们讲解科学的真谛，鼓励我们努力学习、奋发向上。虽然他们都已退休或离世，但那些感人的场景至今历历在目，他们的谆谆教诲我永生不忘。在他们精神的感染下，我也成为一名人民教师，以他们为榜样努力工作，尽自己的本分做了一点应该做的事情，却得到了同学们和同行们的信任和鼓励，获得了全国、湖南省及学校的各种奖励，令我感到诚惶诚恐，感到责任更大，压力更大，唯有努力工作来报答大家对我的厚爱与关心。作为曾经也年轻过的我，想和新生朋友们分享一点体会：

一、寻梦。大学三年虽然短暂，却是人生寻梦的最佳时光！我们最重要的事情就是要：学以成人、学会做事、学会学习。保持"好奇心和探究心"，追随自己的好奇心，学好基础课程，研修能帮你实现目标的专业，倾听技术技能的声音，做能激发你想象力的事情，体验成长和创造的快乐！如果你确定了目标，想满足自己某方面的好奇心，那就务必采取行动，不要让任何事情阻挡你。

信息职院特别注重高素质技术技能及应用创新人才的培养，注重个性化教育，特别适合与众不同的你！你们在这里能接触到各种思想观念，选修特色各异的必修和选修课程，接收各种各样的机遇和挑战。各类社团活动、技能竞赛、社会实践、创新创业的经历有可能激发你们的潜能，为你们放飞梦想提供大舞台。信息职院"因信息而生、因信息而特、因信息而成长"，如：电子工程学院的信息感知控制与机器人技术应用、机电工程学院的

3D 打印与智能制造技术应用、计算机工程学院的移动互联与网络空间安全、经济管理学院的电商技术及应用，莫不是信息技术在各个行业领域的典型应用与创新。在这儿，你们可以酣畅淋漓、毫无顾忌地体验创造的激情与成长的快乐！可以预言，将来你们对大学时光最美好的回忆就是那些能够让你插上想象翅膀的事情。

二、起航。亲爱的同学们，任何梦想的实现，都是从坚实的行动开始的，你们三年的寻梦之旅就要起航了！希望你们在今后三年的寻梦之旅中，不忘初心、牢记使命、刻苦立志，绝不虚度光阴，蹉跎岁月。你们永远都不要担心满足自己的好奇心或追随自己的兴趣是在浪费他人的时间，老师们很乐意你给我们找点学习与成长的"麻烦"。为你们放飞梦想保驾护航，正是我们工作的目的，也是我们共同的追求和理想。让我们共同追随着自己的激情，共同学习和成长、共同享受探究未知和创造未来的快乐，一起在信息职院度过三年激情难忘的岁月！

三、坚守。"入学即礼，入楼即静，入座即学，入学即专"是同学们在大学三年最好的人格坚守。学习需要坚守一个"勤"字。"少年辛苦终身事，莫向光阴惰寸功"；"少年易老学难成，一寸光阴不可轻"。这些古代名人恳切真挚的声声教诲，用意都是在劝人加紧学习，勤奋精进，不能放松自我，懈怠光阴。伴随着科技的高速发展，我们今天的学习，已经不局限于传统纸质载体，阅读途径更加丰富和多元。手机 APP、电子出版物、微信读书、QQ 阅读等，使我们的读书生活更加便捷轻快；作为职业院校的大学生，学习还包括实践动手能力的提升，我们的校训"家国共担、手脑并用"就高屋建瓴地指出了高职大学生应有的理想情怀及其实现的方法。

新生朋友们，让我们不再迷恋"葛优躺"，不要让老师和你们隔着一个"次元"，不要考试后，要出成绩了，我好"方"！我们要在知识与技能的朋友圈"扩列"，我们要自强不息、团结向上、奋发有为，以脚踏实地的干劲、抓铁留痕的拼劲、敢于担当的态度，极大地发挥创造力，续写青春成长的新篇章！

最后祝大家新生朋友们身体"666"，学习"666"，生活"666"！

谢谢大家！

第五节　切实履行育人使命，做新时代合格教师
——2018 年岗位培训老教师代表发言
（2018 年 9 月 25 日）

尊敬的各位领导、各位新老同行：

大家下午好！

今天很高兴也很惶恐站在这里，作为老教师代表发言，高兴的是有机会与大家作交流，谈谈 23 年从教的心灵经历与感悟；惶恐的是我担心我的发言，不能准确表达教师这一伟大职业的深刻内涵与新时代教师的神圣使命，从而影响大家职业的成长与发展。

"百年大计、教育为本；教育大计，教师为本"。教师承担着传播知识、传播思想、传播真理的历史使命，肩负着塑造灵魂、塑造生命、塑造人的时代重任，是教育发展的第一

资源，是国家富强、民族振兴、人民幸福的重要基石。

2017 年 12 月，在全国高校思想政治工作会议上，习近平总书记强调："教师是人类灵魂的工程师，承担着神圣使命。高校教师要坚持教育者先受教育，要加强师德师风建设，坚持教书和育人相统一，坚持言传和身教相统一，坚持潜心问道和关注社会相统一，坚持学术自由和学术规范相统一，引导广大教师以德立身、以德立学、以德施教。"

在 2017 年学院教师节表彰大会上的讲话中，学院院长陈剑旄教授倡议：全体教师要成为引领学生进入专业技术领域的"引路高人"，要成为奔走在学校、企业和社会的"技术达人"，要成为学院发展建设、教育教学改革的"真实主人"，要成为学生成长成才且亦师亦友的"后天亲人"，要成为担当社会责任、知书达理的"公民贤人"。

如何做好一个合格的高职教师，我个人的感悟是"信、爱、严、导、放"五个字，与大家共勉。

一是"信"。"信"是做好高职教师的思想前提。"信"是相信自己，信任学生。高职学生从传统观点看，是高考落榜差生，学习不自觉，学习能力差。多元智能理论表明，人的智能是多元的，对高职学生，实践能力正是他们的长处，如：对电子与机器人的相关学生来说，机器人的"声色犬马"功能与专业特性结合是能把学生的积极性与爱好充分调动起来的，要坚信学生能够学好、做好，能够管理好自己。

二是"爱"。"爱"是做好高职教师的感情基础。爱自己的孩子是本能，爱别人的孩子是神圣，师爱是严慈相济的爱、是只讲付出不计回报的爱、是无私广泛而没有血缘关系的爱，学生只有"亲其师"，才会"信其道"。既要引导学生爱自己、爱师长、爱家长，更要提升学生具有博爱，爱社会、爱国家、爱他人。对机器人技术专业而言，用自己的专业和兴趣，发挥自己的机器人与智能技术的强项，为社区、为同学做机器人技术科学普及与应用推广，指导周边中小学生进行机器人及相关智能产品的创意、创新。

三是"严"。"严"是做好高职教师的基本保障。"严"对教师而言，是严谨治学、精细服务，积极进取，是严于律己，以身作则；对学生是严格要求，严师出高徒，严与爱要有机结合，严在当严处，爱在细微中。主要体现在要有严格规范的管理制度并认真执行，不能因人而异；要规定学生在三年内完成的基本任务，如参加一个协会、读几本课外书、机器人技能中级工标准、当一次班干部、参加一项体育运动、组织一次班级活动等。

四是"导"。"导"是做好高职教师的基本方法。"导"是指导与疏导，本质是因材施教、精细服务；作为高职教师，要充分扮演好引路人与服务者的角色，要指导学生认真上好每一次课，做好每一次实践项目，要引导学生加入一个专业协会或综合性协会（如：电子协会、机器人协会、无人机协会、创新创业协会等）和一个兴趣爱好协会（如：街舞协会、羽毛球协会、书法协会等），充分展现个性，学会团队合作，指导学生学会思索与研究，充分发展潜力和发挥专长。

五是"放"。"放"是做好高职教师的最终目的。"放"指放手教会学生掌握学习方法与获取知识的本领，而不仅仅是知识本身，放手让学生充分利用课中、课余的时间，如：对机器人专业学生而言，要让学生在机器人与智能产品的设计、装配、调试、编程与制作的过程中学会方法，提高能力，让学生成为机器人的"设计者"与"指挥官"，在"做中学、错中学、试中学"。放手让学生学会如何加强修养，锤炼品格，宽以待人，严以律己，团结合作，勤奋学习，自尊、自爱、自立、自强；学会自我管理、自我激励，自主学习，展现个性，建立一种接纳性、支持性、宽容性的育人环境。

同仁们，教师是我们的新身份，信息职院是我们工作的新地点，对于我们来说，这是我们工作的新希望、生活的新憧憬，更是人生的新征程。让我们共同携手，全身心投入我们的教学工作，以平等的心态、欣赏的目光、发展的视角对待每一位学生，开展教书育人的新篇章，铸就信息职院教书育人的新辉煌。

谢谢大家！

第六节　竞赛引领　产教协同　做电子技术"大国工匠"的引路高人

——2019 世界技能大赛电子技术项目湖南师资能力提升培训致辞

谭立新教授　湖南省电子学会理事长

（2019 年 11 月 7 日）

尊敬的各位专家、各位领导，亲爱的各位同行们：

在"扑鼻芳香金色灿"的秋末冬初之时，很高兴也很荣幸与诸位相逢在美丽的湖南轻工高级技工学校，一起研究与探讨职业院校电子技术专业人才培养、聆听与交流世界技能大赛电子技术项目经验。下面我将从电子信息产业发展特点、职业院校人才培养面临的问题和世界技能大赛的启示等三个方面作主题发言：

一、电子信息产业发展"四大"特征

电子信息业是最有生命力的新兴高科技产业、基础性产业和国家战略支撑产业，提升电子信息产业的国际竞争力，除了要加快突破关键核心技术，狠抓高端通用芯片、基础软件、核心电子器件等关键技术突破外，还要补齐生产、加工和检测装备工程化等短板，提升中高端产品供给能力。

电子信息产业飞速发展，凸显的"四大"特征：一是云计算、大数据、物联网、移动互联网、移动通信、人工智能等新一代信息技术快速演进，硬件、软件、服务等核心技术体系加速重构，正在引发电子信息产业新一轮变革。二是单点技术和单一产品的创新正加速向多技术融合互动的系统化、集成化创新转变，创新周期大幅缩短。三是信息技术与制造、材料、能源、生物等技术的交叉渗透日益深化，智能控制、智能材料、生物芯片等交叉融合创新方兴未艾，工业互联网、能源互联网等新业态加速突破，大规模个性化定制、网络化协同制造、共享经济等信息经济新模式快速涌现。四是互联网不断激发技术与商业模式创新的活力，开启以迭代创新、大众创新、微创新为突出特征的创新时代。

二、职业教育人才培养"四大"问题

职业院校电子技术是应用电子学的基本原理，设计和制造电子器件或功能电路来解决实际问题或对电子产品进行维护保养维修的一门综合性技术类专业。

职业教育人才培养面临"四大"问题：一是我们面向的培养对象存在文化程度低，学习习惯不好与生活习惯不好的问题；二是电子技术专业人才培养体系、课程标准和专业教材、教学内容与新技术、新工艺、新设备、新材料、新方法脱节；三是教学资源、实验实训条件不足，设备器材及教学成本高且更新快速；四是教学团队教研科研能力较弱，特别是技术研发能力与工程实践经验不足，"项目引领、任务驱动"的教学理念尽管深入教师心中，但如何真正落地尚存在着不少差距等。

三、世界技能大赛项目"四大"启迪

世界技能大赛是全球地位最高、影响力最大的职业技能竞赛，被誉为"世界技能奥林匹克"，其竞技水平代表了职业技能发展的世界先进水平，是世界技能组织成员展示和交流职业技能的重要平台。一个国家或地区在世界技能大赛中取得的成绩在一定程度上代表了这个国家或地区的技能发展水平，反映了这个国家或地区的经济技术实力。

世界技术大赛电子技术项目是运用模拟电路、数字电路等电子行业的专业知识，使用现场提供的仪器工具及设计软件等完成硬件电路设计、印制电路板设计、嵌入式程序设计和电子产品组装的竞赛项目。通过电路设计和仿真、嵌入式程序设计、印制电路板组装3个模块考核选手设计、仿真、程序编写、焊接等综合能力。从历届大赛参赛内容设置、选手训练学习及影响力分析情况来看，可以对职业教育人才培养"四大"启迪：

一是教育理念。职业教育的终极目标是让受教育者能全方位地提升素质，成为复合型技术技能的人才。职业教育应该强化职业道德教育，智能和技能并重，而不是只会某一种技能，却在综合素养和情商方面存在重大缺失。职业学校要打造崇尚技能的校园文化，让每栋建筑、每个石头都散发着"技能气息"与"人文气息"。加强对学生品德教育和"工匠精神"的培养，培养品学兼优、爱岗敬业、精益求精的"工匠型"技能人才，让他们不能仅仅是一个工匠，更应努力成为大师。

二是教学模式。对于职业教育而言，世界技能大赛最大的启迪在于教学模式的转变，"必须学以致用，一定要和企业接轨，行业元素一定要在教学中有所体现，推进'项目引领、任务驱动'的一体化教学，在做中教、教中做、学中做、做中学，提升学生的实践能力和主动思考问题的能力。"对于职教学生而言，大赛还能让自己拥有人生出彩的机会，只要努力钻研练习，"什么样的野百合都可能有自己的春天"。

三是标准对接。一方面，许多院校主动与企业对接，将自己的人才培养标准与企业的生产实践及技术标准无缝对接，把企业最先进的生产技术转化到教学当中，世界技能大赛的技术标准是动态的，伴随每个项目的最新技术变化和对操作工人的要求，每届都在不断地调整，中国的技能教育培养目标也要有世界制造的视野。另一方面，随着制造业水平的不断提升，企业许多岗位要求员工既懂技术又懂技能，应该培养更多技能操作熟练、理论知识扎实的复合型创新人才。

四是课程组织。借鉴技能大赛训练模式，实现课程组织方式由目前"目标—达成—评价"的"阶梯形"课程组织模式向"主题—探索—发表"的"登山形"课程组织模式转变。从以知识与技能的传授，追求"学会"的"模仿模式"向以促进学习者思考与探究方法的形成，追求"理解"的"变化模式"改变，重视学生的参与、合作、探究与表达的模式转变。

本次培训主要围绕世界技能大赛与电子技术专业职业教育关系、世界技能大赛对专业建设的引领作用、世界技能大赛融入专业建设的实践、环境与设施对接综合职业素养培养、职业院校 ARM 嵌入式人才培养方案与基地建设等主题进行深入广泛的交流研讨，探索职业院校电子技术专业改革的路径与方法。质量之魂，存于匠心。只有让工匠精神渗入每件产品、每道工序、每道工艺，摒除"差不多"心态，专心、专注、专一，才能补齐生产、加工和检测装备工程化等"短板"，提升中高端产品供给能力，中国实现由制造大国向制造强国转变才有最关键的支点。

"一年好景君须记，最是橙黄橘绿时"。最后，祝各位领导专家和老师们身体健康、学习进步。祝此次培训取得圆满成功！

谢谢大家！！！

第三部分

教材开发与课程教学

第一节　高职工业机器人技术专业教材体系
开发研究与实践

摘要：提出了一种以"工业机器人系统集成技术与应用流程"为主线，构建高职工业机器人技术专业教材体系的开发模式。该模式通过对工业机器人系统集成技术与应用流程的充分调研，确定高职工业机器人技术专业人才培养目标与培养规格，以工业机器人系统集成的技术流程（工序）为主线构建专业核心课程；以学习专业核心课程所必需的知识和技能为依据构建专业支撑课程；以学生职业生涯发展为依据构建公共文化课程的教材体系；以项目导向、任务驱动进行教学材料组织，以"项目描述、学习目标、知识准备、任务实现、考核评价、拓展提高"六个环节为编写体例，有效地解决现行教材理论与实践脱节的问题。

关键词：工业机器人技术；系统集成；技术与应用流程；教材开发

中图分类号：G718.5　　**文献标志码**：A

0. 引言

教材是人类知识、技能、经验和文明传承的重要渠道[1]。对学生而言，教材是学习的对象，是学习主体对其进行信息加工的客体和心理结构构建的物质基础，也是学生获得系统知识、发展智力、提高思想品德觉悟的重要工具；对教师而言，是教书育人的重要载体，是用于构建学生心理结构的外部工具和手段。因此，教材建设的理念是否先进、体系是否完善、内容选取是否具有时代性、编写体例是否科学、呈现形式是否规范是影响一个学校专业建设和人才培养质量的极其重要的因子。现代职业教育教学对教材的要求以实践为主线展开，按照项目、产品或工作过程展开，打破或不拘泥于知识体系，将各科知识融入项目或产品制作过程中，回归到人类认识自然的本原方式。

1. 工业机器人产业分析及对人才需求

工业机器人产业的蓬勃发展，对机器人技术人才提出了明确的要求：一是基础理论与关键技术研究，主要定位在博士与部分学术（科学）型硕士；二是对机器人核心零部件、系统架构设计、机器人系统控制及其算法等，主要定位在应用（工程）硕士与科研型本科；三是工业机器人本体集成、应用软件开发、智能自动线设计与实现，主要定位在应用型本科；四是工业机器人系统集成、工作站设计与实现，主要定位在高职大专；五是工业机器人设备管理、维护保养、柔性制造、售后服务等，主要定位在中职与职业培训；六是机器人科学普及与科学素质培养，定位在师范院校及社会培训机构。不同类型的人才培养，需要不同的人才培养模式与课程体系，需要不同的教材体系支撑。产业链、核心技术与人才培养层次及类型关系如图 1 所示。

2. 高职工业机器人技术专业教材开发现状

机器人是典型的光、机、电高度一体化产品，其制造与应用技术涉及了机械设计与制造、电子技术、传感器技术、视觉技术、计算机技术、控制技术、通信技术、人工智能等诸多领域。高职工业机器人技术专业是一个新兴专业，有部分学校在人才培养与教材建设方面进行了前期的探索与研究，并取得一定的成绩和经验，但是无须讳言，现有的工业机器人教材存在着这样或那样的不足和遗憾：一是没有形成独立的体系，只是在相关专业（如：机械设计与制造、机电一体化、电子信息工程技术、电气自动化技术等）基础上进行简单的加减而得来的，缺少系统性和逻辑性；二是工业机器人产业链定位不准，没有体现高职院校和高职学生的特点与特色，与研究生、本科生、中职生之间的教材内容区分不明显；三是几乎都是按照知识体系编写，重理论轻实践，或者根本与实践无关，尽管也有一些所谓"项目式"教材，但是其实只是将原来意义上的验证性实验"改头换面"，"穿上不同的马甲"而已，实用性不强，内容的选取侧重于知识和理论，与工业机器人产业联系不紧密、脱节。

3. 高职工业机器人技术专业教材体系开发实践

3.1 教材内容定位

本次工业机器人技术专业系列教材的编写是由湖南信息产业职业教育集团、湖南科瑞特科技股份有限公司、北京理工大学出版社共同组织，面向工业机器人产业链的五个环节（工业机器人关键零部件制造商、工业机器人本体制造商和代理商、工业机器人系统集成商、工业机器人应用商），与企业工程技术人员、产品经理、企业领导、销售与客服人员等通过调查问卷、个别访谈、座谈会、现场考察与实践等形式和方法，经企业专家与教育专家多次论证与提炼，确定了高职工业机器人技术专业主体面向工业机器人系统集成商，主要面向机器人操作与编程、机器人检测与调试、工作站设计与安装、机器人销售与客服

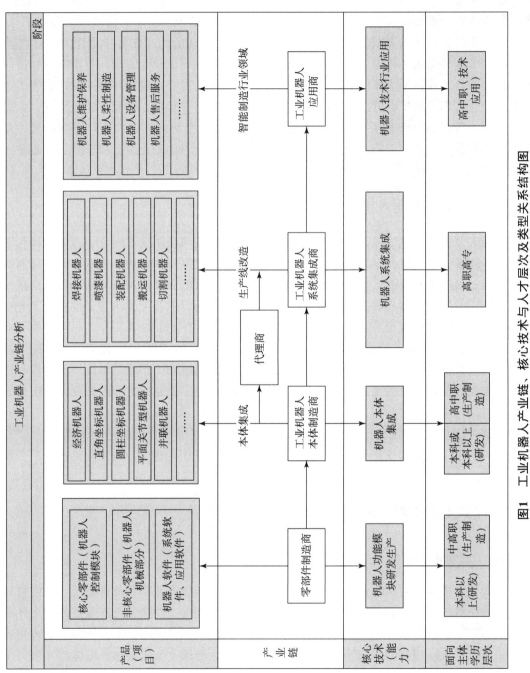

图1 工业机器人产业链、核心技术与人才层次及类型关系结构图

四类岗位，同时兼顾智能制造自动化生产线设计与安装及工业机器人设备管理和维护等。本次教材编写所用的案例与项目全部来自湖南科瑞特科技股份有限公司、ABB（中国）工程公司、库卡及其他国内外知名系统集成商和本体制造商的系统集成项目。

3.2 教材体系构建

以工业机器人系统集成商的工作实践为主线构建教材体系。一是以工业机器人系统集成的工作流程（工序）为主线构建专业核心课程：工业机器人系统集成主要包括系统方案整体设计、工作站和自动化线的机械设计、软件与程序开发、建模与离线仿真、系统安装与调试、系统集成的视觉设计、系统集成整体联调等，以这七个核心环节为依据，设计了《工业机器人工程项目设计与应用》《工业机器人工装设计》《工业机器人操作与应用编程》《工业机器人仿真与离线编程》《工业机器人安装调试与检测维护》《工业机器人视觉技术》《工业机器人典型应用与智能制造》等七本教材。二是以学习专业核心课程所必需的知识和技能为依据构建专业支撑课程，如：学习《工业机器人操作与应用编程》之前必须有 C 语言功底，设计了 C 语言程序设计、工业机器人入门等支撑课程与教材，具体如图 2 所示。三是以学生职业生涯发展为依据构建公共文化课程。四是以实际工程项目为导向，从工业机器人操作与应用人员职业岗位入手，以工业机器人技术专业人才职业标准为依据，以学生从事工业机器人系统集成所需的机器人示教编程、应用编程、机器人应用工艺、机器人专业知识和操作技能为着眼点。

3.3 教材材料组织

本教材体系中，项目是指一系列独特的、复杂的并相互关联的活动，这些活动有着一个明确的目标或目的，必须在特定的时间、预算、资源限定内，依据规范完成[2]。项目通常有以下一些基本特征：项目开发是为了实现一个或一组特定目标；项目受到预算、时间和资源的限制；项目具有复杂性和一次性；项目是以客户为中心的。

本教材体系中的每本教材均按照项目导向、任务驱动组织材料，具体地说，是按照项目或者工作过程展开，将各科知识融入项目或者产品的制作过程中，让学生独立自主地完成规定的工作任务，学会应用已知的知识和已经掌握的技能，去学习和掌握未知的专业知识和专业技能，解决未知的生产实际问题，实现人类认识自然的本原方式的回归[3]。整套教材体系是一个大的项目——工业机器人系统集成，每本教材是一个二级项目（大项目的一个核心环节，共有七个核心环节），而每本教材中的项目又是二级项目中一个子项（三级项目），三级项目由一序列有前后和逻辑的任务组成。

3.4 教材编写体例

每本教材的项目（教材体系中的三级项目）包括六个部分：

一是项目描述。通过文字配合图纸说明、项目的工程技术要求及其实现的主要技术关键，介绍项目技术要点及职业要求，学生训练要完成的工作任务及其质量、技术、安全要求，使学生明确要"做什么"和"做到什么程度"。

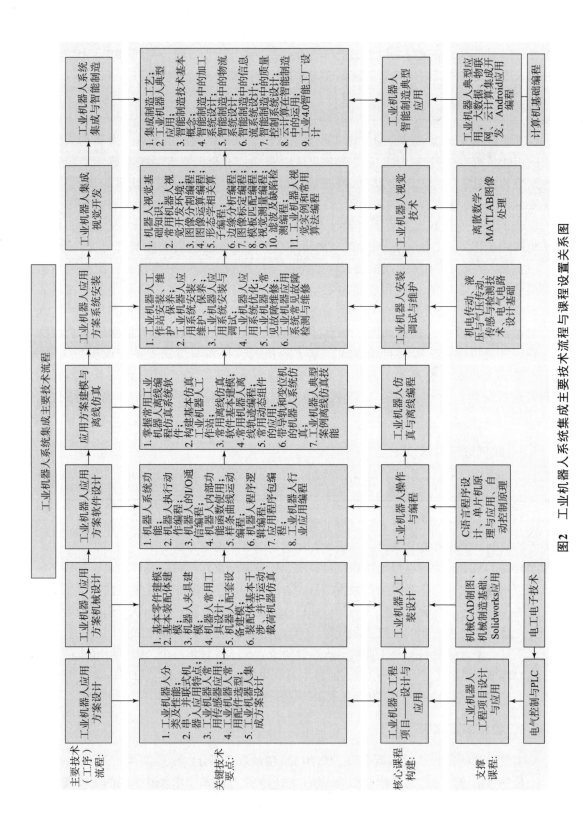

图2 工业机器人系统集成主要技术流程与课程设置关系图

二是学习目标。从知识、能力、态度等方面介绍各项目的教学目标，明确项目要学生掌握的专业能力、方法能力、社会能力（含职业素养）等，解决"学到什么程度"和"应该达到什么标准"。

三是知识准备。实现项目设计制作前期所必需的知识，不求知识的完整性与全面性，以"必须够用"为度，使学生明确要学会哪些专业知识，掌握哪些工作过程知识，学会哪些操作技能，形成哪些职业素养等，明确"学什么"和"怎么学"。

四是任务实现。要完成的工作任务实现所必需的材料准备、场地准备、技术资料的准备、实现的步骤、相关的技术要求、现场要求、工艺与技术文件的撰写等，采用实际工作中使用的工程图、原理图、元件布置图、接线图、照片和文字等创设工作情景说明操作方法、操作步骤、操作要领、操作注意事项等工作过程知识，使学生明确"怎样做"和"怎样做得更好"。

五是考核评价。陈述作品的质量评价、技术评价、职业素养评价及完成过程评价的评价标准，使学生独立完成工作任务后，能检查工作任务完成的质量和技术水平，明白自己"做的怎样"和"学到了什么"。

六是拓展提高。列举工程实践应用中相类似的案例，让学生拓展训练，使学生能够触类旁通、举一反三，使学生知识形成迁移，技能得到强化，职业能力进一步拓展等，解决学生"升华与后劲"问题。

4. 结论

针对高职工业机器人技术专业面向工业机器人系统集成商的产业环节，在大量调研与论证的基础上，提出了以"工业机器人系统集成技术与应用流程"为主线进行教材体系构建，以"项目导向、任务驱动"的教材材料组织，以"项目描述、学习目标、知识准备、任务实现、考核评价、拓展提高"六个环节作为教材编写体例的一种全新教材编写模式。该模式较好地解决了现行工业机器人教材理论与实践脱节的问题，实现了"知行合一""教学做合一"，实现了让学生学会运用已知的知识和已经掌握的技能，去学习和掌握未知的专业知识和专业技能，解决未知的生产实际问题，实现人类认识自然的本原方式的回归。

参考文献

［1］刘继和．"教材"概念的解析及其重建［J］．全球教育展望，2005，34（2）：47 - 50.

［2］百度百科．项目［EB/OL］．http://baike.baidu.com/link？url＝GIOzuVuwyx73ybJDYhwqvod_SS4FrZ - s3l8cyD6YQZqDxvnKyW7ig8j6Z53uOMUZh5co1_uMnBrkiztqvRkhlK#1.

［3］喻小燕，谭立新．高职院校专业建设哲理分析、系统设计与智慧落实［M］．北京：北京理工大学出版社，2013.

基金项目：湖南省职业院校教育教学改革研究重点项目：高职专业建设效益评价模型及其应用（项目编号：ZJA2013016）；湖南省职业教育"十二五"重点建设项目：电子信息工程技术中高职衔接项目（项目编号：湘教通〔2014〕402 号）。

第二节　工业机器人技术专业系列教材总序（第二版）

　　2017 年 3 月，北京理工大学出版社首次出版了工业机器人技术教材体系，该教材体系是全国工业和信息化职业教育教学指导委员会研究课题《系统论视野下的工业机器人技术专业标准与课程体系开发》的核心成果，其针对机器人本身特点、产业发展与应用的需求及高职工业机器人技术专业的教材在产业链定位不准、没有形成独立体系、与实践联系不紧密、教材体例不符合工程项目的实际特点等问题，提出运用系统论基本观点和控制论的基本方法，在系统、全面调研分析工业机器人全产业链基础上，提出了以工业机器人产业链、人才链、教育链及创新链"四链"融合的高职工业机器人技术建设专业标准及其教材体系开发应用的新理论，在教材定位、体系构建、材料组织、教材体例、工程项目运用等方面形成了自己的特色与创新，并在信息技术应用与教学资源开发方面做了一定的探索。主要体现在：

　　一是面向工业机器人系统集成商的教材体系定位。主体面向工业机器人系统集成商，主要面向工业机器人集成应用设计、工业机器人操作与编程、工业机器人集成系统装调与维护、工业机器人及集成系统、销售与客服五类岗位，兼顾智能制造自动化生产线设计开发、装配调试、管理与维护等。

　　二是工业应用系统集成核心技术的教材体系构建。以工业机器人系统集成的工作流程（工序）为主线构建专业核心课程与教材体系，以学习专业核心课程所必需的知识和技能为依据构建专业支撑课程，以学生职业生涯发展为依据构建公共文化课程的教材体系。

　　三是基于"项目导向、任务驱动"的教学材料组织。以项目导向、任务驱动进行教学材料组织，整套教材体系是一个大的项目——工业机器人系统集成，每本教材是一个二级项目（大项目的一个核心环节，共有七个核心环节），而每本教材中的项目又是二级项目中一个子项（三级项目），三级项目由一系列有先后和逻辑的任务组成。

　　四是基于工程项目过程与结果需求的教材编写体例。以"项目描述、学习目标、知识准备、任务实现、考核评价、拓展提高"六个环节为全新的教材编写体例，全面、系统体现工业机器人应用系统集成工程项目的过程与结果需求及学习规律和生产实践要求。

　　该教材体系系统解决了工业机器人教材理论与实践脱节的问题。该教材体系以实践为主线展开，按照项目、产品或工作过程展开，打破或不拘泥于知识体系，将各科知识融入项目或产品制作过程中，实现了"知行合一""教学做合一"，让学生学会运用已知的知识和已经掌握的技能，去学习未知的专业知识和掌握未知的专业技能，解决未知的生产实际问题，符合教学规律、学生专业成长成才规律和企业生产实践规律，实现了人类认识自然的本原方式的回归。经过四年多的应用，目前全国使用该教材体系的学校已超过 140 所，用量超过 12 000 多册，以高职院校为主体，包括应用本科、技师学院、技工院校、中职学校及企业岗前培训等机构，其中《工业机器人操作与编程（KUKA）》获"十三五"职业教育国家规划教材和湖南省职业院校优秀教材等荣誉。

随着机器人自身理论与技术的不断发展、其应用领域的不断拓展及细分领域的深化、智能制造对工业机器人技术要求的不断提高，工业机器人也在不断向环境智能化、控制精细化、应用协同化、操作友好化提升。随着"00后"日益成为工业机器人技术的学习使用与设计开发主体，对个性化的需求提出了更高的要求。因此，在保持原有优势与特色的基础上，如何与时俱进，对该教材体系进行修订完善与系统优化成为第二版的核心工作。本次修订完善与系统优化主要从以下四个方面进行：

一是基于工业机器人应用三个标准对接的内容优化。实现了工业机器人技术专业建设标准、产业行业生产标准及技能鉴定标准（含工业机器人技术"1＋X"的技能标准）三个标准的对接，对工业机器人专业课程体系进行完善与升级，从而完成对工业机器人技术专业课程配套教材体系与教材及其教学资源的完善、升级、优化等；并增设了《工业机器人电气控制与应用》教材，同时将原体系下《工业机器人典型应用》重新优化为第二版的《工业机器人系统集成》，突出应用性与针对性及与标准名称的一致性。

二是基于新兴应用与细分领域的项目优化。针对工业机器人应用系统集成在近五年工业机器人技术新兴应用领域与细分领域的新理论、新技术、新项目、新应用、新要求、新工艺等，对原有项目进行了系统性、针对性的优化，对新的应用领域的工艺与技术进行了全面的完善，特别是在工业机器人应用智能化方面进一步针对应用领域加强了人工智能、工业互联网技术、实时监控与过程控制技术等智能技术。

三是基于马克思主义哲学观与方法论的育人强化。新时代人才培养对教材及其体系建设提出了新要求，工业机器人技术专业的职业院校教材体系要全面突出"为党育人、为国育才"的总要求，强化课程思政元素的挖掘与应用，在第二版教材修订过程中，充分体现与融合运用马克思主义基本立场、观点与方法论及"专注、专心、专一、精益求精"的工匠精神。

四是基于因材施教与个性化学习的信息智能技术融合。针对新兴应用技术与细分领域及传统工业机器人持续应用领域，充分研究高职学生整体特点，在配套课程教学资源开发方面进行了优化与定制化开发，针对性地开发了项目实操案例式 MOOC 等配套教学资源，教学案例丰富，可拓展性强，并可针对学生实践与学习的个性化情况，实现智能化推送学习建议。

因工业机器人是典型的光、机、电、软件等高度一体化产品，其制造与应用技术涉及了机械设计与制造、电子技术、传感器技术、视觉技术、计算机技术、控制技术、通信技术、人工智能、工业互联网技术等诸多领域，其应用领域不断拓展与深化，技术不断发展与进步，本教材体系在修订完善与优化过程中肯定存在一些不足，特别是通用性与专用性的平衡、典型性与普遍性的取舍、先进性与传统性的综合、未来与当下、理论与实践等各方面的思考与运用不一定是全面的、系统的。希望各位同仁在应用过程中随时提出批评与指导意见，以便在第三版修订中进一步完善。

谭立新

2021 年 8 月 11 日于湘江之滨听雨轩

第三节 《机器人与智能技术》后记

随着人工智能、数字制造与移动互联网创新融合步伐不断加快，具有感知、识别、决策等功能的智能机器人技术和产业成为当今衡量一个国家科技创新和制造业水平的重要标志，许多国家都已经把其列入本国 21 世纪高科技发展计划。目前，我国工业机器人研发与发达国家依然存在较大差距，但智能机器人领域所取得的研究成果可以成为我国机器人发展的突破口，大力发展智能机器人技术和产业对推动供给侧结构改革、培育新的科技发展动能和新兴产业具有重大现实意义。随着机器人应用领域的不断扩大，机器人与智能技术已经从传统制造业逐步向具有更高智能和与人类更密切融洽的家庭服务、医疗护理、老幼看护、智能家居、教育教学、娱乐休闲等方向应用与发展。

机器人与智能技术属于新兴的高科技领域，机器人与智能技术教育正处于建设与推广阶段，目前教材比较缺乏，机器人与智能技术教育业内同行及广大机器人技术兴趣爱好者都希望能够编著基于云平台人机交互的机器人技术典型项目设计与开发的相关书籍，使读者能够结合项目实施的实际情况，进行研究性学习与基于云平台的智能家居机器人项目的二次开发，能够自主对机器人局部知识和技术进行研究、分析，这正符合了机器人与智能技术创新创业教育的要求和特征。编著《机器人与智能技术——基于云平台的家居智能机器人》，搭建人工智能技术的体系框架，启迪并深入挖掘机器人与智能技术的力量，成功驾驭机器人与智能技术的产业新风口。

《机器人与智能技术——基于云平台的智能家居机器人》按照基于云平台的智能家居机器人的设计开发流程，先进行产品的需求与功能分析以及概要设计，然后根据产品功能设计和总体框架，进行软件和硬件平台的搭建，如图 1 所示。该机器人主要包括运动、触觉、听觉和视觉四个模块。该教材以基于云平台的家居智能机器人设计开发流程为技术主线，每个模块从硬件环境搭建、硬件设计功能模块开发、软件开发、系统联调与测试等核心环节构成的设计项目，所有的核心项目都以智能技术应用为主题，将人工智能技术、物联网技术、云计算技术、语音识别技术和机器视觉等先进智能技术应用到家居服务机器人上，最终设计和实现了一种基于云平台和智能移动终端的智能家居服务机器人，使服务机器人能更好、更有效和更人性化地服务人类，融入人类的生活。智能技术的使用，选取了具有典型代表性的百度云存储、百度云语音、百度开放云物联网技术和微信移动接入等技术，作为国内互联网和智能技术的引导者，它们构建了通用的云计算平台和移动终端平台，开放大部分的智能技术接口供开发者使用，拥有大量的潜在客户和广阔的市场前景。因此，掌握这些与智能机器人相关人工智能技术，与国家的信息技术的发展方向、战略目标及重点支撑保持高度一致，具有典型的代表意义。

本书是湖南省教育科学研究院石灯明院长主持的湖南省教育科学"十三五"规划重大招标课题《适应"中国制造 2025"技术技能人才培养研究》（课题编号：XJK016ZDZB01）的项目研究成果——"中国制造 2025"新技术应用系列教程之一。本书由谭立新、吴其其担任主编，提出了教材编写的基本思路和技术要点，并编写了绪论、项目一、项目三；

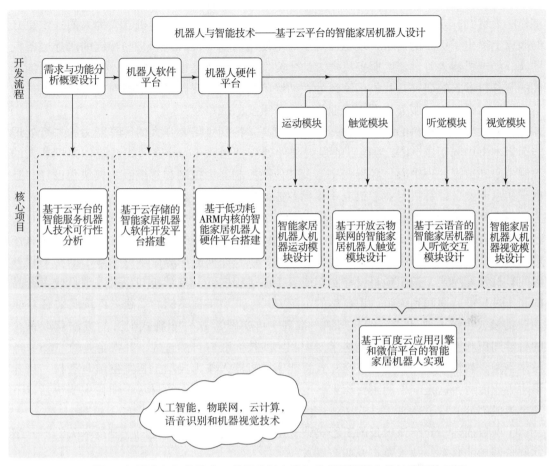

图1　机器人与智能技术－基于云平台的智能家居机器人教材编写构思图

罗坚、阚柯担任副主编，编写了项目二、项目四；孙小进、李刚成、张卫兵编写了项目五、项目六；秦志强、张宏立、张继伟编写了项目七和附录。编撰过程中，得到了湖南省教育厅、湖南省电子学会、湖南科瑞特科技股份有限公司、深圳中科鸥鹏智能科技有限公司、长沙长泰机器人有限公司等单位的鼎力支持，衷心感谢在本书付梓过程中付出辛劳的各位同仁。

谭立新　吴甚其

2016 年 11 月 5 日于湘江之滨——听雨轩

第四节　《智能家居机器人设计及控制》前言

随着机器人技术逐渐成熟，其已在军事、工业生产、农业、科研上大量使用，使得科学家们对于机器人能代替人做更多的事情上面集中了更多的兴趣，也出现了研究热潮，家庭服务机器人是机器人服务人类的一个研究方向，也是现代老年化程度日渐攀升，年轻人工作压力增大，人们对生活品质的追求提高的情况下，人们想利用机器人为人们提供更好的服务上提出了更多的需求，现也出现了大量使用的扫地机器人和某些特定的医疗服务机器人、助老机器人等。家庭服务机器人的研究发展领域还是很有空间的，特别是对更加智能的服务机器人的研究，我们国家还处在初级阶段，所以我们必须加强对相关研究人员的培养，这对于我们的服务机器人产业具有十分重要的战略意义。

机器人学是多学科的综合产物，集成度较高，特别是需要强大的计算能力和并行处理能力，本书中利用以 ARM 为核心的强大硬件处理器搭载 Linux 嵌入式系统作为机器人的控制中心和数据处理中心，各种传感器及其他微控制器为控制和感应系统模块化设计，是电子信息专业、计算机专业、机电一体化专业的理想学习平台。

现在高职院校的专业教材很多都是按照知识体系编写的，重理论、轻实践、重原理、轻应用或者根本与实践无关。学生学习了一个学期，不知道这个知识在实践中有什么作用，为什么要学习，与今后的工作有什么联系，以及如何应用等。本书探索了回归工程教育的教材开发模式，按照项目设计制作或者工作过程展开，将学科知识融入项目或者产品的制作过程中，回归到人类认识自然的本源方式，典型工程案例的实践过程按照"任务驱动"的模式组织，通过"实践—归纳—推理—再实践"这一螺旋式上升的方法获取系统的科学知识和实践技能，回归到科学知识和实践技能获取自然过程，并将企业的"6S"考核体系融入教学考核评价中。将交互式智能家居机器人作为典型工程案例编写教材，培养学生职业能力，这是本书的主要探索，也是本书的主要特色。教材每个项目主要包括以下几个组成部分。

①项目描述。介绍该项目的工程实践应用与技术要求及其实现的主要技术关键；介绍案例与课程的联系、技术要点及职业要求。

②教学目标。从知识、能力、态度等方面介绍各项目的教学目标，包括方法能力、专业能力、社会能力以及团队合作等。

③知识准备。实现项目设计制作所必需的知识，不求知识的完整性与全面性，以"必需、够用"为度。

④任务实现。任务实现所需的材料、场地、技术资料、实现的步骤、相关的技术要求、现场要求、工艺与技术文件的撰写等。

⑤考核评价。对读者作品的质量评价、技术评价、职业素养评价、完成过程评价的评分标准。

⑥拓展提高。让读者进行技能的强化、能力拓展、举一反三等。

本书从嵌入式系统与机器人的设计入手，详细介绍了嵌入式 Linux 系统应用程序设计的方法与技巧，结合视觉、触觉、听觉等传感器将机器人应用技术进一步推向智能化。作者在实用的基础之上，通过大量工程实践详细介绍了服务机器人的软件设计，从简单的基本运动、机器人的视觉系统、机器人的触觉系统及机器人的听觉系统逐步进行细致的讲解，到最后搭建成一个功能完善的服务机器人，以不同的传感器分配不同的案例进行详细的边实验边学习的步骤，每个案例都是多年开发经验和总结，并现场调试运行的结晶。

与同类型书相比，本书具有的特色是：

本书结构清晰，内容合理，讲解从零开始，循序渐进，将大量实例呈现在读者眼前，并将基础知识融合在实例中，以先练后讲的方式来充分理解枯燥无味的概念性的知识点。

书中提供了30个嵌入式系统于机器人身上的训练（实例），这些实例典型、实用、易学易懂，通篇的程序都调试通过并下载到机器人身上运行实践过，涵盖了嵌入式系统的大量开发技术。

全书对机器人项目的开发步骤和设计思路进行详细讲解，穿插介绍了开发中的注意事项，对程序代码进行详细注释，利于读者理解和巩固知识点，起到举一反三的作用。并且每个章节的内容既可以单独成模块地使用，也可以将章节内容结合在一起开发出新的有趣的项目。

本书适合作为计算机、自动化、电子等相关专业的本科和高职院校的大学生专业课教材，并可作为学习嵌入式系统技术、传感器技术、嵌入式技术和人工智能技术的主导教材或辅助教材，又可供其他对智能控制技术和机器人爱好者使用。

由于时间仓促和水平所限，书中难免有不妥之处，请读者不吝赐教，多提宝贵意见。

第五节　《工业机器人入门与实操》序

教材是人类知识、技能、经验和文明传承的重要载体，是学生系统获取知识、提升能力，教师构建学生心理结构、教书育人的外部工具与核心手段。教材建设的理念是否先进、体系是否完善、内容选取是否具有时代性、编写体例是否科学、呈现形式是否规范，是影响一个学校专业建设和人才培养质量的极其重要的因子。不同教育类型均有其自己的教材体系及其教育组织形式，就职业教育而言，总体要求是以做为核心，以实践为主线构建。陶行知先生说过："教学做是一件事，不是三件事。我们要在做上教，在做上学。不在做上用功夫，教固不成为教，学也不成为学。"个人认为，这是职业教育的教育理念，也是教育方法，还应该成为职业教育教材编撰的指导思想与实现手段。

工业机器人是典型的光、机、电高度一体化产品，其设计与应用涉及了机械设计与制造、电子技术、传感器技术、视觉技术、软件技术、控制技术、通信技术、人工智能等诸多领域。高职工业机器人技术专业是一个新兴专业，编写适合的教材是一个具有相当挑战性的工作，有部分学校在教材建设方面进行了前期的探索与研究，并取得一定的成绩和经验，但无须讳言，现有的教材存在着这样或那样的不足和遗憾：首先，在体系上，按学术型大学模式构建，重理论轻实践，或者根本与实践无关，着重在数学原理进行演绎与推理；其次，实用性不强，与工业机器人产业联系不紧密、脱节，没有体现高职院校和高职学生的特点与特色；最后，尽管也有一些所谓"任务驱动"的教材，本质只是将原来意义上的验证性实验"改头换面"，"穿上不同的马甲"而已，还是知识和理论逻辑体系。

由深圳市连硕机器人职业培训中心团队组织编写的《工业机器人入门与实操》，在系统调研工业机器人产业链和一流企业的基础上，通过对工业机器人应用典型工作任务分析，提炼出工业机器人工作岗位，组织行业专家对工作岗位、工作过程进行能力和知识分析，得到工业机器人操作工程师的职业能力表，开发出教学项目来培养学生的职业能力。本教材编写以工业机器人的典型工作任务为核心，以"项目引领、任务驱动"为手段，按"学习情景、学习目标、任务完成、考核与评价"四个环节，结合学生的认知规律，内容安排由浅入深，循序渐进，将实际操作与工业机器人的基本原理相结合，以"做"为核心，实现了"做中学""学中做""做中教"，教学做合一，并突出了职业能力、职业素养和团队协作精神培养，较好地实现了行知先生的"教学做是一件事，不是三件事"的教育理念，是一本适合高职工业机器人技术专业的良好入门教材，是为序。

湖南省电子学会理事长
湖南省机器人与人工智能学会副会长
谭立新
2017 年 7 月 28 日于湘江之滨听雨轩

第六节　做智能制造时代的智者
——《智能制造概论》序

智能制造（Intelligent Manufacturing，IM）的概念，伴随着工业 4.0、中国制造 2025 等国家级工业发展战略的火热兴起而名声大振。智能制造是基于新一代信息通信技术与先进制造技术深度融合，贯穿于设计、生产、管理、服务等制造活动的各个环节，具有自感知、自学习、自决策、自执行、自适应等功能的新型生产方式。加快发展智能制造，是培育我国经济增长新动能的必由之路，是抢占未来经济和科技发展制高点的战略选择，对于推动我国制造业供给侧结构性改革，打造我国制造业竞争新优势，实现制造强国具有重要战略意义。

智能的本质是一切生命系统对自然规律的感应、认知与运用，其核心是要解决不确定性问题。制造上的不确定性至少来自两个方面：一是要充分满足客户日益增长的个性化需求而带来的成本、质量、效率的复杂性；二是产品本身的复杂性，如飞机几百万个零部件，在其设计、加工、供应链，企业内部管理、外部供应链协同，以及生产过程、使用过程中，均充满了高度不确定性。智能制造可以理解为主要是用来解决生产制造系统的不确定性的。

本书作者特级教师潘玉山先生在充分研究的基础上，分七章深入浅出地介绍了制造及制造业发展趋势、智能制造战略、人工智能与智能制造及系统、制造的智能化、智能制造关键技术、智能制造模式、智能化先进制造工艺技术，具有系统性和全面性，本书是从事智能制造相关专业学习的入门教材，也是智能制造及应用的良好科普书籍。

"从自己经验中学习的是聪明人,从他人经验中学习的是智者",希望此书的出版发行,能让我们成为第四次工业革命时代智能制造的智者。

湖南省电子学会理事长

湖南省机器人与人工智能学会副会长

谭立新

2018 年元月 18 日于湘江之滨听雨轩

第七节 高职机器人技术应用专业群"人工智能应用基础"课程教学思考与实践

摘要：系统分析了"00后"高职大学生的五个特征及人工智能在机器人技术应用专业群课程中的地位与特点,针对其特征及学习特点,采用基于问题导向(PBL)的学习策略,提出了以学生为中心进行教学设计的思想及其实现模式。

关键词：机器人技术应用专业群；人工智能应用基础；教学设计

中图分类号：G718.5　**文献标志码**：A

Teaching Thinking and Practice of the Course "Artificial Intelligence Application Foundation" of Robotics Application Specialty Group in Higher Vocational Education

Tan Lixin [1,2]

1 (School of electronic engineering, Hunan College of Information, Changsha, 410200, China)

2 (School of intelligence and information science, Hunan Agricultural University, Changsha, 410128, China)

Abstract：This paper systematically analyzes the five characteristics of "after 00" higher vocational college students and the position and characteristics of artificial intelligence in the course of robotics application specialty group. According to its characteristics and learning characteristics, using the learning strategy based on problem – based learning (PBL), this paper puts forward the idea and realization mode of teaching design with student center.

Key words：Robotics application specialty group, Artificial intelligence application foundation, Teaching design

湖南信息职业技术学院机器人技术应用专业群是长沙市高等职业教育重点建设项目，该群构建原则：以机器人信息感知与智能控制技术为主线，工业机器人、服务机器人、特种机器人关键共性技术为支撑，涉及地面、空中、水下三个空间，重点培养学生在机器人全产业链中的机器人信息感知、信息处理、信息应用及智能控制等核心能力，具备从事机器人装配与调试、机器人信号检测与测试、机器人部分电路设计与实现、机器人编程与控制、机器人整机调试与质量检测、机器人本体集成与应用系统集成、机器人售后与技术支持等岗位能力的高素质技术技能型人才。机器人技术应用专业群包括电子信息工程技术（省级示范性特色专业，市级教学团队，群内核心专业，以智能家居机器人为代表及重点）、应用电子技术（省级精品专业，省级教学团队，群内骨干专业，以教育机器人设计与制作为代表及重点）、通信技术（群内骨干专业，以集群机器人通信与导航定位为代表及重点）、嵌入式技术与应用（群内骨干专业，以水中机器人编程控制为代表及重点）、工业机器人技术（群内骨干专业，市级教学团队，以工业机器人应用系统集成为代表及重点）、无人机应用技术（群内骨干专业，以空中机器人飞行器控制为代表及重点）六个专业。

人工智能（Artificial Intelligence，AI）指由人制造出来的机器所表现出来的智能，核心问题包括建构能够跟人类似甚至超越人类的推理、知识、规划、学习、交流、感知、移物、使用工具和操控机械的能力等[1]，其关键技术包括机器学习、知识图谱、自然语言处理、人机交互、计算机视觉、生物特征识别（指纹识别、人脸识别、视网膜识别、虹膜识别、掌纹识别等）、智能搜索、专家系统、遗传编码、AR/VR等。

人工智能应用基础是机器人技术应用专业群的群内通用能力课程，主要从整体上理解人工智能的发展历程、基本理论、关键技术、行业典型应用、产业发展现状及未来趋势等，能够运用马克思主义基本观点分析人工智能给人类带来的巨大技术收益及其存在的技术风险与隐患，形成科学的哲学观和方法论。本课程学期课时30节，作者本学期任教通信1801班。通信技术专业作为机器人技术应用专业群的骨干专业，主要面对集群机器人的通信与导航定位，是集群机器人的"神经系统"，人工智能技术与通信技术专业的发展相辅相成，互相促进。

一、"望闻问切"四诊——把准学生的身心特征

本课程是2018年机器人技术应用专业群新增设的通用能力课程，面向对象是"00后"大学生，认真做好学情分析，准确把握好"00后"大学生个性需求与身心特征，以及所在班级学生的具体情况及需求，是上好本门课程的前提。

1. "00后"高职大学生整体分析

一是个性化的价值追求是"00后"大学生群体最显著特点。"00后"大学生在成长过程中物质生活比较富裕，较少关注物质生活，注重个体的情感体验和价值实现。对集体的认同具有双重认识特性，一方面，认为集体可以包容、拓展个体的个性，能够帮助个体实现价值；另一方面，认为如果集体不能达到上述功能，则集体就没有存在的必要性。二是自主化的学习方式是"00后"大学生群体最个性特征。"00后"大学生在成长过程中，

总体接受了良好的家庭教育，与父母建立了平等、开放、互动、包容的亲子关系，父母对其的教育是身体力行教育、陪伴教育和情感教育，"00 后"注重从实践学习、体验学习、网络学习等新的学习方式中获取知识，不再拘泥于课本知识的学习。三是网络化的娱乐生活是"00 后"大学生群体最外化的表现。"00 后"大学生是"数媒土著"，是"移动互联网一代"。其思维方式、生活方式、娱乐方式等普遍具有较强的网络社交、网络消费、网络娱乐、网络学习的能力，日常话语体系中能经常见到"扎心了""打 Call""吃鸡""尬聊"等网络热词，喜欢尝试网络新鲜事物，通过自媒体表达自己的观点，通过网络追星、交友、玩游戏、发动漫等。兴趣转移快，对网络游戏、网络社交媒体要求高。四是理性化的处世态度是"00 后"大学生群体最内化形为。"00 后"大学生对偶像的崇拜始于颜值、陷于才艺、忠于人品，善于运用网络进行有目标、有计划、有针对性地理性消费。五是务实化的人生理想是"00 后"大学生群体最客观的描述。"00 后"大学生努力学习的目的是提升自我，找到一份称心如意的工作，考虑的更多的是个人成长及未来，并在此基础上考虑国家、社会和他人。在如何达成成功目标上，观点比较务实，成功要靠自己努力，属典型的"现实主义者"[2]。

2. 通信 1801 班学生班级整体情况分析

教学策略制订及教学，既要考虑学生的年龄特征，熟悉学生身心发展特点；更要了解机器人专业学生班级个性情况，如班风、学风等；还要了解每一个学生，掌握他们的思想状况、技能状况、知识基础、学习态度和学习习惯等。为充分了解学生的情况，有效采用教学策略及教学方法，课程团队对学生及原来的任课教师与辅导员进行了访谈及调研问卷，调研结果表明：通信 1801 班现有学生 36 人，其中男生 28 人、女生 8 人。班风整体积极向上，大多数学生学习主动性较强，但传统课堂讲授模式对其吸引力不足，学生基本的资讯能力、开拓精神、创新精神、思辨能力等均基础较好。本门课程开设在大二第一学期，前期已开设一定的专业基础课程，有 5 位同学在项目工作室学习，有 8 位同学在学生社团的电子协会、机器人协会活动，前期专业基础较好，跟随项目指导教师及协会指导教师从事了相关的专业活动。

因此，教学活动主要采用翻转课堂及小组合作学习方式进行，课堂重点是学习成果展示及学习评价，考虑学生团队结构及梯队情况，分组方法及要求：①组员人数基本相等；②分组时必须包含女生；③同寝室的同学不能两个以上同学在一组；④同一生源地学生不在一组（湖南以市州为单位）；⑤每个组均有项目组或协会的学生。

二、"以问题为导向"——面向对象的学习策略

针对"00 后"大学生的身心特征及通信 1801 班学生的具体情况，采用以问题为导向的教学策略。以问题为导向的教学方法（problem – based learning，PBL），是基于现实世界的以学生为中心的教育方式，其核心要素包括：一是以问题为学习的起点，学生的一切学习内容是以问题为主轴进行架构的；二是问题必须是学生在其未来的专业领域可能遭遇的"真实世界"的非结构化问题，没有固定的解决方法和过程；三是偏重小组合作学习和自主学习，较少运用讲述法的教学；学习者能通过社会交往发展能力和协作技巧解决问

题；四是以学生为中心，学生必须担负起学习的责任；五是教师的角色是指导认知学习技巧的教练；六是在每一个问题完成和每个课程单元结束时要进行自我评价和小组评价[3]。

针对课程特点、学生认知能力、人工智能与机器人行业发展及在机器人技术应用专业群的课程地位、课程教学标准，本课程由浅入深、由表及里设计了6个基本问题，见表1。

表1 人工智能的6个基本问题

序号	问题	学习方式	学时
1	人工智能的本质是什么？其关键技术包括哪些？联系日常生活和你的专业领域，谈谈其典型应用。	演讲赛，翻转课堂、小组合作学习和自主学习	6
2	企业面对面：无人驾驶与智能车，长沙人工智能产业研究院及长沙机器人产业研究院参观调研。	现场学习，以小组为单位调研报告	4
3	哪些类型的工作会最先被人工智能和机器人取代？这会在多久以后发生？	演讲赛，翻转课堂、小组合作学习和自主学习	4
4	人工智能的伦理道德：你认为谁为机器的行为负责？[4]	辩论赛，正反方各一组；另外两组作为评委；两组场下支持	4
5	《Her》《机器姬》的上映让很多观众对"机器人恋人"有所期待，你认为未来5年，在人工智能技术和大数据的积累下，机器人能够担当起一般恋人的角色吗？[5]	演讲赛，翻转课堂、小组合作学习和自主学习	4
6	人工智能的未来发展前景如何？你认为人工智能革命是权力剥夺还是自由降临？你的依据是什么？	辩论赛，正反方各一组；另外两组作为评委；两组场下支持	6

三、"以学生为中心"——面向过程的教学设计

教学设计是根据课程标准的要求和教学对象的特点，将教学诸要素有序安排，确定合适的教学方案设想和计划[6]。一般包括教学目标、教学重难点、教学方法、教学步骤与时间分配等环节，以学生为中心，就是从学生学习的角度，而不是从教师教学角度，"设身处地"地解决"5W1H"。

一是要确定学生的学习需要和学习目标，解决"为什么学（Why to learn）"；设置问题1，让学生通过自主查找资料，联系日常生活和自己的专业领域，明白其典型应用。

二是根据学习目标，进一步确定通过哪些具体的教学内容来提升学习者的知识与技能、过程与方法、情感态度与价值观，从而满足学生的学习需要，即确定"学什么（What to learn）"及"学到什么程度（How much to learn）"；通过现场教学，设置问题2，智能车与无人驾驶，参观调研长沙人工智能产业研究院及长沙机器人产业研究院，了解长沙产业现状及发展趋势，明确学习目标。

三是要实现具体的学习目标，使学生掌握需要的教学内容，了解应采用什么策略，即"怎么学（How to learn）"，通过现场教学、主题演讲、正反辩论、小组合作学习和自主学

习等方式，"春风化雨、润物无声"，于轻松愉快、竞争合作中学会。

四是课堂教学组织方式，即"在哪里学（Where to learn）""什么时间学（When to learn）""和谁一起学（Who to learn with）"。通过现场、理论教室、辩论场、课前、课后、图书馆、网络等，切合"00 后"大学生的身心特征及针对性、引导性和相对平衡具有竞争性的分组模式，解决了理论性较强的课程以讲授为主体的"灌输式"教育的缺点。

五是要对教学的效果进行全面的评价，根据评价的结果对以上各环节进行修改，以确保促进学生的学习，获得成功的教学，即"学得怎么样（How are you learning）"。通过公开评价标准，采用"自评、互评、师评"相结合，过程评价与结果评价相结合的模式，让学生在"做中学、学中做"，在"学中评、评中学"。

六是要拓展与提升，解决"怎样学得更好（How to learn better）""做得更好（How to do better）"的问题。在 6 个基本问题基础上设计了三大问题，供课后进行学习提升及深层次思考：一是人工智能与人类智能是否是人的机器化及机器的拟人化[7]？二是当代人工智能与机器人发展的主要技术难题与技术瓶颈是什么？攻克这些技术难题与技术瓶颈的关键是什么？三是人工智能的关键核心技术有哪些？强人工智能会有真正的智能吗？

四、结论

针对"00 后"高职大学生的身心特征及作者所教班级学生的具体情况，采用以问题为导向的教学策略及以学生为中心的教学设计，通过翻转课堂、小组合作学习和自主学习等教学方法及主题演讲、小组辩论赛、现场教学等教学组织形式，极大地调动了学生的主动学习性，提升了学生的团队协作能力，对比 17 级同专业学生，学习效果大幅提高，教学评价结果优秀。

参考文献

［1］360 百科. 人工智能［EB/OL］. https：//baike. so. com/doc/2952526 – 3114987. html.

［2］王聪聪，朱立雅. 中国青年报与腾讯 QQ 联合发布《"00 后"画像报告》［EB/OL］. http：//news. cyol. com/yuanchuang/2018 – 05/04/content_7158497. htm.

［3］360 百科. PBL［EB/OL］. https：//baike. so. com/doc/5404994 – 5642760. html.

［4］Piero Scaruffi. 智能的本质：人工智能与机器人领域的 64 个大问题［M］. 任莉，张建宇，译. 北京：人民邮电出版社，2019.

［5］杨静. 新智元：机器 + 人类 = 超智能时代［M］. 北京：电子工业出版社，2016.

［6］百度百科. 教学设计［EB/OL］. https：//baike. baidu. com/item/教学设计/6040050?fr = Aladdin.

［7］Margaret A Boden. AI：人工智能的本质与未来［M］. 孙诗惠，译. 北京：中国人民大学出版社，2017.

第四部分

学生成长与会议致辞

第一节　追求卓越，做有"信仰、信心、信用"的智能英才

——2017 年元旦晚会讲话

谭立新　电子工程学院院长　党总支书记

尊敬的老师们、亲爱的同学们：

大家晚上好！

在这喜迎新年、普天同庆之际，我们谨代表电子工程学院的全体老师、全体同学，致以新年的问候和美好的祝福！向为电子工程学院发展付出辛劳的各位领导和同仁致以衷心的感谢和崇高的敬意！

2016 年是电子工程学院团结协作、奋勇前行、勇攀高峰的一年。一年来，我们不断落实党的"两学一做"活动，以学习者为中心，以"项目驱动、八维一体"教学团队建设为抓手，在深化教学改革，全面夯实"课堂自习出勤、寝室文明行为、主题活动、学习场所卫生"等四项基本考核，系统培养"有信仰、有信心、有信用"的学子等方面取得了一系列成绩。

我们的电子工程学院今年又"厉害了"！

我们的"小鲜肉"们，使出了"洪荒之力"，实现了年初确定的"小目标"，全年参加职业院校技能竞赛、中国机器人大赛、中国教育机器人大赛、湖南省互联网＋学生创新创业大赛等全国和湖南省竞赛项目 17 项次，获奖 80 余人次，冠军 4 人次 1 项次，一等奖 20 人次 7 项次，二等奖 40 余人次 5 项次。

在四项考核中，学习习惯与生活习惯不断变好，学习的主动性不断提升，不再迷恋"葛优躺"，起早床、努力学习，已不再感到"蓝瘦、香菇"。而第一届"青春与梦想同行、成长与责任同在"的成人礼活动、第二届创新创意设计制作大赛、第八届主持人大赛等系列活动开展，"撩"起了"小鲜肉"们对文化活动与课余生活的向往。

我们组织了学生会干部换届选举，进行了工作培训；安排了49名学生团员参加入党积极分子党章培训，严格做好了学生推优入党工作，组织两次入党积极分子培训137人次；进行了两次预备党员的发展和转正工作，发展学生预备党员20名，预备党员转正21名。我们积极开展了志愿者活动，组建红十字会志愿服务队，开展"情系端午节，爱驻新康院""关爱老人，温暖社会"等志愿者活动。我们的三个专业协会——电子协会、机器人协会、无人机协会进行了电子知识竞赛、机器人专业技能系统培训、项目组纳新等活动。以上都比较"6"，我给"满分"！

我们申报了无人机应用技术专业，建成了工业机器人工程技术中心；承办了省级技能竞赛，承接了省本级培训项目，对外培训100多人次，职业技能鉴定290人次，进行对外讲座"工业机器人应用技术专业构建"相关专题等5次。

我们的老师获省级以上科研（重点）立项5项，发表研究论文20余篇，出版专著教材4部。实用新型专利15项，国家发明专利1个，计算机软件著作权12项，项目组组织专业建设论证会10余次。雷道仲获省经信委"优秀共产党员"，张平华获省教育厅三等奖和省教育科学研究工作者协会一等奖，罗昌政获长沙市政府"红十字星级志愿者"等。以上成绩的取得，充分体现了电子工程学院"老司机"的实力与水平。

我的"小鲜肉"们、"老司机"们！

展望2017，站在新的起点，我们充满信心、满怀期待；新的岁月、新的希望；新的目标、新的征程。让我们为"机器人技术应用"梦、"三信智能英才成长"梦，继续发扬自强不息、团结向上、奋发有为的精神，以脚踏实地的干劲、抓铁留痕的拼劲、敢于担当的态度，进一步解放思想，极大地发挥创造力，续写电子工程学院发展新篇章！

最后，衷心祝愿，在新的一年里"小鲜肉"们，学习"666"、身体"666"、生活"666"！祝愿我们电子工程学院的各项事业"666"！

第二节　做智能时代"三信"真人

——电子工程学院2018级新生成人礼上讲话

（2018年9月30日）

尊敬的各位领导、亲爱的同学们；

大家早上好！

秋风送爽，丹桂飘香，国庆节即将来临之际，我们隆重集会，举行电子工程学院2018级学生成人典礼仪式，无论今天是否是你的十八岁生日，都会因为这庄重的仪式而使得今天变得更加有意义。在此，我谨代表电子工程学院向迈入或即将迈向成人行列的同学们表示最热烈的祝贺！向为了你们的健康成长付出心血的父母，表示衷心的感谢！向在百忙中前来参加活动的老师和领导，表示最热烈的欢迎和感谢！

同学们，你从出生的那一天起，每一位关怀、呵护你们成长的父母和师长都在期盼这一天，期盼着你们：生命从娇嫩走向强健；心智从懵懂走向睿智；从年少轻狂走向成熟稳重。这一天，经过十八个春期，终于走到了。今天借着成人礼这个重要的仪式，我想与大家分享这样一个主题：做智能时代"三信"真人。

2017 年被誉于中国人工智能应用元年。年初，谷歌 AlphaGO 的升级版 Master 以 60：0 的战绩，击溃当世围棋顶级高手；5 月 25 日，AlphaGO 接连两局击败围棋职业九段棋手柯洁；7 月 10 日，马云的无人超市正式开业；7 月 25 日，国务院印发《新一代人工智能发展规划》。人工智能的未来已真正来了。

电子工程学院以适应与引领智能时代为目标，以培养机器人的设计者与指挥官为己任，勇于担当、积极探索。一是以"雷锋精神"为引领，培养有"信仰"的学子；二是以"工匠精神"为目标，铸造有"信心"的学子；以"园校互动"为途径，锤炼有"信用"的学子。关于"三信"及其主要内涵，我在入学教育专题讲座中已做详细论证，今天重点与大家分享的是如何适应这个智能时代，做一个智能控制领域的技术技能"真人"。

一、什么是"真人"

在古代和现代关于真人有不同的解释。在古代，真人是指道家洞悉宇宙和人生本源，真真正正觉醒，觉悟的人称之为真人。如：鬼谷子、张三丰、王重阳等皆为得道真人。在现代，真人就是指敢于对社会、对自己，特别是对自己内心敢于追问的人，是敢爱敢恨的人，是敢担当能担当的人。

二、高职学生如何做智能时代的"真人"

我认为智能时代智能控制领域的技术技能真人应该具备如下特征：动真情感，找真问题，长真本事，有真勇气，下真功夫。

（1）动真情感。为什么要把真情感放在第一位？我认为情感就是爱，是至深的爱。对智能控制、对机器人有情感太重要了，没有这种情感，就没有真正的技术技能提升，就无法成为机器人智能控制应用与服务领域的真人。情感是内在动力，情感是创新的源泉。有的人为科学而生，有的人为绘画而生，有的人为音乐而生。我们就应该是为智能控制技术应用与服务而生。

（2）找真问题。找问题是需要眼光的，真眼光包括历史的、现实的和未来的；真问题有外部环境的，更有自身的，也有实现方法的等。人工智能（AI）要改变未来的思维方式和生活方式，改变学校的人才培养模式，改变学生的成长成才模式。我们既要找外部环境的问题，去改正它；更要勇敢面对自己的问题与不足，找准自己的问题与不足，找到自身真正的问题，并下定决心直面它，改正它。

（3）长真本事。有真本事的人就是高人，在古代称之为"得道真人"或"真命天子"。我想你们到信息职院读书，主观上应该都想成为机器人等智能控制领域的"得道真人"。应该说我们已经培养了一批又一批的得道真人，但还不够，远远不够。长真本事，需要了解外部环境的真问题，特别是自身的真问题，知道自己的真水平和发展的真阶段，你们要在老师的指导下，找到解决这些问题的真方法。我曾说过，学习智能控制技术，要解决好鸟和枪的关系，鸟就是问题，枪就是方法。有鸟无枪不行，有枪看不到鸟也不行。有的同学说，我鸟和枪都有，就是姿势不对。我说姿势不对，就是思维的惯性使然。

（4）有真勇气。有真勇气就是有讲真话的勇气，鲁迅在《狂人日记》中说："现在才明白，难见真的人。"现在做一个真人很难，大学就要培养真人，而不是培养"单面人"或"两面人"；我们自己要做真人，而不是"单面人"或"两面人"。这里所说的"单面人"或"两面人"，其实就是假人，就是精致的利己主义者。真人并不就是成名成家，名利双收；行政职务的高低、光环的多少并不代表真，我认为真人就是讲真话、做真事，真做有益的事。

（5）下真功夫。在我读书的时候，老师就经常告诫我们"板凳甘坐十年冷，文章不写一句空"。关于下真功夫的道理我就不展开了，只是请你们切记：不下真功夫，我们老师是可以看出来的，几年后你自己更是体会得到。你不下真功夫，即使骗过了别人，也骗不过自己、骗不过社会。

同学们，真，真的很重要！真是实，真是本，真是根；真，是一种精神，是一种气质，是一种风骨，也是一种文化。在智能时代中，当人和真有机融合在一起的时候，就成为一个"有信仰、有信心、守信用"的"三信"真人，也就是智能控制技术应用与服务的健康发展和真正繁荣。

最后，祝同学们通过三年的努力，学有所成，成为智能控制技术应用与服务的真人！这是我对你们的期待！也是这个成人礼上我最想对大家说的话！

谢谢大家！

第三节　莫负新时代，做智能时代佼佼者

——2019 年上学期电子工程学院第一次"朝阳朝话"讲话
（2019 年 3 月 11 日）

亲爱的同学们，同仁们：

大家早上好！

很高兴，也很荣幸，作为电子工程学院的专业带头人、原党总支书记、院长，受电子工程学院雷道仲院长的委托，在这个万物生机萌发、乍暖还寒的季节里，与大家在湖南信息职业技术学院的明德广场、在庄严的国旗下共话新学期！

新的学期，新的希望，新的打算，湖南信息职业技术学院虽然她不叫大学，也不是国家重点，但她在智能技术领域有着足够的空间任你驰骋与飞翔。电子工程学院是学校最具活跃力、感染力、凝聚力和最具特色的二级学院，清新、典雅、靓丽，塑造着智能之魂、文化之韵。

2018 年 6 月，教育部部长陈宝生在全国本科教育工作会上指出：中国教育"玩命的中学、快乐的大学"现象应该扭转，对中小学生要有效"减负"，对大学生要合理"增负"，提升大学生的学业挑战度，改变轻轻松松就能毕业的状况。所以，不要指望柳荫湖畔、花前月下就可完成大学的学业，不要指望大学老师会教会你一切，不要指望大学你会学会一切，更不要指望大学你会修成金刚不坏之身。无论是谁，就是天才也要不停地努力，不断地进取，正所谓：生命不息，修行不止！

学院和老师们充分考虑个人成长与社会需求，立足于"信息与智能技术的应用"，凸显"机器人技术的特色"，追求"专业高水平高质量"，努力彰显专业特色，突出人才特色，张扬文化特色，凝练研究特色。

一、专业特色

在专业特色上，紧紧依靠学校"信息技术"办学母体，以机器人智能感知与智能控制为主线，突出智能时代应用型技术技能人才培养，将电子信息工程技术专业设定为智能家居服务机器人培养方向，应用电子技术设定为教育机器人培养方向，工业机器人技术专业设定为工业机器人系统集成与自动化实现方向，无人机应用技术专业设定为无人机设计开发及行业应用；嵌入式技术专业设定为以水中机器人为代表的特种机器人技术设计开发与应用，通信技术专业设定为物流系统的机器人群的通信，坚定不移地走差异化发展和特色发展的道路。也就是说，大家所学的专业已不仅仅是一般意义上的电子信息工程技术、通信技术和嵌入式技术，而是增加了智能社会需求的诸多要素，使你经过高职三年的教育，具有"一专多能"的生存本领及发展空间。

二、人才特色

在人才特色上，结合电子信息类的专业属性，着力培养你的"六大核心能力"：智能产品实现与应用能力、专业认知能力、服务能力、审美能力、表达能力、创造能力，使所培养的你能够得到社会的认可与推崇。也就是说，无论是课堂上还是课堂下，无论是理论课还是实践课，在大学生活的全过程、全方位中，老师们都要以你的成长与发展为中心，让你具有立命于世的竞争能力。

三、文化特色

在文化特色上，结合专业、学科特性，积极构建以"信仰、信用、信心"为特色的"三信"文化特色。

（1）以"雷锋精神"为引领，培养有"信仰"的学子。雷锋精神本质是：一是在学习上"向上"，发扬刻苦钻研的"钉子"精神；二是在生活上"向上"，发扬艰苦奋斗的创业精神；三是在价值取向上"向善"，发扬"大爱无疆"的奉献精神；四是在人际关系上"向善"，发扬助人为乐的合作精神。主要依托四个载体：一是每年面向新生的"青春与梦想同在，成长与责任同行"的成人礼活动；二是电子协会，每年以 3 月 5 日为代表的不定期为社区进行义务家电维修与智能产品使用咨询等活动；三是机器人协会、无人机协会为中小学进行的机器人创意创新指导与科学普及和应用推广活动；四是国际红十字会志愿服务队"义务献血""关爱老人""腊八节施粥"及其他志愿服务活动。

（2）以"工匠精神"为指引，铸造有"信心"的学子。主要依托：一是课堂与自习专业学习，提升学生的专业基本能力、核心能力与职业素养；二是教学团队组织、学工团队紧密配合的中国机器人竞赛、大学生电子设计大赛、"互联网＋"创新创业大赛、中国教育机器人大赛、机器人与智能电子产品设计和制作、专业协会的日常技术活动、协助教师进行机器人科学研究与技术服务等，彰显机器人技术服务与应用的"技术与工艺"，通过身边的技术技能榜样，提升学生在机器人技术学习过程中的"信心"；三是引导学生追求"工匠精神"的本质与内核，"精益求精、做到极致、专心专注"于机器人装配工艺、结构工艺、程序设计、路径优化、应用编程、视觉控制等技术技能领域，有信心成为机器人某一领域的行家状元。

（3）以"园校互动"为途径，锤炼有"信用"的学子。主要依托：一是电子工程学院创新创业实践基地、项目组的机器人项目开发与设计、学生创新创业协会、项目路演等进行初期的内部模拟（或实际）协同与合作等；二是黄金创业园创业孵化基地、长沙市高新产业开发区、长沙雨花经济开发区等创新创业基地等进行机器人与智能电子产品的创意创新与创业孵化活动，整合与融合社会资源，通过"园校互动"，提高学生的创新意识与创业能力，提升协同意识与合作能力；三是在合作过程中的合同协议意识培养及实现合同协议意识的能力提升，培养学生"重合同、守信用"的公民意识。

也就是说，你的大学生活要浸润在高品位、高颜值的文化氛围之中，让你成为真正"有信仰、有信心、守信用"的高素质劳动者。

四、研究特色

在研究特色上，与专业方向相匹配，电子工程学院以"智能感知与智能控制为主线的机器人技术应用"为研究特色，以此形成优势，对专业以有力的学术与技术支撑。也就是说，三年的大学生活，不仅让你得到知识的熏陶，还要让你受到学术的感染，使你具有思考与探索的精神追求。

如此，专业特色（知识教育）＋人才特色（能力培养）＋文化特色（素质教育）＋研究特色（学术支撑），就能构建起以立德树人为根本任务的智能技术应用的人才培养体系，让你成为不仅有用而且有大用之人。

苏州留园五峰仙馆有一佳联："读书取正，读易取变，读骚取幽，读庄取达，读汉文取坚，最有味卷中岁月。与菊同野，与梅同疏，与莲同洁，与兰同芳，与海棠同韵，定自称花里神仙。"所以，希望大家沉下心来，抛弃一切世俗的迷惑和引诱，心无旁骛地多读几本有价值的书，多享受享受大学生活的纯真浪漫，多修炼修炼自己的意志品行，多交往交往校园里的男女同学，多聆听聆听大学老师的苦心教诲，多思考思考自己的人生走向，多观察观察无法摆脱的社会百态，多体味体味必然经历的人间沧桑，正如哈佛大学校长福斯特勉励西点军校学员所说的那样，要"代表你我，负起责任；代表国家，肩挑重担"。同时，也要代表电子工程学院，走在前列——因为机器人与智能技术代表新时代的技术发展方向，人文代表着人类经验和人性洞见的传统。

同学们，手脑并用、文质彬彬，我们超凡脱俗；家国共担、化成天下，我们大任担当！衷心祝愿电子工程学院每一位学子都能顺利完成学业，莫负新时代、莫负佳年华，锤炼人文与品德，做智能时代的佼佼者与弄潮儿！

谢谢大家！

第四节　人才培养须借力　创新融合上青云

——"互联网与智能制造"校企合作（长沙）峰会暨"做中学"互联网教学平台发布会发言

湖南省电子学会理事长　谭立新教授

各位专家、各位领导、各位参会代表：

大家下午好！

很高兴有机会参加湖南科瑞特科技股份有限公司和阳光智业教育科技（深圳）有限公司联合主办的"互联网与智能制造"校企合作（长沙）峰会暨"做中学"互联网教学平台发布会。我谨代表湖南省电子学会对大会召开表示热烈的祝贺！随着互联网＋、工业机器人与智能制造等产业的蓬勃发展，中国制造 2025 已正式成为国家战略，电子信息业是全国支柱产业和战略性新兴产业，是智能制造的大脑与五官。以互联网、工业机器人为代表的电子信息类产业人才是实现"智能制造"国家战略和产业健康持续发展的重要支撑与保障。产业人才的培养，单靠学校自己已不能满足产业与社会的需求，需要"政府、行业、企业、学校"多方参与，协调联动，紧密合作，共同发力。作为行业学会的代表，借此机会说点个人感想与体会，三个中心词：创新、融合、借力。

一是"创新"。创新是科技发展、产业提升与人才培养的重要引擎。着力推动工程科技创新，实现从以要素驱动、投资规模驱动发展为主，转向以创新驱动发展为主。在 2016 年 12 月 6 日刚刚结束的湖南省科技创新大会和湖南省科学技术协会第十次全省代表大会上，省委杜家毫书记提出："要把推进工业新兴优势产业链行动计划作为明年全省经济工作的一项重点任务，以产业链促进创新链，以创新链支撑产业链，大力推进重点项目建设，打通产业链上下游，形成规模集群优势。""互联网与智能制造"校企合作峰会暨"做中学"互联网教学平台的发布，由政府宏观指导、行业搭建平台、企业主动牵头、学校积极参与的校企合作模式，解决了原来校企合作中"学校一头热"的问题，是湖南省大中专院校校企合作的一次创新，以培训促进就业，以创业带动就业，提高高等学校与职业学校的就业率与就业层次，是为湖南省科技创新"引领、开放、崛起"战略的强人才储备基础，契合"中国制造 2025"实施制造强国的十年行动纲领的战略目标，衷心希望通过此次交流与沟通，建立起湖南省电子信息技术及"互联网与智能制造"企业与学校合作桥梁，以"创新、协调、绿色、开放、共享"五大发展理念，共同为"中国制造 2025"制造强国的战略目标和湖南省互联网与智能制造的发展而贡献自己的力量。

二是"融合"。融合是科技发展、产业提升与人才培养的重要特征与实现方法。新一轮科技革命和产业变革将同人类社会发展形成历史性交汇，工程科技进步和创新将成为推动人类社会发展的重要引擎。信息技术成为率先渗透到经济社会生活各领域的先导技术，将促进以物质生产、物质服务为主的经济发展模式向以信息生产、信息服务为主的经济发展模式转变，世界正在进入以信息产业为主导的新经济发展时期。因此，产业融合、技术融合、文化融合、各个领域与信息技术融合等将成为时代的重要特征；特别是以"产教融合、工学结合"为主导的校企合作和信息技术与教育教学深度融合，成为学校技术应用型人才培养的主要模式与重要实现途径。目前，就校企合作育人方面，归纳起来主要有10种方式：就业合作式、顶岗实习式、订单培养式、认证培训式、校中厂式、厂中校式、技术转让合作式、项目合作式、无偿捐赠式、现代学徒式等，这些合作模式为技术应用型人才的培养发挥了良好的作用。衷心希望通过这次会议，各个学校和各个企业之间能够找到校企合作的共鸣点、切入点、契合点、突破点和符合自己特点的合作形式与合作模式，在人才培养模式改革、课程资源开发、项目合作、实践基地建设、教学团队建设等方面，充分发挥企业和学校各自在人才、资源、管理、理念、实现途径、解决方法等各方面的优势，合力育人、协同育人，实现"共建、共享、共赢"的目标。

三是"借力"。企业发展、人才培养、技术进步等需要借政策之力、借平台之力、借融合之力、借创新之力。湖南省电子学会是湖南省科学技术协会主管的具有法人资格的学术性非营利性社会组织，为湖南省电子信息科技工作者和企事业单位提供了理想的交流与合作平台，也是党和政府联系电子信息技术类工作者的桥梁和纽带；是促进湖南省电子信息科学技术人才的成长和提高，推动政校企合作发展区域经济的重要力量。学会现拥有会员单位60多家，个人会员1 000余人，主要职能是开展省内外学术、技术交流；加强政企校间交流、科技成果鉴定和评奖、开展继续教育和技术培训；普及电子信息科学技术知识，推广电子信息技术应用；开展决策、技术咨询，举办科技展览；组织研究制定和应用推广电子信息技术标准；接受委托评审电子信息专业人才技术人员技术资格，鉴定和评估电子信息科技成果；发现、培养和举荐人才；奖励优秀电子信息科技工作者。现有通信电路与系统专业委员会、机器人与智能技术专业委员会、生产技术与SMT专业委员会、集成电路专业委员会、医疗电子专业委员会、软件技术专业委员会等；同时成立了学术委员会、专家委员会等机构，为行业、企业及各会员单位打造好交流与服务平台。电子学会2017年的工作中，将充分发挥行业学会的优势，为成员单位、全省电子信息企事业单位及电子信息科技工作者重点做好以下服务：引导多方联动，构建合作机制；整合各方资源，搭建合作平台；加强政策指导，优化合作环境；开辟多种渠道，拓展合作空间。也衷心希望与热烈欢迎在场的各企事业单位和电子信息技术工作者能加入湖南省电子学会的大家庭，充分运用与利用这个平台，为湖南省电子信息与智能制造更好地发挥自己的专长！

谢谢大家，最后预祝"互联网与智能制造"校企合作（长沙）峰会暨"做中学"互联网教学平台发布会取得圆满成功！

第五节 做智能技术创新者 做智能时代弄潮儿

——2019年全国青少年电子信息智能创新大赛湖南省区赛上的讲话

湖南省电子学会理事长 谭立新教授

（2019年10月20日）

尊敬的各位专家、领导、指导老师及各界朋友、亲爱的同学们：

经过将近半年的筹备和努力，在中国电子学会的指导下，由衡阳市教育局和湖南省电子学会主办，衡阳市衡钢中学、衡钢集团承办，湖南信息职业技术学院、湖南省机器人科技教育学会、湖南省机器人与人工智能推广学会协办的 2019 年全国青少年电子信息智能创新大赛湖南省区赛终于如期进行。感谢为这次大赛呕心沥血、辛勤劳动的各位专家、各位同仁、各位朋友、各参赛指导老师和参赛的孩子们，特别是衡钢中学郭平贵校长及其团队以及省电子学会秘书处的同志们。

全国青少年电子信息智能创新大赛是中国电子学会主办的青少年科技创新竞赛活动，是经《教育部办公厅关于公布 2019 年度面向中小学生的全国性竞赛活动的通知》（教基厅函〔2019〕25 号）公示的正规赛事活动。公益、开放、开源、创新、智慧是其最大的亮点与名片。机器人与人工智能的兴起和 STEM 教育的快速发展，给中小学电子信息和智能教育带来了新的探索和尝试，越来越多的省份、学校和教育培训机构，积极响应国家号召，不断加大青少年电子信息、机器人、人工智能方面的培养力度。"少年智能则国智、少年强则国强"，此次竞赛旨在搭建青少年省级交流平台，激发和培养青少年的创新能力和创客精神，鼓舞青少年开展钻研探究、创新创造活动，提升青少年在电子信息和智能应用方面的技术素养，塑造新时代下的未来智能创新与应用人才！让青少年成为智能技术创新者、做智能时代的弄潮儿。

全国青少年电子信息智能创新大赛包括了 4 类 10 个赛项，本次大赛在全国比赛赛项的基础上，结合湖南的特色增加了一个表演赛。此次大赛共吸引了来自湖南省 233 学校、333 参赛队伍、446 名参赛选手。本次大赛设置的赛项有：

（1）电子控制类：①电子控制工程赛：通过小组合作的形式，综合利用单片机、软件编程、计算机通信等技术，自主设计完成电子控制作品。②电子艺术挑战赛：通过小组合作的形式，利用电子科技方面的多种器材和工具，围绕现实社会主题，以艺术和科技融合的手段完成创意品。

（2）智能机器人类：①智能运输器开源主题赛：基于 Arduino 开源硬件平台，通过赛场合作对抗，检验青少年开源智能硬件、机器人、工程设计相关知识，培养青少年的创意思维和程序思维，锻炼青少年创新创造能力、解决实际问题和交流合作的能力。②智能太空站开源主题赛：基于 Micro：bit 开源硬件平台，通过模拟在太空环境下建立智能化的太空站项目，检验青少年利用开源硬件及相关电子器件、传感器实现功能性作品，锻炼青少年创新创造能力、解决实际问题和交流合作的能力。③无人机主题赛：无人机赛项是电子科技创新在无人机领域的科普实践，为增强青少年对无人机、人工智能等当前主流信息技术的认识与认知，并提高学生的创新思维、创造能力以及培养青少年眼睛、大脑、手动作协调一致性和编程能力而设立的。分为无人机障碍竞技赛、无人机图形化编程挑战赛和无人机 C 语言编程挑战赛三个赛项。

（3）人工智能类：①无人驾驶对抗主题赛：基于无人驾驶平台，围绕自动行驶、自动避障、自动停车、路标识别等多项无人驾驶比赛设置规则，让青少年通过实践理解无人驾驶的概念及技术要点，提升选手对人工智能的整体认知和应用水平。②人工智能创作主题赛：体现人工智能应用技术，选手根据赛事主题进行研究性学习和科技实践，并结合创新设计理念、各种软硬件资源及前沿科技将自己的创意努力变成现实，最终完成具有一定使用价值的人工智能作品。

（4）软件编程类：①Kodu 创意编程主题赛：基于微软 Kodu 三维可视化游戏编程工具，参赛选手通过创建自己的游戏世界，训练青少年的计算思维，培养青少年的创新视角，激发青少年的创造能力，提高青少年的写作能力。②Scratch 编程挑战赛：基于 Scratch 图形化编程工具，参赛选手根据比赛要求通过图形化编程平台挑战开放式命题，训练青少年的逻辑思维能力和编程技能，提升青少年的临场应变和工程能力，提高青少年的自主创新水平。

"晴空一鹤排云上，便引诗情到碧霄"，在这美丽的雁城衡阳，参加竞赛的湖南的青少年学子们，一定会沉着冷静，赛出水平、赛出风格，形成"头雁效应"，将越来越多的青少年引领加入智能创新的大军中来，不负"为国育才、为国选才"的大赛初衷。"小荷已露尖尖角"，让我们拭目以待吧。

最后，祝大赛圆满成功，祝各位朋友身心健康，生活幸福！

谢谢大家！

第六节　人工智能，是权力剥夺还是自由降临？

2017 年被誉于中国人工智能应用元年。年初，谷歌 AlphaGO 的升级版 Master 以 60∶0 的战绩，击溃当世围棋顶级高手；5 月 25 日，AlphaGO 接连两局击败围棋职业九段棋手柯洁；7 月 10 日，马云的无人超市正式开业；7 月 25 日，国务院印发《新一代人工智能发展规划》。2018 年 3 月 14 日，随着曾三番五次警告"人工智能可能会毁灭人类"的科学家霍金离世，人工智能再次进入公众的视野，成为街头巷尾热议的话题。人工智能，是自由降临还是权力剥夺？是成就还是毁灭？如何正确认识人工智能？人工智能将如何发展与应用？

一、什么是人工智能

人工智能（Artificial Intelligence，AI）是研究、开发用于模拟、延伸和扩展人（类）智能的理论、方法、技术及应用系统的一门新兴科学，属于自然科学和社会科学的交叉。研究范畴主要包括机器视觉、指纹识别、人脸识别、视网膜识别、虹膜识别、掌纹识别、专家系统、自动规划、智能搜索、定理证明、博弈、自动程序设计、智能控制、机器人学、语言和图像理解、遗传编程等。人工智能技术是当今新技术革命的"领头羊"，其技术的发展已历经三次浪潮。第一次浪潮以"手工知识"为特征，典型范例如智能手机应用程序等；第二次浪潮以"统计学习"为特征，典型范例如人工神经网络系统，并在无人驾驶汽车等领域取得进展。对明确的问题有较强的推理和判断能力，还不具备学习能力；第三次浪潮则以"适应环境"为特征，其标志是能够理解环境并发现逻辑规则，从而进行自我训练并建立自身的决策流程。

二、人工智能是把双刃剑

科学家霍金先生曾多次警告："对人类而言，强大的人工智能技术的崛起可谓是最伟大的事件，但人工智能也有可能是人类文明史的终结，除非我们学会如何规避风险。"我们如何来理解与对待霍金的警告呢？

首先，霍金本人也是人工智能技术的支持者。霍金认为，如今人工智能已经渗透到各个领域，甚至可帮助根除长期存在的社会挑战，比如疾病和贫困等。

其次，人工智能将对社会带来近期和远期的风险。一是由于人工智能的持续发展，人工智能的水平将接近或高于多数人的智能，如果没有政策与法律的有效控制，财富就会集中到少数智能超过人工智能的人手中，将进一步扩大社会贫富差别，引发社会撕裂。二是由于人工智能最终会具备自主意识，人类与人工智能系统之间的关系必须服从普适、可靠的准则。特别是在军事领域要更加小心，否则极有可能出现科幻电影中描述的人机大战的场景。对于公众而言，危险在于不为道德所驾驭的人工智能系统如果可以做到跟人类一样具备计算、分析、情感甚至是创造的能力，不受道德及普适可靠规则约束的人工智能系统完全有可能应验霍金的毁灭论。

因此，人工智能的发展与应用，除了理论与技术进步，还有道德、法律以及安全等诸多问题，我们在发展人工智能系统的同时，要确保其在预先制定的相关准则下进行工作，千万不能碰触那根失去"道德"约束的"火线"，以防止其出现越轨行为。要将人工智能完全地掌控在人类手中，更好地为人类服务。如果反过来，人工智能试图想统治人类，且最终得以实现，那么人类社会会变成什么样谁也无法预料。这不是危言耸听，人工智能无法摆脱固有程序的控制，其行为和决策也将是缺乏人性和不可思议的。

三、人工智能大有可为

人工智能本身的能力是让人兴奋的，并且潜力巨大，是一个没有天花板的想象空间的行业。其能够通过语音识别、图像识别、视频识别、自然语言处理、用户画像、大数据分析、云计算处理等基础服务来服务用户，实现场景落地，转化为实实在在的经济效益。如：借助人工智能技术实现自动化与智能化，将极大提高生产效率，节省劳动成本；通过优化行业现有产品和服务，开拓更广阔的市场空间；通过改进医疗、环境、安全和教育，能提升人类的生活品质等。正由于人工智能对社会经济无可替代的重要推动作用，在我国两会上已将人工智能写进了政府工作报告。

作为人工智能与机器人的教育工作者，我们要充分思考教和育是两回事，教让人具备知识，育让人成为真正的人。我们要以身示范，让我们学生的技能提升的同时，更要让我们的学生成为品德高尚、遵守规则的人。

综上所述，人工智能不仅是一次技术层面的革命。人工智能的未来必将与重大的社会经济变革、教育变革、思想变革、文化变革等同步。人工智能可能成为下一次工业革命的核心驱动力，更有可能成为人类社会全新的一次大发现、大变革、大融合、大发展的开端。

第七节　国际会议致辞

Welcome Addresses ICFEICT 2021
Prof. Tan Lixin

A warm good morning to all of you present here. My name is Lixin Tan. I'm very glad to be with you in this beautiful city：Changsha. Distinguished guests，respected authors，and my dear fellows，welcome to ICFEICT 2021.

On behalf of the Organizing Committee，I would like to thank you for your support！This conference brings together scientific researchers and industry peers at home and abroad to discuss the academic trends and development trends in the fields of Electronics，Information and Computation Technologies，and to discuss international forward – looking and hot topics.

This conference is a rare opportunity for all of us. I noticed that there were students who came all the way to attend the meeting，as well as department leaders and teachers who put the heavy work aside and came here. It was really not easy for everyone to get here. As an one of the supporter of the conference，I hope that we can really build a platform for everyone to exchange，learn and share knowledge through the ICFEICT 2021. Let's get together，discuss about Electronics，Information and Computation Technologies，share new ideas with others，extensively exchanges ideas with teachers and students，schools and institutes，and jointly build an academic ecosystem.

At last，I wish this conference a complete success.

第二章 体 系 篇

　　机器人产业的蓬勃发展，对机器人技术人才提出了明确的要求，一是基础理论与关键技术研究，主要定位在博士与部分学术（科学）型硕士；二是机器人核心零部件、系统架构设计、机器人系统控制及其算法等，主要定位在应用（工程）硕士与科研型本科；三是工业机器人本体集成、应用软件开发、智能自动线设计与实现，主要定位在应用型本科；四是工业机器人系统集成、工作站设计与实现，主要定位在高职大专；五是工业机器人设备管理、维护保养、柔性制造、售后服务等，主要定位在中职与职业培训；六是机器人科学普及与科学素质培养，定位在师范院校及社会培训机构；七是机器人岗位培训与职业技能训练，针对具体岗位与具体企业的岗位培训及企业文化培训，定位在社会中介或企业内部的服务培训。不同类型的人才培养，需要不同的人才培养模式与课程体系，需要不同的教材体系及教学资源作为支撑。

第一节　机器人工程硕士人才培养方案

一、课程体系设计

硕一（上学期）必选四门课程：可持续发展工程设计与实践、工程系统建模和仿真、创新和技术管理、风险和项目管理。

硕一（下学期）必选四门课程：可视化数据处理应用、高级控制系统、高级加工控制、高级机电一体化系统设计。

硕二（上学期）必选三门课程：高级机器人系统、实时评估和控制、工程研究方法；

任选以下三门课程中一门课程：数字信号处理、电路与系统仿真、（PG）实时系统设计。

硕二（下学期）任选一门课程或两个课程：智能移动机器人的智能控制、移动机器人神经网络控制。论文开题。

硕三（全年）项目研究与论文撰写答辩。

二、工程硕士主要研究方向

（一）智能控制技术类

（1）智能工厂系统设计及控制技术。

（2）多传感信息耦合技术及应用。

（3）智能控制及信号处理技术。

（4）机器视觉与伺服控制。

（5）高速适时网络总线技术。

（6）人机交互技术（人脸识别、手势识别、语音交互等）。

（7）通信技术。

（8）多机器人协调。

（二）机器人设计与智能技术

（1）机器人系统与架构设计。

（2）机器人可靠性研究。

（3）机器人安全性研究。

（4）机器人补偿技术。

（5）无人机控制技术。

（6）机器人精确定位技术。

（7）开放式机器人控制器的研究。

（8）智能移动机器人的智能控制。

（9）移动机器人神经网络控制。

（10）移动机器人模糊控制。

（11）移动机器人系统中嵌入式控制器。

第二节　机器人工程应用本科人才培养方案

一、培养目标

本专业培养具有较高的人文社会科学素养，具备数学、物理和机器人机械设计基础知识，系统掌握机器人编程、操作、调试、设计、集成应用等相关知识和专业技能，具备良好的学习能力、实践能力和创新意识的高素质、应用型工程技术人才。学生毕业后就业领域宽广，可在机器人技术、智能制造与服务、自动化系统及相关领域从事系统设计与开发、技术集成与创新、系统安装、运行、应用维护、信息处理和技术管理等方面的工作，达到以下职业能力：

（1）具备数学、物理和机器人机械设计基础知识体系。

（2）系统掌握机器人编程、操作、调试、设计、集成应用等相关知识和专业技能。

（3）具备良好的学习能力、实践能力和创新意识的高素质、应用型工程技术人才。

（4）坚持立德树人，培养社会主义建设者和接班人，在工程实践中能综合考虑法律、环境与可持续发展等社会因素。

（5）能够通过继续教育或其他终身学习途径拓展自己的知识和能力。

二、毕业要求

（1）工程知识：具有从事机器人工程所需的数学、自然科学、工程基础和专业知识，并能够综合应用这些知识解决机器人工程及相关领域的复杂工程问题。

（2）问题分析：能够应用机器人工程相关的数学、自然科学和工程科学的基本原理，识别、表达并通过文献研究分析机器人工程领域的复杂工程问题，掌握对象特性，获得有效结论。

（3）设计/开发解决方案：能够设计针对复杂工程问题的解决方案，设计机器人工程中硬件部件、软件系统及智能算法策略或机器人系统总成及控制、智能制造与服务工艺流程，并能够在设计环节中体现创新意识，考虑社会、健康、安全、法律、文化以及环境等因素。

（4）研究：能够基于科学原理并采用科学方法对机器人及相关领域的复杂工程问题进行研究，包括设计实验、建模、分析与解释数据，并通过信息综合得到合理有效的结论。

（5）使用现代工具：能够针对机器人工程领域的复杂工程问题，开发、选择与使用恰当的技术、资源、现代工程工具和信息技术工具，包括对复杂工程问题的预测与模拟，并能够理解其局限性。

（6）工程与社会：能够基于机器人工程相关背景知识进行合理分析，评价机器人工程专业工程实践和复杂工程问题解决方案对社会、健康、安全、法律以及文化的影响，并理解应承担的责任。

（7）环境和可持续发展：能够理解和评价针对机器人工程领域复杂工程问题的专业工程实践对环境、社会可持续发展的影响。

（8）职业规范：具有人文社会科学素养、社会责任感，坚持立德树人，培养社会主义建设者和接班人，能够在机器人工程实践中理解并遵守工程职业道德和规范，履行责任。

（9）个人和团队：能够在多学科背景下的团队中承担个体、团队成员以及负责人的角色。

（10）沟通：能够就复杂工程问题与业界同行及社会公众进行有效沟通和交流，包括撰写报告和设计文稿、陈述发言、清晰表达或回答指令，并具备一定的国际视野，能够在跨文化背景下进行沟通和交流。

（11）项目管理：理解并掌握工程管理原理与经济决策方法，并能在多学科环境中应用。

（12）终身学习：具有自主学习和终身学习的意识，有不断学习和适应发展的能力。

三、基本学制与学位

基本学制：四年。
授予学位：工学学士。

四、毕业学分要求

毕业学分要求：170 学分。
综合素质课外培养 10 学分。

五、课程结构及学时学分分配表（表1、表2）

表1　课程结构及学时学分分配表

课程类别	学分	占课内总学分比例/%	课内学时	占课内总学时比例/%
通识课程（必修）	72.5	42.6	1 128	53.8
专业基础课程	16	9.4	256	12.2
专业必修课程	13.5	7.9	216	10.3
专业限选课程	9	5.3	144	6.9
专业任选课程	12	7.1	192	9.2
通识课程（公共选修）	10	5.9	160	7.6

课程类别	学分	占课内总学分 比例/%	课内 学时	占课内总学时 比例/%
集中性 实践教学环节	37	21.8	—	—
总计	170	100.0	2 096	100.0

表2　实践教学模块学分分配表

课内实践教学学分及比例						综合素质 课外学分		总计学分及比例		
实验 教学	军训 模块	实习 实训	课程 设计	毕业 实习	毕业设计 （论文）	必修	任选	课内外 合计	总学分	实践教学 占总学分 比例/%
24	2	12	9	4	10	7	3	71	180	39.4

课内实践教学学分小计	61	
课内总学分	170	—
课内实践教学占课内总学分比例/%	35.9	

上述表格中的说明：

（1）课内总学分指毕业生要达到的总学分（不含综合素质课外培养10学分）。

（2）实验教学包含独立设课实验教学和非独立设课实验教学。

（3）选修课程的学分、学时数，均按最高要求统计。

（4）若专业限选课中设方向模块的专业，按第一个方向的学分、学时数统计。

六、课程教学计划安排及主要课程内容

（一）课程设置与安排表（略）

（二）专业核心课程或核心课程群

机械制图、自动控制原理、模拟电子技术、数字电子技术、机器人学、电路分析、电机与拖动、机器人与PLC控制应用、机器人动力学与控制、单片机原理及应用。

（三）专业核心课程内容介绍

课程编号：0808217006　课程名称：机械制图　总学时：32　周学时：4

内容简介：通过本课程的学习，使学生掌握机械制图的基本概念与基本知识，了解机械制图所使用的国家标准，熟练掌握机械制图的技能。主要内容包括：制图的基本知识，点、直线和平面的投影，立体及其表面交线，组合体，轴测图，机件常用的表达方法，标准件和常用件，零件图，装配图和计算机绘图基础等。

课程编号：0808217007　课程名称：自动控制原理　总学时：48　周学时：4

内容简介：本课程旨在使学生掌握自动控制的基本原理与应用，掌握自动控制的基本概念及控制系统在不同域不同系统中的数学模型及分析方法，通过本课程的学习，学生可以了解有关自动控制系统的运行机理、控制器参数对系统性能的影响以及自动控制系统的各种分析和设计方法。其主要内容包括：自动控制系统的基本组成和结构、自动控制系统的性能指标、自动控制系统的类型（连续、离散、线性、非线性等）及特点、自动控制系统的分析（时域法、频域法等）和设计方法等。

课程编号：0808217013　课程名称：模拟电子技术　总学时：64　周学时：5

内容简介：通过本课程学习，使学生初步掌握模拟电子技术的基本概念及分析方法。模拟电子技术是一门研究对仿真信号进行处理的模拟电路的学科。它以半导体二极管、半导体三极管和场效应管为关键电子器件，包括功率放大电路、运算放大电路、反馈放大电路、信号运算与处理电路、信号产生电路、电源稳压电路等研究方向。课程的基本内容包括：半导体器件基础、以半导体器件为核心组成的各种分立元件电子电路的工作原理、特点、基本分析方法和设计方法、集成运算放大电路、信号的产生与转换及信号的运算与处理等。

课程编号：0808217014　课程名称：数字电子技术　总学时：56　周学时：5

内容简介：通过数字电子技术基础课程的学习，使学生获得数字电路的基本理论、基本知识和基本技能，培养学生分析问题和解决问题的能力，为数字电子技术在专业中的应用打好基础。主要内容有：数制和码制、逻辑代数基础、门电路、组合逻辑电路、触发器、时序逻辑电路、半导体存储器、可编程逻辑器件、硬件描述语言、脉冲波形的产生和整形、数/模和模/数转换等。

课程编号：0808317030　课程名称：机器人学　总学时：48　周学时：4

内容简介：本课程立足于机器人理论知识和实际应用技术的恰当结合，强调工程实际应用，以典型应用实例为主线，并将其贯穿于整个理论教学和实验教学的全过程，把理论与实践教学有机地结合起来，充分发掘学生的创造潜能，提高学生解决实际问题的综合能力。主要内容有机器人的机械结构、传感器在机器人上的应用、机器人驱动系统、机器人控制系统、机器人编程语言及机器人的应用。

课程编号：0808317007　课程名称：电路分析　总学时：56　周学时：5

内容简介：本课程是研究电路理论的入门课程，本课程重点讨论集中参数电路和线性非时变电路，根据内容安排，可分为电阻电路分析、动态电路分析、动态电路的正弦稳态分析等内容。重要概念和方法包括基尔霍夫定律、欧姆定律、网孔分析法、节点分析法、割集分析法、回路分析法、电路的等效变换与置换、戴维南定理、最大功率传递定理、动态元件分析、一阶动态电路分析、三要素法、二阶动态电路分析、电路相量模型分析、三相电路分析、变压器、双口网络与单口网络等。

课程编号：0808317008　课程名称：电机与拖动　总学时：32　周学时：4

内容简介：通过本课程的学习，使学生掌握电机与拖动中常用的基本知识和基本定律，着重学习各类电机和变压器的基本结构、基本工作原理、内部电磁关系及工作特性等；重点讨论电力拖动系统的启动、调速及制动时的运行性能与相关问题，并对电动机的容量选择进行了解。主要内容包括电机理论中常用的基本知识和基本定律、直流电动机、直流电动机的电力拖动、变压器、异步电动机、三相异步电动机的电力拖动、三相同步电动机、控制电机、电动机容量的选择等内容。

课程编号：0808317009　课程名称：机器人与PLC控制应用　总学时：48 周学时：4

内容简介：本课程旨在使学生掌握 PLC 应用技术所需的基础知识和基本技能、工业机器人与 PLC 控制系统的综合应用，并能掌握 PLC 控制系统的设计方法，应用 PLC 控制机器人的连接方法及程序编写，了解 PLC 技术的网络化潮流。主要内容有：PLC 概述，CPM1A 系列可编程控制器的组成，体系结构和工作原理，CPM1A 系列可编程控制器的指令系统，编程器、可编程控制器应用系统设计举例，可编程控制器的网络及通信基础，机器人的运动控制基础，可编程控制器编程控制机器人的各种动作。

课程编号：0808317010　课程名称：机器人动力学与控制　总学时：48 周学时：4

内容简介：通过本课程的学习，使学生掌握机器人动力学与控制的基本概念和主要结果，较系统地掌握机器人建模与控制研究中所涉及的基本概念、算法和有代表性的结果，特别是控制方法。机器人动力学主要研究动力学正问题和动力学逆问题两个方面，需要采用严密的系统方法来分析机器人动力学特性。

课程编号：0808317011　课程名称：单片机原理及应用　总学时：40　周学时：4

内容简介：本课程主要介绍 mcs－51 系列单片机的结构、基本原理、指令系统和硬件资源，重点介绍 C51 编程技术及其应用，旨在使学生快速、有效地掌握用 C51 语言开发51 单片机的流程。主要内容包括：微型计算机基础、mcs－51 系列单片机的硬件结构、mcs－51 单片机的指令系统、汇编语言程序设计、mcs－51 单片机硬件资源的应用、mcs－51 单片机系统的扩展及接口技术、单片机应用系统的抗干扰技术、单片机应用系统的设计、单片机的 C 语言应用程序设计及较完整的实例。

七、实践能力和创新能力的培养

（一）集中性实践教学环节安排表

（二）培养实践能力和创新能力的主要措施

1. 优化课程体系，加强实践环节

在课程体系的构建中，精简学科之间的重复教学，旨在提升基础理论、基本知识和基本技能。同时，实施因材施教，注重学生工程素质、学生实践和创新能力的培养。在整个课程体系中，机器人工程专业实践环节所占总学分比例达到 38.68%。实践环节的设计将知识讲授与技能培养相结合，将演示实验与设计实验相结合，将理论知识与动手能力相结合，在实验和实践中提升学生的能力，加强对理论知识的理解和把握，形成工程思维，善于从工程角度分析和解决实际问题。

2. 分层次构建实践教学体系

以培养机器人工程专业应用和创新能力作为贯穿整个实践教学过程的主线，遵循循序

渐进的原则，对整个实践教学体系进行优化，将其分为逐步递进的四个层次：第一层次，与公共基础课教学相对应，包括物理、电工电子、计算机信息技术、C语言等实验和操作技能训练，以培养学生获得创新能力的基础；第二层次，与专业基础课教学相对应，设置了机械制图、电路分析的课程实验及模拟电路、数字电路课程的综合实验和课程设计，培养学生电路、机械方面的基本实验方法和实验技能，初步训练和增强科学的思维方式和实验方法；第三层次，与专业课教学相对应，安排了机器人相关的硬件、软件、信号处理、算法等方面的课程的设计性实验和课程设计及创新实践等，以培养学生获得初步设计能力的基础；第四层次：通过毕业实习和毕业设计等，培养和强化学生的专业综合能力。

3. 开展创新活动，提升工程素质

以课外科技活动和学科竞赛作为培养机器人工程专业学生实践技能和创新意识的切入点，鼓励学生参加多门类科技竞赛，譬如全国机器人大赛、飞思卡尔杯全国大学生智能车竞赛、全国大学生电子设计竞赛、科研类全国航空航天模型锦标赛等一系列的省、市、校级比赛。同时，结合国家的创新创业训练计划，激发学生的整体工程素质和能动性，充分体现学生的专业特长。通过这些活动的开展，帮助学生树立创新意识，培养工程实践能力，同时能够引导他们积极主动地参与学习实践，培养总结积累的观念，进而逐步达到独立处理科研问题的目的。

4. 加强校内外创新实践基地的建设

组建学生课外科技活动实验室并对学生开放，鼓励学生进入实验室加入教师的科研工作或企业的技术开发工作中；或者自主设计实践项目，为学生创造实践锻炼的机会，使学生在校期间就有机会参与科研活动。同时，加强实验室、校内外实习基地建设，构建实践能力培养基地，为强化工程训练提供了空间基础，为学生自主学习创造条件。培养学生工程意识，强化学生工程训练，了解技术创新成果的产业化和市场化的基本过程，提高学生实践能力和创新精神方面。

5. 努力抓好毕业设计（论文）工作，提高学生综合素质

毕业设计（论文）是教学计划中培养学生综合运用本专业基础理论知识、专业知识与基本技能、增强学生自身实践能力、创造能力和就业能力、创业能力的极为重要的教学过程。毕业设计期间，将实验室、研究室面向学生全面开放，鼓励学生深入实验室、研究室锻炼毕业设计的选题尽量来源于生产实践实际和科研课题，根据指导教师承担的在研课题、横向科技开发、技术改造项目、工厂/企业生产中存在的技术问题，以及学生已签约的单位对学生提出的要求进行选题。实际课题有助于学生主动学习，激励学生的独创精神，培养学生的创新能力。在毕设过程中，帮助学生提高自己寻求、积累知识、信息和技术的能力，提高他们分析问题和解决问题的能力。毕业设计是培养工科专业学生创新能力和综合素质的有效途径。

第三节 工业机器人技术高职大专培养方案

一、专业名称及专业群

专业名称：工业机器人技术

专业群："机器人技术应用"专业群

二、招生对象、学制

（1）招生对象：高中毕业生和同等学力者。

（2）学制：三年。

三、培养目标

培养掌握工业机器人技术专业的基础理论知识，具备面向 3C 领域应用系统的工业机器人系统集成能力，具备机器人设计与安装、机器人操作与编程、机器人调试与维修、机器人销售与客服的能力，具有良好的身体素质、思想素质、专业素质、创新素质，能够用所学专业知识解决专业相关实际问题，能够自主学习和触类旁通，能从事产业工业机器人系统集成、装调改造、运行维护、营销及售后服务等工作的技术技能型人才；适应社会发展需要，德、智、体、美全面发展的高素质技术技能型人才。

四、培养规格

（一）知识结构

1. 基础知识

掌握基本的政治法律知识、道德规范、数学知识、英语知识、计算机应用知识和必备的心理健康知识、就业创业知识及技巧、人际交往礼仪及技巧等。

2. 专业知识

掌握电工电子技术、PLC 控制、机器人编程语言、传感器应用技术、工业机器人视觉技术、工业机器人应用技术等。

（二）能力结构

1. 基础能力

具有政治识别和法律认知能力、数学运用能力、英语应用能力、计算机应用能力、责任诚信的道德意识等。

2. 专业能力

（1）具备对常用电子器件的识别及检测判断能力、对电路的分析能力。

（2）具有工业机器人安装、调试、操作和维护能力。

（3）具有常见 PLC 选型、夹具选型、传感器选型能力。

（4）具有工作站设计与安装的能力。

（5）具有使用在线和离线软件编程控制的能力。

（6）具有使用高级编程语言设计上位机软件的能力。

（7）具有机器人销售能力。

（8）具有质量监控与测试的初步能力。

（9）具有自学专业新技术能力。

（三）素质结构

具有良好的心理素质、社会适应水平、交流沟通技巧和团队协作精神等情商范畴的能力，在工作、学习、生活中具有积极主动性、独立性，能与他人有效交往、合作，会做人、会学习、会工作、会生活。

五、毕业标准

（1）所修课程的成绩全部合格，修满 146 学分。

（2）至少获得以下 4 个职业资格证书中的一个：

➢ 维修电工高级工

➢ 可编程控制系统设计师

➢ 工业机器人应用工程师

➢ 工业机器人应用岗位工程师

（3）参加全国高等学校英语应用能力考试（A 级）并达到学校规定成绩要求。

（4）毕业设计及答辩合格。

六、职业面向

在工业机器人系统集成企业从事工业机器人系统集成；在工业机器人生产企业从事工业机器人生产制造、营销、售后技术服务；在工业机器人应用企业从事工业机器人操作与编程、机器人调试与维修、工作站设计与安装、机器人销售与客服等工作。

七、系列产品（或项目）驱动描述

1. 产品（或项目）的使用说明（产品推介广告）

本专业采用"基于可穿戴产品的工业机器人智能生产线系统集成"项目驱动建设，该项目主要应用于智能手环、智能手表、可佩戴式多点触控投影机等穿戴类电子产品等，还可以通过更换夹具应用到其他电子产品中，随着这些行业的发展，基于可穿戴产品的工业机器人智能生产线系统集成有着非常广阔的应用前景与推广价值。

可穿戴产品的工业机器人智能生产线系统集成设计的可穿戴产品的智能生产线上包含拾料、激光镭射雕刻、产品自动拧螺丝装配、产品包装、产品贴标和产品下料等多台工业机器人本体。通过多本体配合，通过传动带进行传送，完成可穿戴产品的智能和自动化组装和调试，如图1所示。

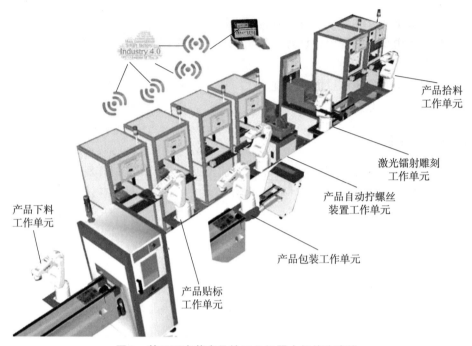

图1 基于可穿戴产品的工业机器人智能生产线

2. 产品（或项目）的设计开发流程

"基于可穿戴产品的工业机器人智能生产线的系统集成"开发环节有应用方案设计、工业机器人应用方案机械设计、工业机器人应用方案硬件开发、工业机器人应用方案软件开发、工业机器人应用方案建模与离线仿真、工业机器人应用方案系统安装、工业机器人集成视觉开发、工业机器人系统集成与智能制造等过程。

3. 产品（或项目）开发的技术及实施的岗位分析

（说明：本部分指设计开发流程的每道工序需要的技术和知识，学成后能适应的岗位或岗位群，并阐述能支撑专业建设的理由）

"基于可穿戴产品的工业机器人智能生产线系统集成"项目的设计开发是进行综合技术教育的最佳载体，也是培养学生技术素质，提高其创新精神和综合实践能力的良好平台。"基于可穿戴产品的工业机器人智能生产线系统集成"项目开发运用电气控制、工装与夹具设计、电工电子技术、单片机应用技术、传感器技术、C语言编程技术、工业机器人典型应用等，在工业机器人控制领域具有知识的综合性，在技术上具有可持续的先进性和一定的竞争力；具有完整的服务和使用功能，并且在软件上具有自主知识产权；通过一定的努力和协同，学生可以在三年内完成；在设计或开发上不需要投入过多资金；可作为青少年能力、素质培养的智能平台，应用于机器人教育和竞赛，随着国内机器人教育的蓬勃发展，"基于可穿戴产品的工业机器人智能生产线系统集成"系列产品有着良好的商业价值和市场前景。

4. 工业机器人应用方案设计

根据市场调研进行需求分析，产生需求规格说明书；根据需求分析进行可行性分析，产生可行性分析报告；由此进行确定产品的主要功能，根据产品功能需求对产品进行系统概要设计，建立系统的体系结构，进行模块划分，产生系统概要设计说明书；编写项目进度，进行项目管理。主要技术及相关理论知识：资料搜集与分析技术、项目管理技术、技术文档编辑规范等。通过进行工业机器人分类及性能对比，根据串并联机器人的应用特点，选用常用传感器和配件，设计工业机器人集成方案。

5. 工业机器人应用方案机械设计

需对模块功能进行可行性分析，据此进行机械方案设计，再根据工程计算结果、工程经验、参考文献与技术手册选用合适的机构与零配件，通过机械结构，通过基本零件建模，基本装配件建模，常用工具设计，配套设备建模，装配体基本干涉、关节运动、载荷机械仿真，设计机械方案。

6. 工业机器人应用硬件方案设计

根据模块功能进行可行性分析，根据硬件方案选用 PLC 和常用传感器等配件，进行 PLC 控制，搭建传送带、机器人外部启动电路，设计硬件方案。

7. 工业机器人应用方案软件开发

需对模块功能进行可行性分析，据此进行软件方案设计，通过机器人系统功能分析，执行动作编程、I/O 通信编程、样条曲线运动编程、程序逻辑编程、应用程序包编程、工业机器人行业应用编程，来进行软件开发。

8. 工业机器人应用方案建模与离线仿真

掌握常用工业机器人离线编程仿真系统软件，构建基本方针工业机器人工作站，实用常用离线仿真软件基本建模，进行离线轨迹编程、带导轨和变位机的机器人系统仿真。

9. 工业机器人应用方案系统安装

对工业机器人工作站及应用系统进行安装、维护、保养、调试优化、故障诊断。

10. 工业机器人集成视觉开发

根据模块功能所需的技术指标，选择资源库文件中图像处理算法构建视觉开发环境，进行图像分割编程、图像运算编程、边缘分析编程、图像标定编程、末端匹配编程、视觉测量编程、滤波及缺陷检测算法调用，实现对物品的图像识别。

11. 基于可穿戴产品的工业机器人智能生产线系统集成与智能制造

通过集成制造工艺对工业机器人进行优化和扩展，将其应用到智能制造行业中，实现智能制造中的加工系统设计、物流系统设计、质量控制系统设计、远程控制系统设计。各环节所需要的技术和理论分析如图 2 所示。

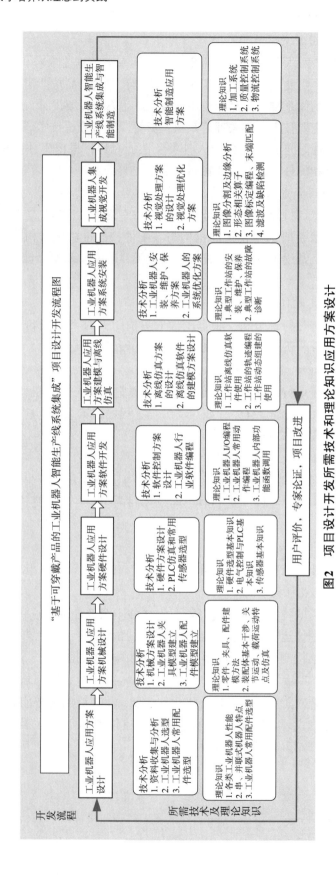

图2 项目设计开发所需技术和理论知识应用方案设计

熟练掌握工业机器人系统集成的应用方案设计、机械设计等六个开发流程，可从事面向工业机器人系统集成商的系统集成的工作；面向工业机器人生产企业从事工业机器人生产制造、营销、售后技术服务；面向工业机器人应用企业从事工业机器人操作与编程、机器人调试与维修、工作站设计与安装、机器人销售与客服等工作。

八、课程体系设计

以"基于可穿戴产品的工业机器人智能生产线系统集成"项目设计的流程为依据，设计专业课程体系。

1. 专业核心课程设计

根据工业机器人应用方案设计、工业机器人应用方案机械设计、工业机器人应用方案硬件设计、工业机器人应用软件方案开发、工业机器人应用方案建模与离线仿真、工业机器人应用系统安装、工业机器人集成视觉开发、基于可穿戴产品的工业机器人智能生产线系统集成与智能制造等过程的工作流程设计相应的核心课程。核心课程设置结构如图3所示。

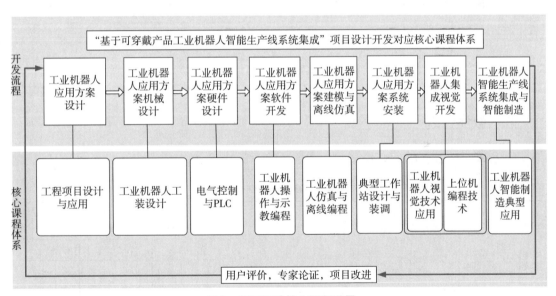

图3 项目驱动核心课程设置

2. 专业课程关系图（图4）

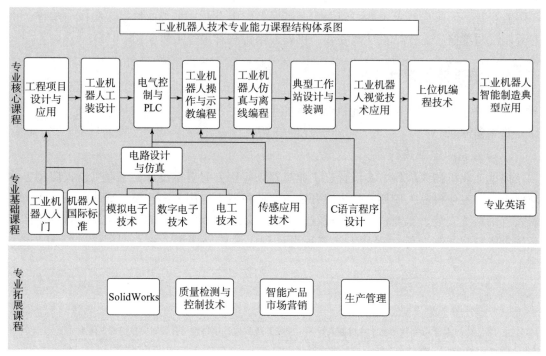

图4 专业能力模块课程关系图

九、教学计划

1. 教学进程安排表（表1）

表1 教学进程安排表

课程模块	分类及序号	课程代码	课程名称	考核类型	学分	学时分配			周学时安排（周平均课时×周数或总课时）						备注
						合计	理论	实践	第一学年		第二学年		第三学年		
									第一学期 18周	第二学期 16周	第三学期 18周	第四学期 16周	第五学期 18周	第六学期 15周	
公共必修课程	1	01001	军事理论与军事训练		7	120		120	40×3						
	2	01002	思想道德修养与法律基础		2	44	32	12	4×11						
	3	01003	毛泽东思想和中国特色社会主义理论体系概论		3	60	40	20			4×15				
	4	01004	形势与政策		1	16		16	4×1	4×1	4×1	4×1			

续表

课程模块	分类及序号	课程代码	课程名称	考核类型	学分	合计	理论	实践	第一学期 18周	第二学期 16周	第三学期 18周	第四学期 16周	第五学期 18周	第六学期 15周	备注
公共必修课程	5	01005	劳动技能		2	40		40		20×1	20×1				
	6	01006	大学体育		9	150	2	148	2×15	2×15	(30)	(30)	(30)		
	7	01007	大学生就业指导		2	40	8	32	2×4	2×4	2×4	2×4	(8)		
	8	01008	大学生心理健康与素养提升		2	40	30	10	2×6	2×6	2×4	2×4			
	9	01009	数学建模		3	60	30	30	2×15	2×15					
	10	01010	大学英语		7	120	96	24	4×15	4×15					
	11	01011	计算机应用基础		3	48	10	38	4×12						
	12	01012	创新创业基础与实践		2	40	8	32			2×16	2×4			
	13	01013	经典诵读与专业应用写作		1	30	12	18				2×15			
	14	01014	安全教育		1	20		20	4	4	4	4	4		
小计					45	828	268	560	20/360	16/260	6/112	3/54	2/42		
专业课程	专业基础课程 1		电工技术	考试	3	60	40	20	4×15						
	2		模拟电子技术	考试	3	60	36	24		4×15					
	3		数字电子技术	考试	3	60	36	24		4×15					
	4		电路设计与仿真	考试	1	20	0	20			4×5				
	5		C语言程序设计	考试	6	96	48	48			8×12				
	6		传感器应用技术	考试	3	60	20	40			4×15				
	7		机器人国际标准	考试	1	20	20	0				2×10			
	8		专业英语	考试	2	40	20	20				4×10			
	9		工业机器人入门	考试	1	20	12	8				2×10			
	专业核心课程 10		工程项目设计与应用	考试	2	40	20	20				4×10			
	11		工业机器人工装设计	考试	3	60	20	40				4×15			
	12		电气控制与PLC	考试	6	96	48	48				8×12			

续表

课程模块	分类及序号	课程代码	课程名称	考核类型	学分	合计	理论	实践	第一学期 18周	第二学期 16周	第三学期 18周	第四学期 16周	第五学期 18周	第六学期 15周	备注
专业课程	13		工业机器人操作与示教编程	考试	3	60	20	40				4×15			
	14		工业机器人仿真与离线编程	考试	4	72	32	40				4×10 8×4			
	15		工业机器人视觉技术应用	考试	3	60	20	40				4×15			
	16		典型工作站设计与装调	考试	5	80	32	48				8×10			
	17		上位机编程技术	考试	4	72	20	52				4×10 8×4			
	18		专业技能训练	考试	6	100	0	100					20×5		
	19		工业机器人智能制造典型应用	考查	5	80	0	80					(40)	(40)	
	20		顶岗实习	考查	25	400	0	400					20×5	20×15	
	21		智能产品市场营销	考试	2	40	20	20				4×10			四选三
	22		Solidworks	考试	2	40		40			4×10				
	23		质量检测与控制技术	考试	2	40	20	20			4×10				
	24		生产管理	考试	2	40	20	20	4×10						
小计					95	1676	504 (484)	1172 (1192)	5/120 (80)	13/216	21/376 (416)	24/384 (344)	13/240	21/340	
公共选修课程	1	03001	艺术素养必选课		2	32	32	0			32				
	2	03002	人文素养必选课		1	20	6	14				20			
	3	03003	人文素养任选课		2	40	40				20	20			
	4	03004	兴趣体育选修课		1	30		30					30		
小计					6	122	78	44		3/52	2/40	2/30			
合计					146	2 626	850 (830)	1 776 (1 796)	27/480 (440)	33/528	29/528 (568)	29/468 (428)	16/282	21/340	

2. 学时分配统计表（表2）

表2 学时分配统计表

课程	总学分	总学时	理论学时	实践学时	理论学时比例/%	实践学时比例/%
公共必修课程	45	828	268	560	32.4	67.6
专业课程	95	1 676	504（484）	1 172（1 192）	30	70
公共选修课程	6	122	78	44	63.9	36.1
合计	146	2 626	850（830）	1 776（1 796）	32.4	67.6

十、教师要求（主要从教师知识、能力、数量要求等方面论述）

工业机器人应用技术专业教师具有运用现代教育技术手段能力、具有良好语言表达和组织管理能力、具有教育科研能力等专业技能；掌握典型智能产品的工业机器人系统集成和工业机器人应用技术相关等专业知识。专业师资配置以本专业在校生40人（1班）为标准，工业机器人专业师资配备建议如下：专业带头人1人，骨干教师4人。

十一、实践教学条件要求（表3）

表3 实践教学条件要求

序号	实验实训室（基地）名称	功能	面积、设备、台套基本配置要求	地点	备注
1	工业机器人实训中心A	C语言程序设计、上位机应用编程、工业机器人视觉技术、工业机器人仿真与离线编程课程教学，培养学生掌握编写工业机器人控制程序的能力。SolidWorks、工业机器人工装设计课程，培养学生进行物体2D和3D建模，并进行工装夹具等设计。承接工业机器人入门课程，让学生了解常见的工业机器人的发展史、工业机器人的分类等；工程项目设计与应用课程，了解常见的工业机器人工程项目的设计流程及典型应用	80 m²，计算机51套，工业机器人虚拟仿真软件51套	校内	已有
2	工业机器人实训中心B	工程项目设计与应用、工业机器人操作与装调、专业技能训练课程，培养学生工业机器人系统集成的能力	90 m²，电子产品智能制造生产线1套	校内	已有

序号	实验实训室（基地）名称	功能	面积、设备、台套基本配置要求	地点	备注
3	工业机器人实训中心 C	工业机器人仿真与离线编程、工业机器人操作与装调、工业机器人视觉技术、典型工作站设计与装调、工业机器人智能制造典型应用、专业技能训练课程教学，训练学生安装、调试、控制工业机器人的能力	90 m²，工业机器人工作站系统 4 套（工业机器人典型应用工作站 1 套，分拣、插件与视觉检测工业机器人工作站 1 套，抛光、打磨与去毛刺工业机器人工作站 1 套，搬运、码垛与视觉检测工业机器人工作站 1 套）	校内	已有
4	电子工艺室 1	承接电工技术、数电、模电课程教学，训练学生焊接装配调试电子产品的技能	82 m²，流水线 2 条、双通道直流稳压电 40 台、示波器 40 台、信号发生器 40 台、工具套件 40 套	校内	已有
5	传感与物联网技术中心	承接传感器应用技术课程教学，训练学生掌握常见工业机器人传感器技术参数，搭建典型传感器应用电路进行传感器特性测量	82 m²，计算机 30 台、SOC 核心板 30 块、RFID 射频控制板 5 块、开放式传感器电路实验主板 30 块、红外测距传感器套件 30 块、超声波传感器应用套件 30 块、压力传感器及应用套件 30 块、RRID 读卡器 30 块、ZigBee 无线通信套件 10 块	校内	已有、需扩建

十二、培养方案特色（主要从人才培养模式和课程体系构建等方面论述）

1. 以"基于可穿戴产品的工业机器人智能生产线系统集成"项目设计为主线构建课程体系

工业机器人技术专业应用性、技术性、操作性和综合性很强，学生单从课堂上和书本里是很难理解和掌握操作技能的。以"基于可穿戴产品的工业机器人智能生产线系统集成"项目设计流程为主线组织专业能力模块课程，紧紧围绕完成项目设计阶段性任务所应具备的技术和理论知识来设计专业能力模块的核心课程，坚持实践第一。在"项目驱动"人才培养模式下培养的学生，实际动手能力强，具有较强的职业能力、专业技能与岗位意识，能较好地实现高素质技能型专门人才培养的目标。

2. 构建"内部诊断、持续改进"人才培养质保体系

抓课堂自习出勤率、学习场所卫生、寝室文明行为、主题活动等四项基本考核，促学习习惯养成；抓四项教学工作，促课堂质量提升；抓竞赛协会项目，以榜样示范引领，鼓励参加五级十类竞赛，做好专业技术示范引领，机器人专业协会做好科学普及应用推广；

坚持开展以专业为核心内容的创新创业活动，培养学生科学素质，提高实践创新能力为特色。

第四节 中等职业学校工业机器应用与维护人才培养方案

一、人才培养目标

1. 职业范围（表1）

表1 职业范围

序号	职业面向	职业岗位	职业资格（名称、等级、鉴定单位）、能力证书
1	机器人操作使用	机器人维修技师	国家计算机应用能力一、二级考试； 必须取得工业机器人机装调工初级工技能证书； 可以选考以下技能证书：电子装接工中级工AutoCAD技能考证
1	机器人操作使用	机器人调试技师	
2	机器人销售服务	销售工程师	
2	机器人销售服务	售后工程师	
3	高级应用类	系统开发工程师（发展岗位）	
3	高级应用类	方案设计工程师（发展岗位）	

2. 人才规格（表2）

表2 人才规格

知识	能力	素质
掌握思想政治、数学、英语、计算机基础等基础知识； 掌握与职业技能相适应的机械制图与电气识图的基础知识； 掌握机械专业基础知识； 了解机械加工中常用的加工设备加工原理和结构； 了解常用的自动机及自动线装备的结构原理； 理解液压、气压控制元器件的结构及原理； 了解常用电气控制元件、检测元件的知识	具有获取新知识、新技能的意识和能力； 具有独立解决常规问题的基本能力； 能识别结构安装图与电气原理图； 能测绘简单机械部件生成零件图和装配图，跟进非标零件加工，完成装配工作； 能排除简单电气及机械故障； 具有编制、调整工业机器人控制程序； 具有安装、调试工业机器人及其应用系统； 能收集、查阅工业机器人应用技术资料，并进行规范记录和存档； 能对机器人应用系统的新操作人员进行培训	具备积极的人生态度与健康的心理素质； 具备良好的职业道德和扎实的文化基础知识； 具有责任意识、团队意识与协作精神； 具备勤于思考、善于动手、勇于创新的精神； 具有良好的人际交往能力

二、教学计划

1. 课程结构（图1、表3）

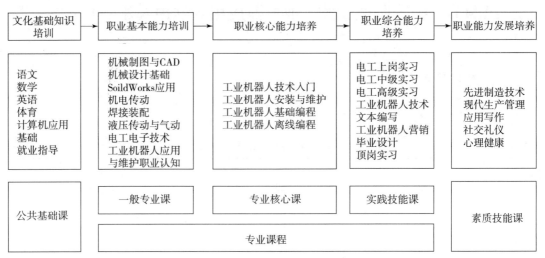

图1 课程结构

表3 课程安排

课程类别		序号	课程名称	参考学分	总课时	周课时安排						备注
						第一学年		第二学年		第三学年		
						第一学期	第二学期	第三学期	第四学期	第五学期	第六学期	
公共课程		1	体育	2	34	34						
		2	语文	2	34	34						
		3	数学	2	34	34						
		4	英语	2	36			36				
		5	计算机应用	6	108				72	36		
		6	就业指导	2	36				36			
专业课程	专业基础课程	7	工业机器人应用与维护职业认知	2	42	42						集中在第一周安排上课
		8	电工电子技术※	4	68	68						
		9	焊接技术	6	102	102						
		10	液压传动与气动※	4	68	68						
		11	机械制图与CAD※	10	174	104	70					

续表

课程类别		序号	课程名称	参考学分	总课时	周课时安排						备注
						第一学年		第二学年		第三学年		
						第一学期	第二学期	第三学期	第四学期	第五学期	第六学期	
专业课程	专业基础课程	12	机械装配实习	10	180		180					
		13	机电传动※	8	144		72	72				
		14	机械设计基础※	4	72			72				
		15	SoildWorks 应用	4	72			72				
	专业核心课程	16	工业机器人入门※	4	72			72				
		17	工业机器人安装与维护※	6	108				108			
		18	工业机器人基础编程※	12	216				108	108		
	专业拓展课程	19	电工上岗实习	8	144		144					
		20	电工中级实习	10	180			180				
		21	电工高级实习	12	216				216			
		22	工业机器人技术文本编写	4	72					72		
		23	毕业设计	6	108					108		
		24	顶岗实习	35	630						630	
选修课程		25	心理健康	2	36							
		26	应用写作	2	36							
		27	社交礼仪	2	36							
		28	先进制造技术	2	36							
		29	现代生产管理	2	36							
汇总			周课时			42/26	26	30	28	24	35	
			每学期课程门数			1/7	4	5	3	6	1	
			总计	183	3058	484	468	540	504	432	630	
比例			公共课程比例	9.20%		一体化课程比例					70%	

编制：	日期：	审核：	日期：	批准：	日期：

说明：1. 每学期18个教学周；2. 标注※的课程为考试科目；3. 第二学期考取电工上岗证和计算机绘图员中级证，第三学期考取维修电工中级证，第四学期考取维修电工高级证；4. 顶岗实习在校外实习基地开展。

2. 教学活动安排（略）

3. 工业机器人专业教学内容安排（表4）

表4 工业机器人专业教学内容安排

课程名	教学内容	课时安排	总课时
工业机器人应用 与维护职业认知	教学任务1：工业机器人发展历程认知	10	42
	教学任务2：工业机器人企业认知	10	
	教学任务3：工业机器人应用与维护专业认知	10	
	教学任务4：职业生涯规划	12	
工业机器人入门	教学任务1：工业机器人整体认知 工业机器人的应用、发展和分类 工业机器人的基本组成 工业机器人的技术参数	10	72
	教学任务2：工业机器人的机械结构 工业机器人的硬件组成 工业机器人末端操作器 工业机器人手腕 工业机器人手臂 工业机器人基座 工业机器人的传动	10	
	教学任务3：工业机器人的传感器及其应用 3.1 工业机器人传感器的分类及要求 3.2 常用的工业机器人的传感器 3.3 机器人传感器应用系统	10	
	教学任务4：工业机器人的控制 4.1 工业机器人控制系统的特点 4.2 工业机器人控制系统的主要功能 4.3 工业机器人的控制方式 4.4 工业机器人驱动器介绍	12	
	教学任务5：机器人运动学 5.1 工业机器人的运动学 5.2 工业机器人的动力学 5.3 工业机器人的运动轨迹规划	10	
	教学任务6：机器人编程语言与离线编程 6.1 机器人编程语言的基本要求和技巧 6.2 编程语言介绍 6.3 工业机器人编程、设计过程	10	
	教学任务7：工业机器人生产线及工作站 7.1 在生产中引入工业机器人系统方法 7.2 工程工业机器人和外围设备 7.3 装配、焊接作业、搬运码垛机器人系统 7.4 生产线	10	

续表

课程名	教学内容	课时安排	总课时
工业机器人安装与维护	教学任务 1：工业机器人工作站维护保养 1.1　机器人安装调试的一般步骤 1.2　机器人系统信息的查看 1.3　机器人的重新启动功能 1.4　机器人系统的控制面板 1.5　机器人随机光盘说明书的阅读	10	108
	教学任务 2：工业机器人应用系统维护保养	14	
	教学任务 3：工业机器人应用系统安装与调试	32	
	教学任务 4：工业机器人应用系统优化	10	
	教学任务 5：工业机器人常见故障维修	12	
	教学任务 6：工业机器人应用系统常见故障检测与维修	30	
工业机器人基础编程	教学任务 1：机器人的基础操作知识 1.1　认识示教器——配置必要的操作环境 1.1.1　设定示教器的显示语言 1.1.2　设定机器人系统的时间 1.1.3　正确使用使能器按钮 1.2　查看机器人常用信息与事件日志 1.3　机器人数据的备份与恢复 1.4　机器人的手动操纵 1.4.1　单轴运动的手动操纵 1.4.2　线性运动的手动操纵 1.4.3　重定位运动的手动操纵 1.5　机器人的转数计数器更新操作	12	216
	教学任务 2：机器人的 I/O 通信 2.1　机器人 I/O 通信的种类 2.2　常用 ABB 标准：I/O 板的说明 2.2.1　ABB 标准 I/O 板 DSQC651 2.2.2　ABB 标准 I/O 板 DSQC652 2.2.3　ABB 标准 I/O 板 DSQC653 2.2.4　ABB 标准 I/O 板 DSQC355A 2.2.5　ABB 标准 I/O 板 DSQC377A 2.3　实战 ABB 标准：I/O 板——DSQC651 板的配置 2.3.1　定义 DSQC651 板的总线连接 2.3.2　定义数字输入信号 gol 2.3.3　定义数字输出信号 gol 2.3.4　定义组输入信号 gol 2.3.5　定义组输出信号 gol 2.3.6　定义模拟输出信号 aol 2.4　I/O 信号监控与操作 2.4.1　打开"输入输出"画面 2.4.2　对 I/O 信号进行仿真和强制操作 2.5　Profibus 适配器的连接 2.6　系统输入/输出与 I/O 信号的关联 2.7　示教器可编程按键的使用	44	

课程名	教学内容	课时安排	总课时
工业机器人基础编程	教学任务3：机器人的程序数据 3.1　程序数据 3.2　建立程序数据的操作 3.2.1　建立程序数据 bool 3.2.2　建立程序数据 num 3.3　程序数据类型与分类 3.3.1　程序数据的类型分类 3.3.2　程序数据的存储类型 3.3.3　常用的程序数据 3.4　三个关键程序数据的设定 3.4.1　工具数据 tooldata 的设定 3.4.2　工件坐标 wobidata 的设定 3.4.3　有效载荷 loaddata 的设定	22	
	教学任务4：机器人的程序编程 4.1　RAPID 程序及指令 4.2　建立程序模块与例行程序 4.3　常用 RAPID 程序指令 4.3.1　赋值指令 4.3.2　机器人运动指令 4.3.3　I/O 控制指令 4.3.4　条件逻辑判断指令 4.3.5　其他的常用指令 4.4　建立一个可以运行的基本 RAPID 程序 4.4.1　建立 RAPID 程序实例 4.4.2　对 RAPID 程序进行调试 4.4.3　RAPID 程序自动运行的操作 4.4.4　RAPID 程序模块的保存 4.5　功能的使用介绍 4.6　RAPID 程序指令与功能 4.6.1　程序执行的控制 4.6.2　变量指令 4.6.3　运动设定 4.6.4　运动控制 4.6.5　输入/输出信号的处理 4.6.6　通信功能 4.6.7　中断程序 4.6.8　系统相关的指令 4.6.9　数学运算 4.7　中断程序 TRAP	68	
	教学任务5：机器人的硬件连接 5.1　机器人的控制柜 5.2　机器人的本体 5.3　机器人的本体与控制柜的连接 5.4　机器人的安全保护机制 5.4.1　ES 与 AS 的应用示例 5.4.2　紧急停止后的恢复操作 5.5　机器人 SMB 电池的更换	24	

课程名	教学内容	课时安排	总课时
工业机器人基础编程	教学任务6：ABB机器人RobotStudio的应用 6.1　安装RobotStudio 6.2　在RobotStudio中建立练习用工作站 6.3　RobotStudio的在线功能	12	
	教学任务7：工业机器人的典型应用 7.1　搬运应用 7.1.1　利用气动抓手抓取工件 7.1.2　挡风玻璃搬运 7.2　喷胶应用 7.2.1　汽车玻璃涂胶 7.2.2　汽车灯壳涂胶	34	
工业机器人仿真与离线编程（选修）	教学任务1：认识、安装工业机器人仿真软件 1.1　了解什么是工业机器人仿真应用技术 1.2　安装工业机器人仿真软件RobotStudio 1.3　RobotStudio的软件授权管理 1.4　RobotStudio的软件界面介绍	10	108
	教学任务2：构建基本仿真工业机器人工作站 2.1　布局工业机器人基本工作站 2.2　建立工业机器人系统与手动操纵 2.3　创建工业机器人工件坐标与轨迹程序 2.4　仿真运行机器人及录制视频	10	
	教学任务3：RobotStudio中的建模功能 3.1　建模功能的使用 3.2　测量工具的使用 3.3　创建机械装置 3.4　创建机器人用工具	10	
	教学任务4：机器人离线轨迹编程 4.1　创建机器人离线轨迹曲线及路径 4.2　机器人目标点调整及轴配置参数 4.3　机器人离线轨迹编程辅助工具	18	
	教学任务5：Smart组件的应用 5.1　用Smart组件创建动态输送链SC_InFeeder 5.2　用Smart组件创建动态夹具SC_Gripper 5.3　工作站逻辑设定 5.4　Smart组件子组件概览	20	
	教学任务6：带导轨和变位机的机器人系统创建与应用 6.1　创建带导轨的机器人系统 6.2　创建带变位机的机器人系统	10	

课程名	教学内容	课时安排	总课时
工业机器人仿真与离线编程（选修）	教学任务 7：ScreenMaker 示教器用户自定义界面 7.1　了解 ScreenMaker 及准备工作 7.2　创建注塑机取件机器人用户自定义界面 7.3　设置注塑机取件机器人用户信息界面 7.4　设置注塑机取件机器人用户状态界面 7.5　设置注塑机取件机器人用户维修界面	14	
	教学任务 8：RobotStudio 的在线功能 8.1　使用 RobotStudio 与机器人进行连接并获取权限的操作 8.2　使用 RobotStudio 进行备份与恢复的操作 8.3　使用 RobotStudio 在线编辑 RAPID 程序的操作 8.4　使用 RobotStudio 在线编辑 I/O 信号的操作 8.5　使用 RobotStudio 在线文件传送 8.6　使用 RobotStudio 在线监控机器人和示教器状态 8.7　使用 RobotStudio 在线设定示教器用户操作权限管理 8.8　使用 RobotStudio 在线创建与安装机器人系统	16	

第五节　机器人与智能技术岗位培训方案

1. 项目背景

智能机器人是靠自身动力和控制能力来实现各种功能的一种机器，主要涵盖传感器技术、智能控制技术、路径规划、导航技术、人机接口等技术，在工业、医学、农业、建筑业甚至军事等领域中均有重要用途。机器人技术毫无疑问是未来的战略性高技术，充满机遇和挑战。据世界机器人联合会最新数据，从 2008 年到 2011 年，中国的机器人采用率提高了 210%，预计到 2015 年，中国机器人市场需求将达 3.5 万台，占全球总量的 16.9%，成为规模最大的机器人市场。

2014 年 3 月，雨花经开区获批成为湖南第一家机器人产业示范园区，雨花经开区也正积极筹建湖南机器人研究院，与国防科大、湖南大学、中南大学及广州菲亚特、上海大众、三一、中联等单位联合，向机器人产业示范基地、机器人应用技术研究、机器人展示体验等"三位一体"发展，加速向产业集群推进。2014 年 9 月，长沙市机器人产业推介会在长沙市政府召开，长沙《机器人产业发展三年行动计划》正式发布，计划到 2017 年年末，机器人产业产能突破 100 亿元。

为了适应机器人与智能技术飞速发展的需要，提高我省高职院校教师在机器人与智能技术最新发展技术和应用维护等方面实际动手能力，本次培训结合机器人实际工程案例，培养高职教师基于工作过程的教学能力，促进高职院校机器人相关专业建设与课程改革。

2. 培训对象

培训对象为高等职业学校电子信息工程技术、应用电子技术、通信技术、嵌入式系统工程、物联网应用技术、机电一体化技术、电气自动化技术、计算机应用技术、软件技术等专业教研室主任、专业带头人及骨干教师。参加培训的教师应具有一定的电子设计、检测与控制等专业理论，产品硬件设计开发和软件程序开发等实践操作基础。

3. 培训目标

通过"机器人与智能技术"项目培训，使教师掌握智能机器人人机交互和智能控制原理及技术，了解智能机器人视觉、听觉和触觉智能控制技术及产品设计技术的发展方向和核心技术，具备独立完成小型智能机器人产品设计与开发的能力，以及基于作品的教学方案设计与课程开发的能力。

4. 培训内容

本项目共设 3 个模块 7 个训练项目，其中，方向选修模块由参培教师根据自己任教的专业（方向）自主选择其中 1 个项目进行学习，其余模块训练项目为必修内容。具体内容见表 1。

表 1　培训内容

序号	模块	训练项目	培训内容	学时
1	核心能力模块	智能机器人项目产品的开发流程与核心技术	产品需求、设计、开发、测试、发布流程；智能机器人基本原理、关键技术；先进电子产品制造技术在智能机器人产品开发中的应用	20
		交互式智能家居机器人设计制作	产品需求分析，总体设计；开发平台构建；先进电子产品制作平台应用	40
			交互式智能家居机器人运动模块硬件设计制作；交互式智能家居机器人运动模块软件设计	20
			交互式智能家居机器人视觉交互模块硬件设计制作；交互式智能家居机器人视觉交互模块软件设计（图像感知与获取软件设计、图像数据无线传输软件设计、图像变换与增强软件设计、图像背景去除和轮廓提取软件设计、图像分割和运动检测软件设计、图像模式识别——颜色识别软件设计、图像模式识别——形状识别软件设计）；交互式智能家居机器人视觉交互模块整体调试	32
			交互式智能家居机器人听觉交互模块硬件设计制作；交互式智能家居机器人语音识别模块软件设计（语音感知与获取软件设计、语音分析处理与模式识别软件设计、交互式智能家居机器人语音识别与娱乐互动软件设计、交互式智能家居机器人语音识别与家电智能控制软件设计、交互式智能家居机器人语音提醒软件设计、交互式智能家居机器人语音识别与机器人动作控制软件设计）	28

序号	模块	训练项目	培训内容	学时
1	核心能力模块	交互式智能家居机器人设计制作	交互式智能家居机器人触觉交互模块硬件设计制作；交互式智能家居机器人非接触式红外触觉探测软件设计；交互式智能家居机器人非接触式超声波触觉软件设计；交互式智能家居机器人非接触式温度触觉软件设计；交互式智能家居机器人触觉交互模块整体调试	24
			交互式智能家居机器人交互模块整体软硬件调试	12
		企业调研与论坛	企业调研、职业院校师资培训论坛、智能控制技术论坛、人工智能技术论坛、新型工业化论坛、信息化技术论坛	24
2	方向选修模块	基于 WiFi 的远程视频遥控智能机器人设计制作	基于 WiFi 的远程视频遥控智能机器人产品设计方案（产品需求分析、总体设计）	8
			基于 WiFi 的远程视频遥控智能机器人环境感知模块硬件设计制作；基于 WiFi 的远程视频遥控智能机器人环境感知模块软件设计（图像感知与获取软件设计、图像变换与增强软件设计）	24
			基于 WiFi 的远程视频遥控智能机器人无线传输系统硬件设计制作；基于 WiFi 的远程视频遥控智能机器人软件设计（图像数据无线传输软件设计、在线命令的无线传输控制软件设计）	28
			基于 WiFi 的远程视频遥控智能机器人成品整机调试	20
		基于语音交互的智能迎宾机器人设计制作	基于语音交互的智能迎宾机器人产品设计方案（产品需求分析、总体设计）	8
			基于语音交互的智能迎宾机器人环境感知系统硬件设计制作；基于语音交互的智能迎宾机器人非接触式探测系统软件设计	20
			基于语音交互的智能迎宾机器人语音交互模块硬件设计制作；基于语音交互的智能迎宾机器人语音识别模块软件设计（语音感知与获取软件设计、语音分析处理与模式识别软件设计）	32
			基于语音交互的智能迎宾机器人成品整机调试	20
		基于语音交互的智能物联网机器人设计制作	基于语音交互的智能物联网机器人产品设计方案（产品需求分析、总体设计）	8
			基于语音交互的智能物联网机器人无线传感网络硬件设计制作；基于语音交互的智能物联网机器人无线传感网络软件设计	24

续表

序号	模块	训练项目	培训内容	学时
2	方向选修模块	基于语音交互的智能物联网机器人设计制作	基于语音交互的智能物联网机器人语音交互模块硬件设计制作； 基于语音交互的智能物联网机器人语音识别模块软件设计（语音感知与获取软件设计、语音分析处理与模式识别软件设计）	28
			基于语音交互的智能物联网机器人成品整机调试	20
3	教学能力模块	基于系列产品驱动的专业建设模式研究、实践及课程开发	基于系列产品驱动的专业建设模式研究与实践	4
			基于MOOC（慕课）平台的网络在线课程开发	4
			基于"知行合一"理念的创新教材开发	4
			专业人才培养方案设计与撰写	4
			课程标准撰写	4
			优秀项目案例交流会	4
			论文及项目答辩	8
			现场布展与项目展示	4
			培训结业典礼	4

第六节　工业机器人应用技术岗位培训方案

1. 项目背景

目前世界范围内工业机器人保有量最大的三个国家分别是日本、美国和德国，三个国家合计安装机器人占全世界总安装数的50%以上。但中国的机器人市场已成为全球增长最快的市场。2012年，国内机器人安装量已占到当年全球安装量的14.6%。根据国际机器人联合会（IFR）预测，到2015年，中国机器人市场需求总量将达3.5万台，占全球销量比重16.9%，成为世界规模最大的市场。

工业机器人技术属于高新技术，国内目前只有少数高等职业学校开设了工业机器人技术专业，对其课程体系的设计、课程教学资源的开发、课程教学实施方法与手段的研究还处于初级探索阶段。

2. 培训对象

培训对象为高等职业学校工业机器人技术、电气自动化技术、机电一体化技术、汽车制造与装配技术、应用电子技术、电子信息工程技术、机械制造与自动化、焊接技术及自动化、生产过程自动化技术、检测技术及应用、计算机应用技术、软件技术等专业的教研室主任、专业带头人和骨干教师。参训教师应具有一定的电气控制等专业理论，并具有一定的电气系统设计与开发、机械设计与制造等工程实践经验。

3. 培训目标

对接湖南省装备制造、电子信息、汽车、现代物流等产业对工业机器人的高素质技术技能人才需求，与ABB、长泰、中国南车等国际与国内知名企业合作；聘请行业顶尖专家、学者、企业技术人员，学习工业机器人、工业自动化行业应用的发展前沿技术，实施基于项目的现场教学；通过工业机器人Robot Studio 3D集成系统与虚拟仿真技术，ABB工业机器人应用操作，CCD检测、气动与电磁系统集成应用技术，工业机器人典型工程应用案例，工业机器人与自动流水线综合应用技术，以及最新课程开发理论与方法等的学习与实践，使参培老师了解工业机器人应用的发展动态与市场前景，熟悉相关应用技术，初步掌握工业机器人的使用及应用技术。

通过"工业机器人应用技术"项目培训，拓展湖南省高职院校相关专业教研室主任、专业带头人和骨干教师的专业视野，提升其相关科研能力与专业教学水平；为工业机器人技术、电气自动化技术、机电一体化技术、汽车制造与装配技术、应用电子技术、电子信息工程技术、机械制造与自动化、焊接技术及自动化、生产过程自动化技术、检测技术及应用、计算机应用技术、软件技术等专业开设工业机器人技术、工控机技术课程和新设工业机器人技术专业培养师资；促进工业机器人应用技术在湖南职业院校教学实践中的推广，为适应湖南省产业的发展所需的工业机器人应用技术技能人才提供有力支撑。

4. 培训内容

本项目共设3个模块8个训练项目，所有训练项目均为必修内容。具体内容见表1。

表1　培训内容

序号	模块	训练项目	培训内容	学时
1	核心能力模块	注塑机取件机器人工作站3D仿真系统的设计与实现	智能控制技术的工业应用；智能控制技术与应用发展现状、远景；工业机器人工程技术总体介绍；ABB工业机器人操作；Robot Studio 3D设计与仿真	80
		ABB–IRB120实训台组装与测试	ABB–IRB120硬件连接；气动夹具选型与组装；电磁夹具选型与组装；夹具与ABB–IRB120集成；ABB–IRB120实训台组装与测试	32
		基于ABB–IRB120实训台的4种典型应用的设计与实现	ABB机器人的控制逻辑；焊接轨迹；码垛（摆放）；传送带搬运；CNC上下料；多任务组合应用	80
2	应用能力提升模块	电子产品组装与检测自动化线的安装与调试	机器人工作站、精密自动化设备；生产线常用机构的组装与调试；CCD检测及系统集成；工控机技术；鼠标组装与检测线的安装和调试	80
3	教学能力模块	工作任务分析与教学分析	工业机器人应用领域岗位能力分析；工作任务分析；教学分析	8
		课程体系与学习情境设计	工业机器人技术专业课程体系确定；课程设计；学习情境设计	8
		教学方法设计	系统论视野下机器人专业建设	8
		教学设计与实施	课堂教学设计与实施	8

第七节　高职机器人技术应用专业群建设实施方案

按照"对接产业（行业）、工学结合、提升质量，促进职业教育深度融入产业链，有效服务经济社会发展"的职业教育发展思路，结合我院机器人技术专业群的发展实际，为更好地加强本专业群建设，特制订本方案，将其打造成湖南高职教育中的品牌，达到省内领先、国内一流、具有一定国际影响的省级示范性特色专业群，引领和带动省内高职院校相关专业群的建设和发展，为机器人产业培养更多、更好的高素质技术技能型人才。本实施方案编制的主要依据有：

- 教育部《关于全面提高高等职业教育教学质量的若干意见》（教高〔2006〕16 号文）
- 《国务院关于大力推进职业教育改革与发展的决定》
- 《湖南省国民经济和社会发展第十三个五年规划纲要》
- 《湖南信息职业技术学院"十三五"发展规划》

一、建设背景与基础

（一）机器人产业的蓬勃发展需要强有力的人才支撑

我国已成为全球机器人最大消费国，机器人产业迎来黄金发展期。机器人作为"中国制造 2025"十大支柱产业之一，相关专业人才尤其是技术技能型人才需求将出现"井喷"现象。我国目前平均一万名工人中，工业机器人使用量约为 55 个，而我国仅制造业拥有产业工人近 6 000 万，按照这一指标折算，制造业需要的机器人技术专业的人才需求量就达 30 万人。另外，随着国内老龄化现象加剧、劳动力成本上涨、各行各业智能化趋势加强及政策力挺，我国也将成为重要的服务机器人市场。

这既对信息、制造类高职院校人才培养的数量与质量提出了的迫切要求，同时也为机器人技术应用专业群建设提供了强有力的产业支持。

（二）电子工程学院在机器人技术技能人才培养的探索

我校作为湖南信息产业职业教育集团、湖南省电子学会牵头院校以及理事长单位，已经初步形成了与机器人产业链相对接的机器人技术应用专业群。从 2008 年开始，以"机器人感知与控制"为主线，以电子信息工程技术专业为核心，形成了以机器人技术应用综合职业能力培养为核心，以"机器人系列产品"驱动专业建设的才培养方案和课程体系设计。目前，学院从事机器人研究与教学的教师 43 人，拥有以湖南省普通高等学校省级教学名师、电子信息工程省级学科带头人、省级专业带头人、高等学校青年骨干教师为代表，以教授、副教授、高级工程师为主体的湖南省高等职业教育省级教学团队。承担省级以上纵横向（重点）课题（项目）40 多项，获湖南省高等教育省级教学成果奖二等奖 1 项，湖南省科学技术进步奖三等奖 1 项，国际发明专利、国家发明专利、国家实用新型专利、计算机软件著作权等 50 余项，发表论文 200 余篇，出版专著教材 26 本。在中国机器人竞赛暨 ROBOCUP 中国公开赛、全国职业院校技能大赛、全国大学生电子设计比赛、全国电子专业人才设计与技能大赛等比赛中，获全国一、二等奖 200 余人次。学生一次对口就业率在 90% 以上，学院每年可为社会输送机器人技术方面的人才 500 余人，为机器人技术方面的人才需求贡献了自己的力量。

（三）机器人技术应用专业群建设存在的问题

目前机器人技术应用专业群建设与人才培养尚存在以下不足：一是对接产业发展，专业整合与融合不够深入；二是实践基地建设与企业岗位实际需求存在一定差距；三是教师的技术服务能力、科学研究水平、为产业服务的意识、国际化视野与蓬勃的产业发展有一定差距。

因此，针对目前专业群建设存在的问题与不足，机器人技术应用专业群以"问题导向、跨界融合"等建设理念，通过创新体制机制，打造信息平台，优化资源配置，实现共建共享；深化校企合作，实现人才培养模式改革和课程体系创新；提升产业服务能力，实现从"对接产业、服务产业"向"提升产业、引领产业"转变。

二、建设思路与建设目标

（一）建设思路

以"智能信息感知与控制"为主线，以对接和提升长沙机器人产业发展为目标，通过"机器人技术技能人才培养系统化、中职高职贯通体系化、共赢模式构建多元化、以人为本服务终身化、工程实践创新协同化、综合要素融合国际化"等思路与方法，建立与完善"跨界融合，多元培养"的机器人技术应用专业群人才培养模式，"产学研用、协同创新、合作共赢"，形成长远动力机制。

（二）建设目标

通过 3 年的建设，将机器人技术应用专业群打造为"省内领先、国内一流、具有一定国际影响"的示范性特色专业群。具体目标如下：

1. 技术技能培养系统化

（1）形成"机器人技术应用"技术技能人才培养的完整系统、具有示范性的人才培养方案、课程标准、教材与教学资源。

（2）平均每年为机器人产业提供 600 人以上的高素质技能型机器人应用人才。

（3）每年为机器人产业提供员工培训 1 000 人次以上，高峰论坛与技术交流 2 次 400 人次以上。

（4）每年进行机器人科学普及与推广 5 次，惠及 1 000 人次以上。

（5）每年进行"信息智能感知与控制"及相关技能鉴定 500 人次以上。

（6）积极组织和指导学生参加各类机器人与创新创业项目竞赛，在省级以上竞赛中获奖人数不少于 100 人次。

2．中职高职贯通体系化

（1）以电子信息工程技术专业中高职衔接试点湖南省级重点建设项目为突破口，探索中职高职贯通体系，包括：课程体系、人才培养、实践基地建设、师资共建共享等的模式与完整体系，每年试点学生争取达到 5 个班 200 人。

（2）将电子信息工程技术专业的经验与成果运用到工业机器人技术等专业的中高职贯通校级试点，试点学生争取达到 5 个班 200 人。

3．共赢模式构建多元化

（1）以"校企合作、共同育人"等为突破口，通过"校中厂""厂中校""现代学徒制"等形式，定向培养"订单"学生每年不少于 100 人次。

（2）以"技术服务、成果推广、对外培训"等为抓手，年均技术服务与对外培训进账不少于 60 万元。

（3）探索建立"混合所有制"机器人培训学院，形成完善的"混合所有制"培训学院的决策机制、运行机制与发展机制。

4．工程实践创新协同化

（1）建立机器人工程技术协同创新中心，与湖南省电子学会机器人与智能技术专业委员会、长沙市机器人产业创新战略联盟及相关企业进行战略合作，分工合作，共同进行服务机器人、教育机器人等产品研发，形成 3 款具有符合市场需求的机器人，申报国家发明专利 5 项以上。

（2）共同申报湖南省教育厅科学研究项目、湖南省科技计划项目、湖南省自然科学基金项目、湖南省科技成果与推广项目、长沙市科技计划项目等不少于 3 项，科研进账不少于 10 万元。

5．综合要素融合国际化

（1）走"开放式、综合式和系统化"的专业群建设道路，三年建设期内，教师国际培训不少于 15 人次，学生不少于 20 人次。

（2）与德国、韩国等机器人相关高校和企业合作，将国际最有影响力的机器人行业标准、岗位资格认证等融入机器人课程开发与人才培养中，培养国际通用机器人应用人才，并开发相关认证培训标准不少于 1 套。

（3）引进国际知名专家教授到校进行机器人技术与行业应用讲座讲学 3 次以上，惠及1 000 人次以上。

三、重点建设内容

项目一 "五方联动，服务产业"的专业群动态调整机制

"智能信息感知与控制"是电子信息技术的核心，也是机器人控制的关键，以"智能信息感知与控制"为主线构建机器人技术应用专业群。机器人技术应用专业群由五个专业构成：电子信息工程技术、应用电子技术、工业机器人技术、嵌入式技术与应用、无人机应用技术（空中机器人方向）；面向工业机器人、服务机器人、特种机器人三个机器人大

类和应用的地面、空中、水下三个空间，进行服务机器人、教育机器人、工业机器人、水下机器人、无人机的本体设计开发和应用系统集成。

（一）专业群构建思路

机器人技术应用专业群根据专业基础相同、技术领域相近、职业岗位相关、教学资源共享的原则构建。电子信息工程技术、应用电子技术、工业机器人技术、嵌入式技术与应用、智能产品开发（空中机器人方向）这五个专业的相关性见表1。

表1 专业群类各专业情况表

专业名称、职业领域	电子信息工程技术	应用电子技术	工业机器人技术	嵌入式技术与应用	无人机应用技术
专业基础相同	模拟电子技术、数字电子技术、电路仿真与设计技术、C语言编程技术、传感器应用技术				
技术领域相近	传感器应用技术、人机交互技术				
	电子技术 导航与定位技术	电子技术 人机交互技术	人机交互技术 机器视觉 机器人结构设计技术	机器视觉 运动规划与控制技术	机器视觉 运动规划与控制技术、导航与定位技术
职业岗位相关	项目工程师、机器人售前工程师、机器人客户服务工程师				
	电子工程师	电子工程师	电气工程师、机械工程师、机器人调试工程师	机器人调试工程师、电子工程师	机器人调试工程师
教学资源共享	模拟电子技术、数字电子技术、电路仿真与设计技术、C语言编程技术、传感器应用技术				

1. 专业基础相同

依据我院2016级电子信息工程技术、应用电子技术、工业机器人技术、嵌入式技术与应用、智能产品开发（空中机器人方向）人才培养方案，相同课程有：模拟电子技术、数字电子技术、电路仿真与设计技术、C语言编程技术、传感器应用技术等。

2. 技术领域相近

机器人应用技术专业群主要针对服务机器人、教育机器人、工业机器人、水中机器人、无人机（空中机器人方向）五个领域的技术应用及开发，结合其技术共性，涉及的共性技术有电子电路设计与开发、传感器应用技术、人机交互技术、机器视觉、导航与定位技术、运动规划与控制技术、机器人结构设计等。

3. 职业岗位相关

机器人产业是一个复杂的系统工程，需要各方面的人才，如机械、电子、通信、自动化等，与机器人产业相关的专业也比较广泛，非机器人专业向机器人方向发展会比较容易，比如，电子信息过程技术、嵌入式技术与应用、电气自动化等，因为这些专业都将会学习到机器人控制与驱动所必学的专业知识。机器人技术应用专业群主要针对机器人关键零部件研发与生产，机器人本体研发及生产，工业智能生产方案与应用，工业机器人安装、调试及检测维护，机器人销售等多领域人才的培养，为企业提供全面的、"打包式"的立体化人才。

4. 教学资源共享

在专业基础课程中，基于超星慕课平台，完成了单片机应用技术、电路设计与仿真两门网络课程资源的建设，可供专业群内学生线上学习。建设期间将继续加大专业群内其他专业基础课程网络资源建设，实现专业群内相同课程教学资源完全共享。

机器人技术应用专业群毕业生就业岗位及前景见表2。

表2 机器人技术应用专业群毕业生就业岗位及前景

序号	岗位名称	岗位描述	预期月薪/元	备注
1	项目工程师	工厂制造自动化的推行，根据产品的制造工艺流程，结合IE知识，提出自动化的解决方案并组织实施，并进行项目管理、项目规划、项目设计、项目实施、项目进度监控等	8 000～50 000	管理路线
2	电子工程师	机器人底层控制系统设计与开发、人机接口设计与实现等	3 000～20 000	技术路线
3	电气工程师	机器人驱动系统设计与调试、能源系统设计与调试等	3 000～20 000	技术路线
4	机械工程师	工装夹具设计、机器本体机构设计、机械部件安装与调试等	5 000～20 000	技术路线
5	机器人调试工程师	安装、编程、调试、维修工业机器人，自动化线系统维护和保养，机器人工作站安装、调试、维修与运行管理	5 000～20 000	技术路线
6	机器人售前工程师	机器人营销、产品市场需求调研、产品改进与升级方案等	5 000～20 000	技术路线
7	机器人客户服务工程师	机器人售后服务、机器人维护保养、机器人操作应用与培训等	5 000～50 000	销售路线

（二）专业群动态调整

1. 动态调整内容及目的

机器人技术应用专业群的布局和调整以服务产业为目标，通过分析长沙地区机器人产业链应用型人才需求状况的结构，根据产业结构调整态势、区域内产业结构的发展方向、区域内行业发展的重点，结合学院办学实际，及时调整机器人技术应用专业群内专业结构及专业群人才培养方案，构建与该产业发展要求相一致的专业群体系，形成链条式专业群。

2."依托平台、五方联动"专业群动态调整机制

围绕支柱产业、主导产业、优势产业、战略型新兴产业——机器人产业的发展，依托湖南信息产业职业教育集团、湖南省电子学会、长沙市机器人产业创新战略联盟，建立与完善"政府＋行业＋企业＋学校（学校项目组、兄弟院校）＋学生"五方联动的专业动态跟踪与调整机制。成立机器人技术应用专业群建设指导委员会，五方紧密合作，发挥各自强项，建立校企共同开展专业调研、专业培养目标定位、专业课程体系构建、课程开发、基地建设、专业师资团队建设、校企文化融合、人才培养质量评价与监控、学生就业创业指导与服务的制度，全面构建"人才共育、过程共管、责任共担、成果共享"的校企合作长效机制。

任务：深入开展机器人产业行业调研，动态调整专业群结构（表3）

表3 任务内容

任务类型	增强型		负责人	谭立新
任务描述	深入开展机器人产业行业调研，动态调整专业群结构			
现有基础	2012—2014 年电子工程学院完成了电子信息示范特色专业建设，在湖南省重点项目验收中被评为"优秀"，专业建设团队在三年的电子信息示范性特色专业建设工作中积累了大量的专业建设经验			
预期目标	建立完善的专业群动态调整机制、构建符合区域产业发展的机器人技术应用专业群			
建设进度与资金预算	年度	建设内容		预算
	2017	（1）建立和完善由企业专家、行业协会、教师代表、学生代表、第三方评价机构等组成的"机器人技术应用"专业群建设指导委员会。 （2）深入调研全国无人机行业状况、职业发展能力，分析无人机行业的职业岗位需求，在现有智能产品开发（空中机器人方向）基础上，申报无人机应用技术专业。 （3）结合机器人技术应用专业群建设方案，将无人机应用技术专业纳入专业群。 （4）联合长沙市机器人产业创新战略联盟和湖南省电子学会、湖南省机械工程学会等，完成参考价值较高的"2017 湖南省机器人产业年度人才需求报告"		5
	2018	（1）联合长沙市机器人产业创新战略联盟和湖南省电子学会、湖南省机械工程学会，完成参考价值较高的 2018 年长沙市机器人产业发展年度调研报告。深入了解机器人产业发展的新技术、新理论、新方法、新应用领域等，并将成果应用到人才培养方案修订。 （2）完成智能产品开发（空中机器人方向）专业调整。 （3）组织企业专家、行业协会、教师代表、学生代表、第三方评价机构，论证"2018 机器人技术应用专业群调整方案"		5
	2019	（1）结合 2018 年长沙市机器人产业发展年度调研报告，进一步调整专业群课程体系、课程内容和实践基地，优化专业群人才培养方案。 （2）组织企业专家、行业协会、教师代表、学生代表、第三方评价机构，论证机器人技术应用专业群各专业 2019 年人才培养方案		5

续表

任务类型	增强型		负责人	谭立新
验收要点	"机器人技术应用"专业群建设指导委员会工作章程、2017 无人机（空中机器人方向）行业发展报告、2017 机器人技术应用专业群调整方案、2017 湖南省机器人产业年度人才需求报告； 2018 湖南省机器人产业年度人才需求报告、2018 机器人技术应用专业群调整方案、2018 机器人技术应用专业群调整方案论证会议纪要； 机器人技术应用专业群各专业 2019 年人才培养方案、机器人技术应用专业群各专业 2019 年人才培养方案论证会议纪要			

项目二 "跨界融合，多元培养"专业群人才培养模式

任务 1：探索"跨界融合，多元培养"的人才培养模式

围绕机器人产业的发展，依托湖南信息产业职业教育集团、湖南省电子学会、长沙市机器人产业创新战略联盟等平台，"政府、行业、企业、学校（学校项目组、兄弟院校）、学生"五方跨界联动，探索"跨界融合、多元培养"的人才培养模式。重点培养专业群内学生的机器人设计与制作、系统集成、装调改造、运行维护、营销及售后服务等能力，以及培养精益求精的"工匠"精神。

跨界融合主要体现在以下几个方面：

（1）政府——加强政策指导，优化合作环境。各级政府及其相关主管部门的在人才培养和专业建设的过程中要制定好相关制度，做好引导，规范各方行为，优化合作的环境。如：湖南省人民政府办公厅关于转发省经信委等部门《关于深入推进企业与职业院校合作办学的若干意见》的通知（湘政办发〔2012〕45 号）文件；湖南省教育厅组织的湖南省职业院校专业技能抽查。与政府管辖下的园区进行深度合作，"服务园区，引导就业"。

（2）行业——整合各方资源，搭建合作平台。行业学会主要提供行业信息咨询、技术指导，负责实训基地建设方案评估，监督教学计划执行等。充分利用湖南省电子学会、长沙市机器人产业技术创新战略联盟等合作平台和运行机制。

（3）企业——直接参与人才培养和教学实施。负责学生学业顶岗实践、实践技能等考评，吸纳学生就业，反馈毕业生质量，学校、行业专家、企业工程技术人员直接参与电子信息工程技术专业人才培养方案制订、论证，课程标准的制定；专业课程教学改革与组织实施。

（4）学校——开辟多种渠道，拓展合作空间。学校按照高等职业教育的教学规律、学生认知规律，组织各方面专家，根据行业企业的需求和学生终身发展的需求，进行人才培养方案的制订、课程标准的制定、教学计划的制订和实施，培养人才。

（5）学生——变学生"被动学习"为主动学习。将教育的主动权还给学生，"解放学生"，变学生"被动学习"为主动学习。作为学习生产力的主体，把学习和教育的主动权还给学生，才能真正改变教育的现状，就像农业把土地还给农民、工业发展把市场还给企业家一样。

"跨界融合、多元培养"的专业群人才培养模式，以"智能信息感知与控制"为主线，根据长沙市区域机器人发展与成熟度，日前，机器人技术应用专业群群内专业的人才培养模式为：①电子信息工程技术专业的"产品驱动、校企共育"人才培养模式；②应用电子技术专业的"订单培养、现代学徒"人才培养模式；③工业机器人技术专业的"四方联动、跨界培养"人才培养模式；④嵌入式技术与应用专业的"校校合作、研学一体"人才培养模式；⑤无人机应用技术专业的"校企联合，工学交替"人才培养模式。如图1和表4所示。

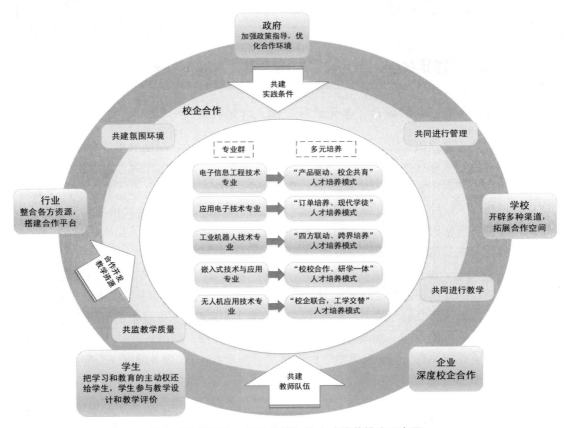

图1 "跨界融合、多元培养"的人才培养模式示意图

表4 "跨界融合、多元培养"的人才培养模式探索与实施

任务类型	创新型	负责人	谭立新
任务描述	"政府＋行业＋企业＋学校（学校项目组、兄弟院校）＋学生"跨界联动，探索"跨界融合、多元培养"的人才培养模式		
现有基础	①机器人应用技术专业群已与长沙国家高新技术产业开发区、长沙雨花经济开发区签订了区校合作协议：共建培训基地、培养高素质机器人技术技能型人才，共建机器人技术智能研究所等，与长沙黄金创业园成功签署创/就业孵化基地合作协议；②学校为湖南省信息产业职教集团、湖南省电子学会理事长单位、长沙市机器人产业技术创新战略联盟的理事单位；③电子信息工程技术专业的"产品驱动、校企共育"人才培养模式已经基本完善		

任务类型	创新型		负责人	谭立新
现有基础	④应用电子技术专业的"订单培养、现代学徒"人才培养模式已基本建立；与深圳市泛海三江电子有限公司、深圳中科鸥鹏智能科技有限公司等公司进行了订单式培养，"订单式"校企共育学生比例达50%； ⑤工业机器人技术专业的"四方联动、跨界培养"人才培养模式已基本建立；与长沙长泰机器人公司、湖南艾博特机器人公司进行深入技术合作； ⑥嵌入式技术与应用专业的"校校合作、研学一体"人才培养模式已基本建立，与北京大学工学院进行了技术研发合作，所研发的水中机器人仿真控制平台在中国机器人大赛中已经使用，同时进行了相关的科研工作及教学应用			
预期目标	探索出"跨界融合、多元培养"的机器人技能培养的具体形式并推广辐射			
建设思路	根据机器人产业年度发展报告动态调整人才培养方案，修订课程结构、课程内容，改进校企合作方式，优化校内外实践基地，明确教学团队所需的新知识、新技术等			
建设进度与经费预算	年度	建设内容		预算
	2017	（1）在智能产品开发（空中机器人）的基础上，修订无人机应用技术专业的"校企联合，工学交替"人才培养模式，撰写人才培养方案； （2）与园区共建培训基地、创新创业孵化基地； （3）专业群内各专业人才培养方案进行全面修订，使其适应产业转型升级及产业链的岗位需求；根据修订后的人才培养方案，各教研室及时修订课程结构、课程内容，优化校内校外实践基地； （4）校企合作不断深化，组织3次以上的企业调研，至少新增1个企业作为校企合作单位； （5）嵌入式技术与应用专业，增强与北京大学的技术研发合作，完善水中机器人的控制平台，申请2个以上的软件著作权，同时，在其他机器人专业领先学校进行调研，每年新增1个学校进行不同层次的校校合作； （6）通过湖南省信息产业职教集团、湖南省电子学会理事长单位、长沙市机器人产业技术创新战略联盟等平台，至少举办1次行业内的"新知识、新技术、新应用"研讨会，至少参加1次长沙市机器人产业技术创新战略联盟举办的学术研讨、新技术应用等活动，明确专业人才培养所需的新技术、新知识		50
	2018	（1）完善无人机应用技术专业的"校企联合，工学交替"人才培养模式，修订人才培养方案； （2）与园区共建机器人技术智能研究所，完善创新创业孵化基地； （3）专业群内各专业人才培养方案进行全面修订，使其适应产业转型升级及产业链的岗位需求；根据修订后的人才培养方案，各教研室及时修订课程结构、课程内容，优化校内校外实践基地； （4）校企合作不断深化，组织4次以上的企业调研，至少新增1个企业作为校企合作单位； （5）嵌入式技术与应用专业，增强与北京大学的技术研发合作，共同申请1个实用新型，同时，在其他机器人专业领先学校进行调研，每年新增1个学校进行不同层次的校校合作； （6）通过湖南省信息产业职教集团、湖南省电子学会理事长单位、长沙市机器人产业技术创新战略联盟等平台，至少举办1次行业内的"新知识、新技术、新应用"研讨会，至少参加1次长沙市机器人产业技术创新战略联盟举办的学术研讨、新技术应用等活动，明确专业人才培养所需的新技术、新知识		60

续表

任务类型	创新型		负责人	谭立新
建设进度与经费预算	年度	建设内容		预算
	2019	（1）新增一个区校合作园区，签订合作协议，同时，完善在园区已经创建的培训基地、机器人技术智能研究所、创新创业孵化基地； （2）专业群内各专业人才培养方案进行全面修订，使其适应产业转型升级及产业链的岗位需求；根据修订后的人才培养方案，各教研室及时修订课程结构、课程内容，优化校内校外实践基地； （3）校企合作不断深化，每年专业群都要组织 4 次以上的企业调研，至少新增 2 个企业作为校企合作单位； （4）嵌入式技术与应用专业，增强与北京大学的技术研发合作，共同进行水中机器人新技术的产品的设计与开发，申请 1 个省级课题；与已有合作学校进行深层次的技术合作；同时，在其他机器人专业领先学校进行调研，每年新增 1 个学校进行不同层次的校校合作； （5）通过湖南省信息产业职教集团、湖南省电子学会理事长单位、长沙市机器人产业技术创新战略联盟等平台，至少举办 1 次行业内的"新知识、新技术、新应用"研讨会，至少参加 1 次长沙市机器人产业技术创新战略联盟举办的学术研讨、新技术应用等活动，明确专业人才培养所需新技术、新知识		40
验收要点	①专业群五个专业的人才培养方案；②园区与学校专业合作协议；③校企合作协议；④技术成果：新产品、软件著作权、实用新型专利、省级项目；⑤园区与学校共建的培训基地、孵化基地、研究所等			

任务 2：营造以"工匠精神"为核心的职业理念

"工匠精神"是追求极致的精神，其核心是对职业敬畏、对工作执着、对产品负责的态度，极度注重细节，不断追求完美和极致。"工匠精神"在机器人技术专业应用专业群人才培养中的体现主要在：贵在精益求精，更注重细节的呈现；贯彻质量工程、精英生产等理念，规范操作等职业素养；注重培养学生对机器人行业的热爱，对工作执着，对自己所参与制作的产品负责，将更多精力、热情投入机器人技术领域中，见表 5。

表 5　任务内容

任务类型	创新型	负责人	陈鹏慧
任务描述	目前大多数人只是把工作当作赚钱的工具，缺乏对工作的热情，不诚实守信，没有耐心；通过该任务的实施来培养学生职业敬畏、对工作执着、对产品负责的态度，极度注重细节，不断追求完美和极致的职业理念		
现有基础	已有大学生素质教育、思想道德修养与法律基础、人文素养等相关课程教学		
预期目标	建立行之有效的以"工匠精神"为核心的机器人技术应用专业群职业培养体系理念		

任务类型		创新型		负责人	陈鹏慧	
	年度	建设内容				预算
建设进度与经费预算	2017	①以"工匠精神"为核心的机器人技术应用专业群职业道德培养调研； ②将"工匠精神"理念贯彻到学生日常管理、专业理论学习及专业技能训练等课程； ③完善大学生职业素养测评系统，制订并实施以"工匠精神"的职业道德培养方案； ④每年进行一次以"工匠精神"为核心的职业素养学生调查问卷，并实时反馈于职业道德培养体系； ⑤每年举办一次以"工匠精神"的技能操作与机器人设计和制作的技能比武				8
	2018	①邀请1~2位企业专家、优秀毕业生宣讲，营造以"工匠精神"为核心的专业群职业理念； ②将"工匠精神"理念贯彻到学生日常管理、专业理论学习及专业技能训练等课程； ③积极开展学生社团活动、学生技能竞赛、创新创业大赛、社会调查、社会实践、顶岗实习等实践体验活动，通过学做结合、知行合一来提升学生职业素养； ④完善大学生职业素养测评系统，修订并落实以"工匠精神"为核心的职业道德培养方案； ⑤每年进行一次以"工匠精神"的职业素养学生调查问卷，并实时反馈于职业道德培养体系； ⑥每年举办一次以"工匠精神"的技能操作与机器人设计和制作的技能比武				10
	2019	①邀请1~2位企业专家、优秀毕业生宣讲，营造以"工匠精神"为核心的专业群职业理念； ②将"工匠精神"理念贯彻到学生日常管理、专业理论学习及专业技能训练等课程； ③积极开展学生社团活动、学生技能竞赛、创新创业大赛、社会调查、社会实践、顶岗实习等实践体验活动，通过学做结合、知行合一来提升学生职业素养； ④完善大学生职业素养测评系统，修订并落实以"工匠精神"为核心的职业道德培养方案； ⑤每年进行一次以"工匠精神"的职业素养学生调查问卷，并实时反馈于职业道德培养体系				10
验收要点	①专业对口就业率、用人单位评价及相关媒体报道；②调查问卷；③职业道德培养调研报告；④学生社团活动、学生技能竞赛、创新创业大赛、社会调查、社会实践、顶岗实习等实践体验活动资料等					

项目三 优化"技术主线、资源共享"的专业群课程体系

任务 1：建设"基础相通、资源共享"的课程体系

根据专业基础相同、技术领域相近、职业岗位相关、教学资源共享原则，不断优化"基础相通、资源共享"的三大平台（通用平台、特色平台、拓展平台）、六个模块（人文素质模块、专业基础模块、专业通用技能模块、专业岗位技能模块、专业互选模块、专业实践模块）、涵盖五个专业的专业群课程体系。以机器人行业需求为导向，以"智能信息感知与控制"为主线，按照机器人技术应用领域专业基础相同原则，建设专业群共享人文素质课程与专业基础课程；按照技术领域相近原则，开发专业技能课程；群内各专业根据专业岗位技术技能需求，建设专业岗位课程；按照职业迁移相通原则，瞄准机器人技术应用领域新技术、新产品、新标准，遴选专业群互选课程与专业实践课程。

专业群共享课程体系如图2所示，专业群课程体系构建见表6。

表 6 专业群课程体系构建

任务类型	创新型		负责人	张平华
任务描述	根据专业基础相通、技术领域相近、职业岗位相关、教学资源共享原则，不断优化"基础相通、资源共享"的专业群课程体系			
现有基础	群内主体专业提出并实现了"基于目标模式的任务分解型课程体系与课程标准设计方法"。以职业能力培养为核心，以"机器人系列产品"设计制作的相关技术应用为主线，采用"基于目标模式的任务分解方法"，分解设计、制作、调试与维护各工序，分析各工序所需技术和专业知识，重构基于实践项目和案例实践体系的课程体系与课程标准			
预期目标	构建完备的"基础相通、资源共享"三大平台、六个模块、涵盖五个专业的专业群课程体系，建立成熟的教学内容动态调整机制			
建设进度与资金预算	年度	建设内容		预算
	2017	深入调研机器人行业岗位能力、职业发展能力，分析机器人行业的职业岗位需求，与一线企业合作，寻求专业群内五个专业的共性与特性，论证专业群课程体系框架，初步确定专业群通用课程、技能课程、岗位课程、互选课程与实践课程		5
	2018	将课程体系落实到专业群内5个专业人才培养方案中，制订课程建设规划，探索教学内容动态反馈机制的建立途径		5
	2019	在专业教学中不断完善课程体系，建立成熟的专业群课程体系和完善的教学内容动态调整机制		5
验收要点	①专业群课程体系结构；②论证会会议纪要；③专业群内各专业培养方案			

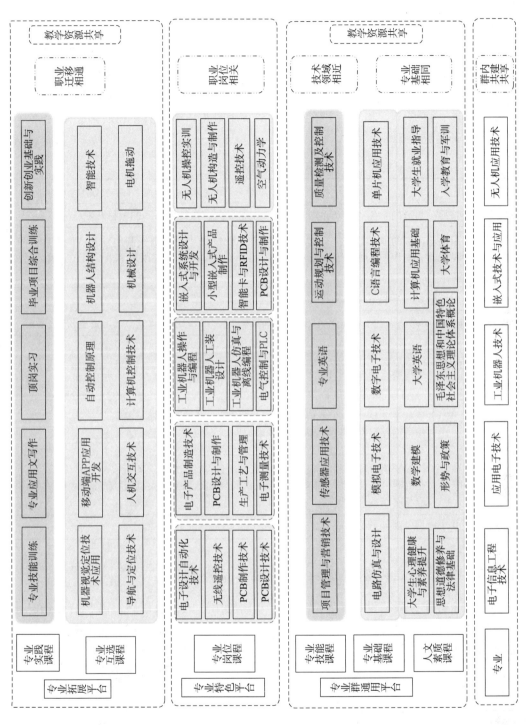

图2 专业群共享课程体系图

任务2：开发"项目导向、知行合一"的专业群教材

按照项目导向、任务驱动原则，开发专业群内课程教材。将科学知识和实践技能的获取贯穿到典型工程案例的制作或构建过程中；典型工程案例的实践过程按照"任务驱动"的模式组织，通过"实践→归纳→推理→再实践"这一螺旋式上升的方法获取系统的科学知识和实践技能，将"知"和"行"交替贯穿到训练过程，不断引导和强化"知行合一"的能力。教材开发见表7。

表7 教材开发

任务类型	增强型		负责人	蔡琼
任务描述	按照项目导向、任务驱动原则，进行"项目导向、知行合一"的教材开发			
现有基础	目前已出版的"知行合一"教材有《基于ARM9的小型机器人制作》《AVR单片机与小型机器人制作》《现代传感技术及其应用》《单片机技术应用》和《电子产品制造技术》等8本			
预期目标	继续开发"项目导向、知行合一"的教材8本			
建设进度与资金预算	年度	建设内容		资金预算/万元
	2017年	基于项目导向的《电子设计自动化技术》《工业机器人仿真与离线编程》《工业机器人入门》"知行合一"教材开发		3
	2018年	基于项目导向的《工业机器人工装设计》《工业机器人操作与编程》《工业机器人视觉技术》"知行合一"教材开发		3
	2019年	基于项目导向的《工业机器人工程项目设计与应用》《工业机器人安装调试与维护》《无人机操控实训》《无人机构造与制作》"知行合一"教材开发		4
验收要点	基于项目导向的"知行合一"教材			

任务3：打造"校企共建、优质共享"的立体教学资源

按照"校企合作、系统设计、资源共享、开放应用"的建设思路，以"智能信息感知与控制"为主线，以素材资源建设为核心，充分利用信息技术和超星MOOC平台建立专业群教学资源平台，完成专业教学资源库的建设，建成具有特色鲜明、信息海量、设计科学、使用便捷的大型开放式数字化专业教学资源库。慕课资源建设见表8。

表8 慕课资源建设

任务类型	开发型	负责人	雷道仲
任务描述	按照"校企合作、系统设计、资源共享、开放应用"的建设思路，建成具有特色鲜明、信息海量、设计科学、使用便捷的大型开放式数字化专业教学资源库		
现有基础	已开发单片机应用技术、电路仿真与设计、PCB设计技术三门慕课		

任务类型	开发型		负责人	雷道仲
预期目标	根据教学资源共享原则，充分利用信息技术和超星 MOOCS 平台建立专业群教学资源平台，推进数字化教学资源建设，建成 1 个国家教学资源库、5 门专业共享的优质通用课程 MOOCS 资源，5 个专业各建成 2 门体现本专业特色的优质核心课程 MOOCS 资源			
建设进度与资金预算	年度	建设内容		预算
	2017	（1）开发基于 MOOCS 平台的专业群通用课程 2 门：C 语言程序设计、传感器技术应用； （2）开发基于 MOOCS 平台的专业岗位课程 3 门：电子产品制造技术（SMT）、PCB 制作技术、嵌入式系统设计与开发		15
	2018	（1）与天津现代职业技术学院共同开发无人机应用技术专业国家教学资源库（无人机构造与制作、无人机操控实训等）； （2）开发基于 MOOCS 平台的专业岗位课程 3 门：电子设计自动化技术、电子产品制造技术、小型嵌入式产品制作		39
	2019	（1）开发基于 MOOCS 平台的专业群通用课程 1 门：智能检测及控制技术； （2）开发基于 MOOCS 平台的专业岗位课程 3 门：电气控制与 PLC、工业机器人仿真与离线编程、遥控技术		15
验收要点	数字资源库			

任务 4：建设"对接岗位、突出技能"的课程标准

以"智能信息感知与控制"为主线构建机器人技术应用专业群，群内五个专业面向工业机器人、服务机器人、特种机器人三个机器人大类，涵盖地面、空中、水下三个空间，分别依据服务机器人、教育机器人、工业机器人、水下机器人、无人机的本体设计开发或应用系统集成设计专业人才培养方案与课程标准。专业群课程标准建设见表 9。

表 9 专业群课程标准建设

任务类型	增强型	负责人	孙小进
任务描述	以机器人系列产品应用为主线，设计完成专业群内各专业人才培养方案和课程标准		
现有基础	群内主体专业课程标准的设计方法：按照实际的项目或任务完成时的操作过程进行逐层的任务分解，以此构成有任务分解逻辑关系的实践系统，在此基础上，确定完成每个最底层的子项目或子任务需要的知识。这种设计保证了实践内容的系统性和完整性，而知识是根据最底层的子项目或子任务的需要确定的，它可能是不完整的或不系统的		
预期目标	以"智能信息感知与控制"为主线，群内五个专业分别依据服务机器人、教育机器人、工业机器人、水下机器人、无人机的本体设计开发或应用系统集成设计专业人才培养方案，以及开发对应课程的课程标准		

任务类型	增强型			负责人	孙小进	
建设进度与资金预算	年度	建设内容				预算
	2017	（1）与湖南科瑞特智能科技公司、深圳固高长沙智能研究院合作开发机器人通用感知与运动控制模块 5 块（含语音控制、红外控制、超声波控制、小型机器人电机驱动模块及小型机器人控制主板）；以服务机器人智能信息感知和控制技术开发与设计制作为主线，设计完成电子信息工程技术专业人才培养方案和课程标准； （2）与湖南创乐博智能科技有限公司、深圳中科鸥鹏智能科技有限公司合作，以现有教育机器人和已开发的相关模块为基础，设计、完善教育机器人系列产品；以教育机器人系列产品应用为主线，设计完成应用电子技术专业人才培养方案和课程标准				6
	2018	（1）与长沙长泰机器人公司、湖南艾博特机器人公司进行深入技术合作，以满足消费类电子企业生产与装配的功能需求为目标，做好典型电子产品（如：可穿戴式设备）机器人生产装配线的系统集成与应用；以可穿戴设备生产装配的机器人自动化线建设与应用为主线，设计完成工业机器人技术专业人才培养方案与课程标准； （2）与北京大学合作，以现有水中机器人和已开发的相关模块为基础，以满足科研教育功能需求为目标，设计、完善水中机器人系列产品；以水中机器人系列产品设计制作为主线，设计完成嵌入式技术与应用专业人才培养方案和课程标准				6
	2019	与湖南基石信息技术有限公司、北京中航鼎盛创新科技有限公司进行深入技术合作，以空中机器人系列产品应用为主线，设计完成无人机应用技术专业人才培养方案与课程标准				3
验收要点	①专业培养方案；②课程标准					

项目四　建立"院士领衔、发展导向"的教学团队成长机制

以"海陆空"机器人技术设计开发、系统集成等工程实践项目为载体，通过科研、教研、课程、创业创新、协会、教学活动进行紧密融合，组建团队，引导团队教师紧密合作。按专业群人才培养目标的规格及专业发展规模的需要配置教师队伍，通过引进、外聘、培养等形式和途径，优化专业群团队结构，提升专业团队素质和水平，通过专项支持和协同攻关项目，提升教学团队"海陆空"机器人"产学研用"的能力，形成行业影响力。通过"院士领衔、发展导向"的成长机制，打造一支"名师引领、骨干支撑、知行合一、国际视野"的创新型、成长型的专业群团队。

任务 1：实施"青蓝工程"，全面提升教学团队的综合能力

（1）聘请中南大学智能控制教授桂卫华院士为机器人技术应用专业群领衔人，全面提升教学团队的科研能力。主要职责：①"多传感与信息融合、导航与定位技术、高速实时信息传输与控制"等机器人共性与关键技术指导和攻关；②湖南省自然科学基金项目申报

指导；③高质量论文撰写指导等。

（2）建立专业群企业大师工作室，聘请企业专家进校园，全面提升教学团队的实践能力与技术服务能力。主要职责：①指导教师团队研发具有一定市场价值的机器人系列产品，并协助教学团队解决产品稳定性、可靠性等一系列设计与产业化难题。②形成3款具有符合市场需求的机器人，申报3项以上国家发明专利，公开发表核心论文3篇。③指导申报湖南省教育厅科学研究项目、湖南省科技计划项目、湖南省科技成果与推广项目、长沙市科技计划项目等不少于3项，科研进账不少于10万元。④建设人才培养方案与课程标准实践体系。

（3）建设专业群教学名师工作室，在现有1名省级教学名师的基础上，培养校内教学名师7人。主要职责：①指导教学团队教育教学能力的提升；②指导湖南省职业院校教育教学改革研究项目申报；③湖南省教育科学"十三五规划"课题的申报；④高质量教育教学论文撰写；⑤师德师风建设的表率作用；⑥学生技能竞赛指导等。通过引进名师或选送攻读硕博士、芙蓉学者、国内外访学、行业挂职、承接相关课题项目等方式，培养教师名师来提升引领机器人团队教育教学能力。团队培养骨干教师20人次，指导学生参加各类机器人与创新创业项目竞赛，在省级以上竞赛中获奖100人次。

（4）培养具有国际视野的机器人技术应用专业群教学团队。教学团队加强对外交流与学术合作，建立与国际交流和合作的窗口，三年内团队教师累计参加国际交流与合作不少于15人次；与德国GRG工业集团、韩国先进科学技术院等公司进行学术交流与技术合作、为专业群教学团队引进机器人技术的"新知识、新技术、新应用"，拓展教师团队知识结构，培养国际通用机器人技术应用人才；三年内累计邀请国际知名的机器人技术专家进行机器人技术与行业应用相关的讲座3次以上。

全面提升教师教学团队的综合能力，见表10。

表10　全面提升教师教学团队的综合能力

任务类型	增强型		负责人	谭立新
任务描述	全面提升教师教学团队的综合能力			
现有基础	三个创新创业工作室（智能控制、智能仿真、智能玩具创新创业工作室） 名师团队（省级教学名师1名，湖南省教学成果二等奖1项，科技进步奖2项，调研活动优秀报告3等奖，开展国际交流3人次） 湖南省"乐易考杯"创新创业大赛获奖团队			
大师名单、单位及研究领域	桂卫华院士　中南大学　工业自动化 李仁总经理　湖南湘瑞智能机器有限公司　迎宾机器人 黄钊雄总工　长沙长泰机器人　工业机器人系统集成 范瑞峰总经理　深圳乐智机器人　水中机器人 秦志强总经理　中科欧鹏科技有限公司　教育机器人 张长隆技术执行官　湖南基石信息技术有限公司　无人机			

任务类型	增强型		负责人	谭立新
名师名单及研究方向	（1）谭立新，教授，工学硕士，省级教学名师、省级学科带头人，硕士生导师，机器人智能系统设计 （2）李刚成，副教授，研究生，感知运动控制 （3）张平华，副教授，研究生，通信系统与信号处理 （4）朱运航，教授，研究生，工业机器人系统集成 （5）蔡琼，副教授，研究生，信号处理及上位机控制编程 （6）孙小进，高级实验师，研究生，通信系统 （7）雷道仲，副教授，研究生，智能控制 （8）罗坚，工程师，工学博士，步态识别			
青年骨干教师培养名单	张卫兵、陈鹏慧、熊英、石英春、刘锰、李宇峰、曹璐云、张颖、肖成、申丹丹、阳领、谭启明、杨文、2017—2019 年新进人员（预计 6 人）			
对外交流单位	德国 GRG 工业集团、韩国先进科学技术院等			
预期目标	实施"青蓝工程"，全面提升教师教学团队的综合能力。 （1）大师团队指导创新创业团队进行服务机器人、教育机器人等产品研发，形成 3 款具有符合市场需求的机器人，申报 3 项以上国家发明专利，公开发表核心论文 3 篇。科研项目不少于 3 项，科研进账不少于 10 万元。大师作讲座不少于 3 次。 （2）名师团队打造骨干教师 20 人次，指导学生参加各类机器人与创新创业项目竞赛，在省级以上竞赛中获奖 100 人次，创新创业团队负责与国外 3 家单位建立长期合作、交流机制。 （3）团队国际培训交流不少于 15 人次			

	年度	建设内容	预算
建设进度与经费预算	2017	（1）在桂卫华院士指导下解决机器人产品设计的关键技术结构设计技术、材料力学（躯干）、驱动系统设计技术（手脚）、模式识别、人工智能和控制策略（大脑）、传感器系统设计技术（感官）、能源系统设计技术（动力）、通信系统设计技术（语言）。 （2）大师团队指导研发 1 款产品，申报 1 项以上国家发明专利，公开发表核心论文 1 篇，科研项目不少于 1 项，科研进账不少于 3 万元。 （3）完成"海陆空"名师团队的初期建设。名师团队公开发表教改论文 3 篇；实施"青蓝工程"一对一帮扶方案，培养骨干教师 6 人次，指导学生参加各类机器人与创新创业项目竞赛，在省级以上竞赛中获奖 30 人次。 （4）大师团队构建方案、名师建设标准与方案。 （5）以机器人应用技术为主题的专题大师讲座 1 次。 （6）与德国 GRG 工业集团开展国际交流 3 人次	23
	2018	（1）在院士指导下完成机器人系统构建与关键技术的攻关。 （2）大师团队指导研发 1 款产品，申报 1 项以上国家发明专利，公开发表核心论文 1 篇，科研项目不少于 1 项，科研进账不少于 3 万元。 （3）完成"海陆空"名师团队的中期建设。名师团队公开发表教改论文 3 篇；实施"青蓝工程"一对一帮扶方案，培养骨干教师 6 人次，指导学生参加各类机器人与创新创业项目竞赛，在省级以上竞赛中获奖 30 人次。 （4）以机器人应用技术为主题的专题大师讲座 1 次。 （5）与德国 GRG 工业集团等单位开展国际交流 3 人次	18

任务类型	增强型			负责人	谭立新	
建设进度与经费预算	年度	建设内容				预算
	2019	（1）大师团队指导研发 1 款产品，申报 1 项以上国家发明专利，公开发表核心论文 1 篇，科研项目不少于 1 项，科研进账不少于 3 万元。 （2）完成"海陆空"名师团队的中期建设。名师团队公开发表教改论文 3 篇；实施"青蓝工程"一对一帮扶方案，培养骨干教师 8 人次，指导学生参加各类机器人与创新创业项目竞赛，在省级以上竞赛中获奖 40 人次。 （3）以机器人应用技术为主题的专题大师讲座 1 次。 （4）与韩国先进科学技术院等单位开展国际交流 4 人次				18
验收要点	名师大师遴选与培养计划；聘请合同；成果资料；"青蓝工程"帮扶方案、名单；获奖证书；邀请函及护照					

任务 2：以教学资源开发为重点，全面提升教学团队的信息化能力

信息化能力主要指信息系统开发与管理能力、信息组织与检索能力、信息分析与服务能力、信息资源开发与利用能力等。对高职教师而言，信息化能力具体是：①运用信息技术手段优化教学过程；②开展信息技术与课程整合教学改革研究；③关注新技术发展并尝试将新技术应用于教学；④能开发信息化教学资源，利用教学资源；⑤对教学效果与效率进行评价和反思等五个方面。

机器人技术应用专业群拟通过教学团队的教育信息化竞赛（国家、省、学校和电子工程学院）、MOOCS 平台的机器人技术应用专业课程的开发、无人机应用技术专业国家教学资源库的开发等途径，实现教学团队信息化教学能力的全面提升。

教学能力信息化能力的提升见表 11。

表 11 教学能力信息化能力的提升

任务类型	增强型			负责人	谭立新	
任务描述	提升信息技术与职业教育课程教学深度融合，促进教师教学综合能力的提高					
现有基础	已有 2 门课的数字化 MOOCS 教学资源；开展国际交流 1 人次；公开发表论文 30 余篇					
预期目标	以无人机国家教学资源库建设为契机，建设无人机应用技术专业 2 门核心课程慕课网络资源，每学期开展教育教学信息化大赛 1 次，公开发表教改论文 3 篇					
青年骨干教师名单	张卫兵、陈鹏慧、熊英、石英春、龙凯、刘锰、李宇峰、曹璐云、张颖、肖成、申丹丹、阳领、谭启明、杨文、2017—2019 年新进人员 6 人					
建设进度与经费预算	年度	建设内容				预算
	2017	（1）举办 2 次信息化教学比武； （2）发表教育教学信息化主题教改论文 1 篇； （3）指导学生参加"互联网＋"等竞赛获奖 10 人次				3

续表

任务类型		增强型		负责人	谭立新	
建设进度与经费预算	年度		建设内容			预算
	2018	（1）开发无人机应用技术专业1门核心课程网络教学资源； （2）举办2次信息化教学比武； （3）撰写以教育教学信息化为主题的教改论文1篇； （4）指导学生参加相关竞赛获奖10人次				4
	2019	（1）开发无人机应用技术专业1门核心课程网络教学资源； （2）举办2次信息化教学比武； （3）撰写以教育教学信息化为主题的教改论文1篇； （4）指导学生参加相关竞赛获奖10人次				5
验收要点	信息化大赛工作计划与总结；教学资源网站；成果资料					

任务3：实施教学团队师德师风的"四个一"提升工程

打造一个品牌工程：开展"青蓝工程"，以名师带新师，以老教师帮扶新教师；举办一个讲堂：开展"名师讲堂"，切实提高教师的师德师风水平；组织一个主题活动：每年定期组织开展以师德师风为主题的教育实践活动，积极开展"上好每一堂课""带好每一个学生"主题活动，以提升教师师德师风水准；树一个典型：评选"师德师风"标兵，并举办模范典型人物的报告会、座谈会等活动，在学校积极营造崇尚良好师德师风的舆论和环境。

"四个一"的教师师德师风的提升工程见表12。

表12 "四个一"的教师师德师风的提升工程

任务类型		增强型		负责人	谭立新	
任务描述	"四个一"的教师师德师风的提升工程					
现有基础	名师讲堂；主题活动					
预期目标	打造一个品牌工程，每年举办一个讲堂、组织一个主题活动、树一个典型					
建设进度与经费预算	年度		建设内容			预算
	2017	（1）"青蓝工程"一对一帮扶方案； （2）积极开展2次"上好每一堂课""带好每一个学生"主题活动； （3）名师讲堂作2次讲座				2
	2018	（1）"青蓝工程"一对一帮扶方案； （2）积极开展2次"上好每一堂课""带好每一个学生"主题活动； （3）名师讲堂作2次讲座； （4）树1个师德师风典型				3
	2019	（1）"青蓝工程"一对一帮扶方案； （2）积极开展2次"上好每一堂课""带好每一个学生"主题活动； （3）名师讲堂2次讲座； （4）树1个师德师风典型				3
验收要点	名师讲堂课件；主题活动策划方案；师德师风典型事迹材料；"青蓝工程"帮扶总结					

项目五 "四位一体，合作共赢"的实践基地建设

任务1：完善专业群公共实践基地建设，构建共享实践教学体系

通过新建与升级机器人技术应用专业群共享实践教学基地，使基地能满足机器人在设计过程中对电子、传感器、软件编程与控制、人工智能等众多先进技术教学实践需求，以机器人产品的构思、设计、制作、生产、服务等从无到有的五个阶段的"共性技术"为主线，建设与理论教学相互配合和支撑的开放式、共享性的校内实践教学基地。见表13。

表13 任务内容

任务类型	增强型		负责人	黄秀亮
任务描述	实现"四位一体，合作多赢"校内外实践教学基地建设，构建机器人技术应用专业群科学、合理的实践教学体系			
现有基础	基地为机器人技术应用专业群已建21个实验实训室			
预期目标	整合实训室配置及功能，建立与完善机器人技术应用专业群实践项目共享机制，升级3个实验实训室，形成稳定、高效的专业群实践教学体系			
建设进度与资金预算	年度	建设内容		预算
	2017	升级先进焊接工艺中心，新增高速贴片机、AOI光学检测仪、全自动锡膏印刷机、八温区回流焊机各一台，完善机器人控制电路制作的岗位设置		160
	2018	1. 升级传感与物联网技术中心，新增机器人视觉、步态识别等系统，满足专业群学生进行机器视觉与步态识别等项目的实验实训； 2. 升级印制电路板制作中心，新增线路板激光雕刻机、线路板飞针测试机，完善PCB制作产品线，满足学生进行机器人控制电路板制作的实训		200
	2019	1. 召开行业企业人员参加的讨论会，总结专业群实践基地建设的合理性； 2. 完善实践教学管理制度，落实实践教学体系运行情况		10
验收要点	1. 专业群实践基地建设情况；2. 专业群实践教学项目；3. 实验实训管理制度			

任务2：加大岗位能力实践中心建设，构建专业性实践教学体系

通过"校中厂，厂中校"模式，新建与升级机器人技术应用专业群岗位能力实践教学基地，将真实的机器人应用技术实训的设施设备、岗位流程、技术规范、职业能力等全部涵盖在内，以满足教育机机器人、服务机器人、水下机器人、无人机的设计开发、装配调试、生产应用及工业机器人的系统集成。同时，在保障教学功能的前提下，拓展基地的生产功能、科研功能、培训功能和示范功能，开启"五能一体"的校企合作新模式，形成专业群岗位实践能力的实践教学基地。见表14。

表 14   任务内容

任务类型	开发型		负责人	黄秀亮
任务描述	建立校企合作的实习实训基地，以满足专业群内各专业开展机器人设计、制作、调试、维护与营销等技能实践需要			
现有基础	现有 16 个校外实践基地			
预期目标	新建与升级 4 实验实训室、2 个专业群校内工厂、8 个专业群校外示范实训基地。满足专业群内各专业学生开展顶岗实习和职业道德教育，以及培训骨干教师专业实践能力			
建设进度与资金预算	年度	建设内容		预算
	2017	1. 制订并论证校企合作的方案； 2. 遴选 2 家有代表性的机器人公司作为专业群校外实习实训基地并签订协议，完善专业群岗位能力实践中心的建设； 3. 升级机器人工程技术中心，在原有基础教学区、技能训练区的基础上，新增柔性制造展示区、电子产业智慧工厂展示区，新进 4 套工业机器人设备、新开发工业机器人离线编程仿真教学软件； 4. 新建无人机实验实训室 1 个，满足专业群学生进行装配、操控与功能二次开发实训的需求； 5. 承担省本级"中国制造 2025"新技术培训项目 1 个		300
	2018	1. 新建水中机器人实验室、服务机器人实验室各 1 个，满足专业群学生进行水中机器人与服务机器人的装配、操控与功能二次开发实训的需求； 2. 建立 1 家从事教育机器人、迎宾机器人、水中机器人与无人机研发生产的校内工厂； 3. 遴选 3 家有代表性的机器人公司作为专业群校外实习实训基地并签订协议，以满足专业群内学生进行相关机器人研发、生产、维护、调试等岗位的实训； 4. 承担省本级培训项目 1 个		180
	2019	1. 建立 1 家从事工业机器人系统集成的校内工厂； 2. 遴选 3 家有代表性的机器人公司作为专业群校外实习实训基地并签订协议，以满足专业群内学生进行相关机器人研发、生产、维护、调试等岗位的实训； 3. 承担省本级培训项目 1 个		80
验收要点	1. 校企合作协议书；2. 学生顶岗实习安排；3. 师资培训材料；4. 校内外一体化实训项目			

任务 3：建立创新创业中心，构建创新性实践教学体系

通过建设与提升机器人应用技术专业群创新性实践教学基地，开展机器人应用技术创新创业教育，以项目组、创客合作形式，培养学生创新创业精神和实践能力。依托中心，为学生在机器人应用技术上的创新发展、技术交流、对外合作、展示风采等提供重要途径，同时，通过多种渠道承接、邀请在校学生和社区居民展示基地建设成果，扩大基地的辐射半径，为本区域甚至省内外其他学校机器人活动开展提供经验，形成创新性实践教学体系。见表 15。

表 15 任务内容

任务类型	增强型		负责人	李雪东
任务描述	转变项目组职能，引导学生创新创业，以提升学生的社会责任感、创新精神、创新意识和创新能力			
现有基础	围绕机器人技术应用专业群已建立智能控制、智能仿真、智能玩具 3 个项目组，与 2 个创客空间建立合作关系			
预期目标	提升项目组机器人相关技术研发及创新能力；遴选 3 家机器人创客进行深度合作；引进 1 个孵化器，建立校内学生的孵化基地，助推大学生的创新创业工作；建成机器人科普教育与展示中心			
建设进度与资金预算	**年度**	**建设内容**		**预算**
	2017	1. 基地原有三个项目组在机器人研发的功能上，增加引导学生创业的职能，承接企业研发项目 3 个。 2. 建成创新创业作品展示中心，邀请 2 所中小学学生，500 人以上参观中心作品展并进行机器人科普教育		40
	2018	1. 通过市场调研，遴选 2～3 家机器人创客进行深度合作。 2. 邀请 2 所中小学学生 500 人以上参观中心作品展并进行机器人科普教育		30
	2019	1. 引进 1 个孵化器，对学生优秀作品进行市场推广。 2. 邀请学校所在社区居民 100 人以上参观中心作品展并进行机器人科普教育		20
验收要点	1. 创客空间合作协议；2. 项目开发协议；3. 科普教育安排表及相关资料			

项目六 "对接产业、服务区域"的集成化社会服务能力

拓展"对接产业、服务区域"集成化社会服务能力，深化校企合作，提高学生专业技能与职业素养，为机器人行业提供信息化和新型工业化的高端技能人才。开放专业教学资源，办好品牌培训项目，面向行业企业和社会开展高质量的职业培训。利用专业优势资源，建成面向社会的职业技能鉴定中心，提供高技能职业技能鉴定。加强技术开发服务，积极申报自主知识产权，为机器人行业提供技术开发、技术应用与成果推广。

任务 1：行业培训与技能鉴定

依托应用电子技术省级重点实习实训基地、机器人师资培训基地，面向电子、机器人、智能化生产等领域，针对智能控制技术、工业机器人、无人机应用技术等业内新技术、新规范、新流程采取校企合作，联合办班组织各类行业培训和技能鉴定。行业培训与技能鉴定服务见表 16。

表 16　行业培训与技能鉴定服务

任务类型	功能型		负责人	谭立新
任务描述	依托学院应用电子技术实习实训师培基地、机器人师资培训基地，继续承担机器人业务培训、继续教育、技能鉴定等任务。针对社会服务领域拓展、社会服务转型升级和技术创新的需要，与行业企业合作开发新的培训项目			
现有基础	近年来，已经累计承担了高职机器人与智能技术、工业机器人应用技术、电信息工程技术企业顶岗等 5 个省级师资培训项目，累计培训全国中高职骨干教师近 200 人；先后组织了计算机辅助设计 Protel 绘图员、无线电调试工等职业技能培训与鉴定工作，同时，开展面向社会人员培训、技术咨询服务共计 5 000 人次以上；与教科院、经信委、人社厅等机构和单位合作，完成行业培训拓展、技能鉴定等近 10 项应用研究项目			
预期目标	创新培训模式，实施走出去战略，在工业机器机器人、水中机器人、教育机器人、无人机等领域不断开辟新技术、新规范培训项目；探索建立"混合所有制"机器人培训学院，形成完善的"混合所有制"培训学院的决策机制、运行机制与发展机制；继续加强社工、企业新进员工等人员的继续教育、技能鉴定工作，年培训和技能鉴定人数总规模达到 3 000 人次以上			
实施过程及主要成果	**年度**	**建设内容**		**预算**
	2017	起草专业群培训三年发展计划，重点开发信息化教学资源，并对计划书进行评审，形成论证报告。新开辟无人机应用技术高新技术培训项目，原有的机器人各类培训进一步加强，争取年培训和技能鉴定达到 1 000 人次以上		10
	2018	建设 5 个以上的校外培训基地，新开辟水中机器人师资培训项目，原有的机器人各种培训进一步加强，争取年培训和技能鉴定达到 2 000 人次以上		20
	2019	探索建立"混合所有制"机器人培训学院，形成完善的"混合所有制"培训学院的决策机制、运行机制与发展机制；进一步开辟机器人新技术新技能方面的培训项目，形成良好的专业群培训体系，年培训和技能鉴定达到 3 000 人次以上。将培训的资料、成果整理成册，进一步向社会推广，让更多的群体受益		30
验收要点	1. 培训三年发展规划；2. 相关文件和培训通知；3. 培训协议与实施方案；4. 培训项目书；5. 培训名单及培训过程资料；6. 与培训相关的成果			

任务 2：科学普及

依托专业群下的 3 个项目组、3 个协会、创新创业作品展示中心针对社区、中小学进行科学普及，以浅显的，让公众易于理解、接受和参与的方式向普通大众介绍机器人技术应用方面的知识、推广机器人的应用、倡导科学方法、传播科学思想、弘扬科学创新精神。

科学普及见表 17。

表 17 科学普及

任务类型	功能型		负责人	罗昌政
任务描述	依托专业群下的 3 个项目组（智能控制项目组、智能仿真项目组、智能玩具项目组）、3 个协会（电子协会、机器人协会、无人机协会）、创新创业作品展示中心针对社区、中小学进行科学普及			
现有基础	项目组和协会举办了各类科学普及活动，在社区进行了科普宣传、现场指导、义务维修等普及活动；在望城一中、望城实验小学、雷锋中心小学等中小学进行了多次的科学普及，并于 2016 年 3 月成立了红十字会志愿者服务队，进一步加大了科学普及的力度			
预期目标	科学普及的内容进一步更新、完善，贴近大众生活；科学普及的范围进一步扩大：社区和中学的范畴要从现在的望城区扩大到长株潭地区；科学普及的力度进一步加大：从现在的每年 4 次左右，逐年增加，到 2019 年达到 8 次左右			
实施过程及主要成果	年度	建设内容		预算
	2017	制订未来三年的科学普及计划，并进行审核，具有较强的可操作性。普及的范围覆盖整个望城区，全年 5 次左右		10
	2018	调研收集科学普及的意见，针对科学普及的内容和活动形式进一步更新、完善，贴近大众生活。普及的范围覆盖整个长沙市，全年 6 次左右		20
	2019	在做好科学普及工作的同时，提供一些技术咨询、上门服务，为居民和中小学生排忧解难，把工作落到实处。普及的范围扩大到长株潭地区，全年 8 次左右		30
验收要点	1. 活动策划书；2. 相关照片、视频、科普资料等			

任务 3：协同创新中心（产学研技术应用中心）

依托专业群技术能力，对接机器人产业，服务本地行业企业。建立机器人工程技术协同创新中心，与湖南省电子学会机器人与智能技术专业委员会、长沙市机器人产业创新战略联盟及相关企业进行战略合作，分工合作，共同进行机器人产品开发，共同申报纵向课题。专业技术技能服务收入稳定增长，力争 2019 年达到 60 万元。

协同创新中心（产学研技术应用中心）见表 18。

表 18 协同创新中心（产学研技术应用中心）

任务类型	功能型	负责人	朱运航
任务描述	校企合作共同进行机器人（核心模块）的设计、软硬件的开发、产品（核心模块）联调等，联合申报纵向课题；为行业企业政策制定提供建议；与经信委、人社厅等机构合作开发新服务流程、管理规范、技术标准		
现有基础	专业群下设三个项目组，项目组主要负责各种竞赛和技术开发工作。取得的成果有：指导学生获全国一、二等奖 200 余人次；承担省级以上纵横向（重点）课题（项目）40 多项，获湖南省高等教育省级教学成果奖二等奖 1 项，湖南省科学技术进步奖三等奖 1 项，国际发明专利、国家发明专利、国家实用新型专利、计算机软件著作权等 16 项，发表论文 200 余篇，出版专著教材 26 本		

任务类型	功能型		负责人	朱运航
预期目标	建立机器人工程技术协同创新中心，与湖南省电子学会机器人与智能技术专业委员会、长沙市机器人产业创新战略联盟及相关企业进行战略合作，分工合作，共同进行服务机器人、教育机器人等产品研发，形成3款具有符合市场需求的机器人；共同申报湖南省教育厅科学研究项目、湖南省科技计划项目、湖南省自然科学基金项目、湖南省科技成果与推广项目、长沙市科技计划项目等不少于3项，科研进账不少于10万元；申报国家发明专利5项，通过省级以上成果鉴定3项，并产业化；建立校内学生的孵化基地，助推大学生创新创业工作				

	年度	建设内容	预算
实施过程及主要成果	2017	建立机器人工程技术协同创新中心，与湖南省电子学会机器人与智能技术专业委员会、长沙市机器人产业创新战略联盟及相关企业进行战略合作，分工合作，共同进行机器人开发，承接研发项目3个；建成创新创业作品展示中心；专业技术技能服务收入稳定增长，达到20万元	20
	2018	承接机器人研发项目4个；建立校内学生的孵化基地，助推大学生创新创业工作；申报国家发明专利2项，通过省级以上成果鉴定1项，并产业化；专业技术技能服务收入稳定增长，达到40万元	40
	2019	进一步加强校企合作，提升项目组的机器人相关技术研发和创新能力，承接机器人研发项目5个；申报国家发明专利3项，通过省级以上成果鉴定2项，并产业化；专业技术技能服务收入稳定增长，达到60万元	60
验收要点	1. 与企业联合开发产品协议；2. 财务项目进账；3. 成果列表及支撑材料；4. 产品展示；5. 新服务流程、管理规范、技术标准等		

任务4：专业群教学标准开发/国家资源库建设

以机器人技术应用专业群的建设为契机进行教学标准的开发，以职业能力为本位，从岗位需求出发，按工作任务的逻辑关系设计课程，在教学内容和课程体系安排上体现与职业岗位对接；为了改造提升传统教学，加快信息技术应用，促进优质教学资源的共享，拓展学生学习空间，我校联合天津现代职业技术学院和湖南基石信息技术有限公司等企业联合进行无人机应用技术专业的国家资源库建设。

专业群教学标准开发/国家资源库建设见表19。

表19　专业群教学标准开发/国家资源库建设

任务类型	功能型		负责人	雷道仲
任务描述	依托机器人技术应用专业群的建设进行教学标准的开发，以职业能力为本位，从岗位需求出发，按工作任务的逻辑关系设计课程；联合天津现代职业技术学院和湖南基石信息技术有限公司等企业进行无人机应用技术专业的国家资源库建设			

续表

任务类型	功能型		负责人	雷道仲	
现有基础	初步完成了电子信息工程技术、应用电子技术、嵌入式技术与应用3个专业的教学标准和系列教材开发，目前正在开发高职工业机器人技术专业系列教材，应用于全国高职院校工业机器人技术专业；无人机应用技术专业国家资源库建设工作正处在申报、审核阶段，预计明年年初开始建设				
预期目标	依次完成工业机器人技术、无人机应用技术两个专业的教学标准开发和系列教材开发；完成无人机应用技术专业的国家资源库建设				
实施过程及主要成果	年度	建设内容			预算
	2017	与湖南科瑞特科技股份有限公司深度合作，共同完成工业机器人专业教学标准和系列教材的开发；完成无人机应用技术专业申报，筹备并完成无人机应用技术专业的国家资源库第一阶段的建设			10
	2018	与湖南基石信息技术有限公司等深度合作，共同完成无人机的教学标准开发，筹备核心课程的开发事宜；完成无人机应用技术专业的国家资源库第二阶段的建设			15
	2019	完成无人机应用技术专业系列教材的开发，进一步完善专业群五大专业的教学标准；完成无人机应用技术专业的国家资源库第三阶段的建设			20
验收要点	1. 各专业群教学标准和系列教材；2. 本校参与无人机应用技术专业国家资源库的相关资料				

任务5：工业机器人技术技能鉴定标准开发

职业资格证书是表明劳动者具有从事某一职业所必备的学识和技能的证明。

工业机器人技术作为一个新兴产业，目前还没有相应的技能鉴定标准，拟在机器人技术应用专业群建设过程中完成技能鉴定标准的开发。技能鉴定标准开发工作是推动职业技能鉴定工作发展、提升职业资格证书含金量的基础，意义重大。

工业机器人技术技能鉴定标准开发见表20。

表20　工业机器人技术技能鉴定标准开发

任务类型	功能型	负责人	蔡琼
任务描述	完成工业机器人技术的五（初级工）、四（中级工）、三（高级工）、二（技师）共计四个级别的技能鉴定标准开发		
现有基础	工业机器人专业2015年正式开设招生，2015—2016年投资300多万的工业机器人实训中心已建设完成并投入使用，2016年工业机器人系列教材开发完成，技能鉴定标准开发的时机已成熟；项目团队在2012—2014年成功开发完成了湖南省人力资源和社会保障厅计算机辅助设计PROTEL绘图员的技能鉴定四个级别的标准开发，已投入使用，积累了丰富的经验		
预期目标	完成工业机器人技术技能鉴定标准四个级别的开发，具体有：鉴定标准、鉴定指南的编写、四个级别的理论题各10套及评分标准、四个级别的实践操作题各20套及评分标准、样题等		

任务类型		功能型		负责人	蔡琼
实施过程及 主要成果	年度	建设内容			预算
	2017	完成工业机器人技术技能鉴定标准、鉴定指南、样题的开发工作			2
	2018	完成四个级别的实践操作题各 20 套及评分标准的开发工作			5
	2019	完成四个级别的理论题各 10 套及评分标准的开发工作，并完成鉴定 指南和理论、实践题库的出版等工作			8
验收要点	1. 与人社厅签订的开发协议；2. 工业机器人技术技能鉴定标准全套资料				

任务 6：中高职衔接省级试点项目的拓展与示范

（1）以电子信息工程技术专业中高职衔接试点湖南省级重点建设项目为突破口，探索中职高职贯通体系，包括课程体系、人才培养、实践基地建设、师资共建共享等的模式与完整体系，每年试点学生争取达到 5 个班 200 人。

（2）将电子信息工程技术专业的经验与成果运用到工业机器人技术等专业的中高职贯通校级试点，试点学生争取达到 5 个班 200 人。

项目七　"自我诊断、持续改进"人才培养质量保证体系

以《高等职业院校内部质量保证体系诊断与改进指导方案》文件精神为指导，按照"需求导向、自我保证，多元诊断、重在改进"的工作方针，切实履行学院人才培养工作质量保证主体的责任，建立常态化的院系质量保证体系和可持续的诊断与改进工作机制，不断提高人才培养质量。

建立基于高职院校人才培养工作状态数据的院系教学质量评价、诊断与提升的工作机制，构建全覆盖、具有较强预警功能和激励作用的院系质量保证体系，实现教学管理水平和人才培养质量的持续提升。

1. 完善院系内部质量保证体系

以诊断与改进为手段，在专业群、专业、课程、教师、学生不同层面建立起完整且相对独立的自我质量保证机制，强化部门教学与学生管理间的质量依存关系，形成全要素的内部质量保证体系。

2. 提升院系教学管理信息化水平

根据国家指导性要求，对人才培养工作状态数据中的部门数据设置预警参数，提升部门教学运行管理信息化水平，为学校管理决策提供参考。

3. 树立现代质量文化

通过开展部门内部质量保证体系诊改，引导教师和管理人员提升质量意识，建立完善质量标准体系，不断提升标准内涵，促进全员全过程全方位育人。

任务 1：建立常态化、全要素、全方位的质量诊断与改进机制

建立具有系统性、完整性与可操作性的院系、专业、课程、教师、学生层面的质量保

证制度；建立常态化的院（系）、专业群、专业、教师、学生自我诊改机制。

建立院系信息采集与平台管理工作制度，保证数据采集实时、准确、完整，运用数据平台进行日常管理和教学质量过程监控，每年采集数据时进行数据分析，并加强第三方评价麦可思数据的分析和运用，形成常态化的信息反馈诊断分析与改进机制。

建设内容、目标、要点、进度与资金预算表见表21。

表 21　建设内容、目标、要点、进度与资金预算表

任务类型	机制型		负责人	谭立新
任务描述	建立基于高职院校人才培养工作状态数据的，常态化运行的院（系）、专业群、专业、教师、学生自我诊改机制			
现有基础	常态化的院（系）、专业群、专业、教师、学生日常管理和教学质量过程监控； 有教师教学评价机制、教师业务考核机制、学生课程考核标准与方法、学生综合测评； 有第三方评价麦可思数据的分析和专业建设与调整方面的运用			
预期目标	建立常态化、全要素、全方位的教育教学质量诊断与改进机制			
建设进度与资金预算	年度	建设内容		预算
	2017	（1）制定院系信息采集与平台管理工作制度； （2）制定院系、专业群、专业教研室、教师、学生全方位的质量考核制度，设置预警参数；初步形成教育教学质量诊断与改进机制； （3）发布 2017 年院系质量年度报告		5
	2018	（1）依据 2017 年信息采集与平台管理工作及信息反馈诊断情况，修定及完善院系信息采集与平台管理工作制度。 （2）完善院系、专业群、专业教研室、教师、学生全方位的质量考核制度，优化预警参数；教育教学质量诊断与改进机制运行有成效。 （3）发布 2018 年院系质量年度报告，报告结构规范，数据准确，诊断分析结果正确		10
	2019	（1）人才培养工作状态数据信息采集工作有序开展，数据逐年得到优化； （2）教育教学质量诊断与改进机制成效显著； （3）发布 2019 年院系质量年度报告，报告结构规范，数据准确，诊断分析结果正确		51
验收要点	①院系信息采集与平台管理工作制度；②院系质量年度报告；③院系人才培养工作状态数据分析报告；④第三方评价机构资料			

任务 2：推进"依托平台、五方联动"的专业群优化调整，建立常态化专业诊断与改进机制

制定并逐年优化专业群及群内各专业建设规划，明确各专业人才培养目标，制定规范、科学先进的专业人才培养方案并逐年优化。保证专业群内各专业跟随产业发展动态调整，促进专业人才培养质量不断提高。召开院系质量年度报告的讨论会，引入行业学会——湖南省电子学会机器人与智能技术专业委员会研讨专业群人才培养质量提升、诊断专业群及群内专业建设并提出有效改进措施。

启动教师科研水平、社会服务能力诊断、提升机制，提升教师团队建设水平，并促进校企融合程度、专业服务社会能力不断提升，促进专业群建设成效、辐射影响力不断增强。

开展对课程建设水平和教学质量的诊改，制定科学合理的群内各专业核心课程的课程建设规划并实施，制定科学、先进的课程标准并逐年规范和完备，形成常态化的课程质量保证机制，促进课程建设水平和教学质量的明显改善。

建设内容、目标、要点、进度与资金预算表见表22。

表22　建设内容、目标、要点、进度与资金预算表

任务类型	机制型		负责人	谭立新
任务描述	不断调整、优化专业布局，优化专业人才培养目标，优化课程体系及课程标准，促进教学质量有效提升			
现有基础	制定了优化专业群及群内各专业建设规划，明确各专业人才培养目标，制定了科学规范的专业人才培养方案； 专业群内各专业跟随产业发展动态调整； 制定了科学合理的群内各专业核心课程的课程建设规划，制定了科学、先进的课程标准； 教师团队建设水平、校企融合程度、专业服务社会能力不断提升； 引入湖南省电子学会机器人与智能技术专业委员会			
预期目标	推进"依托平台、五方联动"的专业群优化调整，建立常态化专业诊断与改进机制			
建设进度与资金预算	年度	建设内容		预算
	2017	（1）制定专业群及群内各专业三年建设规划； （2）召开2017年度专业质量讨论会，提出有效质量诊断和改进措施； （3）制定骨干教师科研与服务能力三年发展规划； （4）明确专业核心课程，制定5门课程建设三年建设规划，提出课程建设水平和教学质量评价参数		5
	2018	（1）优化专业群及群内各专业三年建设规划，诊断建设效果； （2）召开2018年度专业质量讨论会，提出有效质量诊断和改进措施； （3）优化专业群骨干教师科研与服务能力三年发展规划，诊断建设效果，并推广至群内所有专任教师； （4）优化课程建设三年建设规划，优化5门课程建设水平和教学质量评价参数，诊断建设效果，并推广5门核心课程建设		10
	2019	（1）专业群及群内各专业三年建设规划验收与建设效果诊断； （2）召开2019年度专业质量讨论会，总结诊断与改进成效； （3）验收教师科研与服务能力三年发展规划，总结建设成效并推广； （4）验收课程建设三年建设规划，总结课程建设水平和教学质量提升效果并推广		51

续表

任务类型	机制型	负责人	谭立新
验收要点	①专业群及群内各专业建设规划，以及年度诊断和提升总结报告； ②年度专业质量诊断讨论会会议资料和年度诊断与提升总结报告； ③年度专业人才培养方案及课程标准； ④各专业核心课程的课程建设规划及年度诊断和提升总结报告； ⑤骨干教师科研与服务能力三年发展规划，年度诊断和提升总结报告		

任务3：创新"质量为先、学生满意"师资诊断与改进机制

制定科学可行的院系、专业层面师资队伍建设规划；制定并实施教学认知、教学设计、教学调控、教学评价、教学媒介运用等教学能力诊断与改进制度，促进教师教学改革主动性不断提升，切实提高教师质量意识，保证学生满意度持续提升。

建设内容、目标、要点、进度与资金预算表见表23。

表23　建设内容、目标、要点、进度与资金预算表

任务类型	机制型		负责人	谭立新
任务描述	制定院系和专业师资教学队伍建设规划并逐年优化			
现有基础	制定了院系、专业层面师资队伍建设规划。 制定并实施了教学认知、教学设计、教学调控、教学评价、教学媒介运用等教学能力诊断与改进制度			
预期目标	专业群教师教学能力显著提高，教师教学质量意识显著增强，学生评价满意度提高			
建设进度与资金预算	年度	建设内容		预算
	2017	（1）制定电子工程学院师资队伍三年建设规划； （2）完善教师教学能力诊断评价制度，设置教师教学能力评价参数，设置教师教学质量预警参数		5
	2018	（1）制定电子工程学院师资队伍三年建设规划，诊断2017年度建设成效并优化规划； （2）诊断、评价2017年度专业群骨干教师教学能力提升效果，提出改进措施并实施		10
	2019	（1）验收师资队伍建设规划，总结建设成效并诊断，提出院系未来师资建设规划； （2）专业群骨干教师教学能力得到显著提升，学生评价满意度明显高于其他老师，并推广教师教学能力诊断评价机制建设成效		51
验收要点	①院系、专业层面师资队伍建设规划；②教学认知、教学设计、教学调控、教学评价、教学媒介运用等教学能力诊断与改进制度			

任务4：完善"有机统一、健康和谐"的学生综合素质教育体系诊断与改进机制，促进学生全面发展

制定目标定位准确的专业群学生综合素质标准，并制定科学的学生素质教育方案，注重因材施教，注重学生自主学习、主动学习能力的提高。

专业课程评价突出综合素质评价，达到思想素质、人文素质和专业素质的有机统一。结合职业岗位素质及学生可持续发展要求，除思政教育教学部门抓好思想政治课程等素质教育外，还通过班团、社团、党团活动和社会实践活动等素质教育，并且以职业素质提升为抓手，制定专业课程素质教育目标和标准，在专业课程教育中实施素质教育，达到实施全员全过程全方位育人的目的。

切实加强创意、创新、创业教育。开设创新创业教育课程，开展"创意、创新、创业"大赛和就业创业培训，培育创新创业校园文化，学生创新创业能力得到有效提高。

进一步加强学生特色成长辅导室建设，完善制度，加强队伍建设，丰富辅导形式和手段，切实帮助学生在生活中学习化解种种心理障碍，理顺人格结构，缓解考试压力，解决就业困惑，学会面对现实，调整人际关系。引导同学们构建健康向上的生活方式、创建自己的幸福人生，为学生的健康成长成才保驾护航。

建设内容、目标、要点、进度与资金预算表见表24。

表24　建设内容、目标、要点、进度与资金预算表

任务类型	机制型		负责人	谭立新
任务描述	建立基于高职院校人才培养工作状态数据的，常态化运行的院（系）、专业群、专业、教师、学生自我诊改机制			
现有基础	制定了专业群学生综合素质标准和学生素质教育方案。 初步形成了专业课程评价机制。 形成了班团、社团、党团活动和社会实践活动评价机制。 开设了创新创业教育课程，开展了"创意、创新、创业"大赛和就业创业培训。 建立了学生特色成长辅导室			
预期目标	完善"有机统一、健康和谐"的学生综合素质教育体系诊断与改进机制			
建设进度与资金预算	年度	建设内容		预算
	2017	（1）修订完善专业群学生综合素质标准，形成专业群学生综合素质评价机制； （2）优化专业课程评价机制； （3）优化班团、社团、党团活动和社会实践活动评价机制； （4）形成创意、创新、创业、就业评价机制； （5）形成学生特色成长辅导室信息反馈与诊断机制		5
	2018	（1）完善目标定位准确的专业群学生综合素质标准，优化专业群学生综合素质评价机制； （2）优化专业课程评价机制； （3）优化班团、社团、党团活动和社会实践活动评价机制； （4）优化创意、创新、创业、就业评价机制； （5）优化学生特色成长辅导室信息反馈与诊断机制		10

续表

任务类型	机制型		负责人	谭立新	
建设进度与资金预算	年度	建设内容			预算
	2019	（1）完善目标定位准确的专业群学生综合素质标准，优化专业群学生综合素质评价机制； （2）优化专业课程评价机制； （3）优化班团、社团、党团活动和社会实践活动评价机制； （4）优化创意、创新、创业、就业评价机制； （5）优化学生特色成长辅导室信息反馈与诊断机制			51
验收要点	①专业群学生综合素质标准及专业群学生综合素质评价机制； ②专业课程评价机制； ③班团、社团、党团活动和社会实践活动评价机制； ④创意、创新、创业、就业评价机制； ⑤学生特色成长辅导室信息反馈与诊断机制				

项目八　完善"课程驱动、竞赛引领、机制激励、平台孵化"的创新创业能力培养新模式

针对机器人技术应用专业群的技术含量高、实用性强等特点，以学生创新创业能力培养为目标，开设创新创业课程，通过学生技术、创新创业类竞赛，激发学生课外自主学习兴趣，依托创新创业项目组、学生社团、大学生"创业孵化"基地等机构，给学生个性发展、课外学习交流、创新创业能力培养提供发展和实践平台，与湖南各产业园区进行区校合作，搭建创新创业平台，积极促进创新创业成果转化，实现扶持创业促就业目标，并以学生创新创业成功案例为"灯塔"，营造创新创业教育口碑，提高学生创业和自主发展的自信心，探索一种"课程驱动、竞赛引领、机制激励、平台孵化"的创新创业能力培养新模式，建立长效机制，形成创新创业能力培养的良性循环。见表25。

表25　建设内容、目标、要点、进度与资金预算表

任务类型	增强型	负责人	肖成
任务描述	专业群以明确培养学生的创新创业基本素质和开创型个性人才为目标，培育学生的创新精神、创业意识、创新创业能力		
现有基础	（1）创新课程基础。已开设机器人技术创新创业能力培养课程，以培养具有创新创业基本素质和开创型个性的人才为目标，培育在校学生的创新精神、创业意识、创新创业能力。 （2）学生竞赛基础。每年组织学生参加黄炎培职业教育奖创业大赛、湖南省"互联网＋"大学生创新创业大赛、全国职业院校技能竞赛、中国机器人大赛暨RoboCup中国公开赛、中国水中机器人大赛、中国教育机器人大赛、院系级学生技能、创新创业竞赛、学生社团技能、创新创业竞赛等项目，累计获得省二等奖以上170余项，取得了优异成绩，已形成了以机器人竞赛为代表的品牌竞赛项目。 （3）激励机制基础。建立了《学生科技创新奖励办法》《学生社团活动资助与评价管		

任务类型	增强型		负责人	肖成

| 现有基础 | 理办法》《创新创业协会章程》《电子协会章程》《机器人协会章程》《无人机协会章程》等管理办法，鼓励和支持学生自主学习与发展。
（4）孵化平台基础。
①协会社团：电子协会、机器人协会、无人机协会、创新创业协会，协会每年组织相关专题讲座，定期开展学生之间的交流，举办电子设计竞赛、机器人竞赛、创业大赛、义务维修、技术咨询与技术服务、智能电子产品设计及制作等相关活动，学生之间通过活动提高专业技术、团队协作能力、创新能力等。
②机器人技术创新创业项目室：构建了机器人技术创新创业项目室，指导学生专业技能、创新设计、创新创业竞赛、社团活动、成果专利申请、创新创业成果转化等。
③校内学生孵化基地：成立校内学生"创业孵化"基地，提供经营场地和启动资金，为学生创业提供发展和实践平台。学生协会和创新创业项目组设计开发的产品可在创业孵化基地进行孵化或模拟经营。提高学生综合职业能力，特别是创业能力和社会交往能力，也可通过创业协会、湖南信息产业集团、校外大学生"创业孵化"基地等平台进行选择性创业。
④校外大学生"创业孵化"基地：与长沙黄金创业园、长沙市岳麓区麓谷众创空间、湖南大学科技园内君定众创空间、望城经济开发区金桥国际中心等园区开展战略联盟，共同创建校外大学生"创业孵化"基地 |

| 预期目标 | 探索一种"课程驱动、竞赛引领、机制激励、平台孵化"的创新创业能力培养新模式，建立长效机制，形成创新创业能力培养的良性循环 |

建设进度与经费预算	年度	建设内容	预算
	2017	（1）依据2016年机器人技术行业产业发展及历届学生成功创新创业案例来完善和优化创新创业课程资源。 （2）2017年组织学生参加黄炎培职业教育奖创业大赛、湖南省"互联网＋"大学生创新创业大赛以及机器人技术相关的各类竞赛，获湖南省二等奖以上不少于10人次。 （3）完善和优化创新创业激励机制。 （4）学生协会社团（电子协会、机器人协会、无人机协会、创新创业协会）举办电子设计竞赛、机器人竞赛、创业大赛、义务维修、技术咨询与技术服务、智能电子产品设计及制作等相关活动。 （5）项目组教师指导学生自主开发机器人控制软件，并申报计算机软件著作权1项以上。 （6）遴选2～3个历届学生成功创新创业典型案例，树立"灯塔"，激励学生创新创业信心及兴趣。 （7）组织国内知名专家开展相关创新创业专题讲座1次以上，并定期开展学生之间的交流	56

任务类型	增强型		负责人	肖成
建设进度与经费预算	年度	建设内容		预算
	2018	（1）依据 2017 年机器人技术行业产业发展及历届学生成功创新创业案例来完善和优化创新创业课程资源。 （2）2018 年组织学生参加黄炎培职业教育奖创业大赛、湖南省"互联网＋"大学生创新创业大赛以及机器人技术相关的各类竞赛，获湖南省二等奖以上不少于 10 人次。 （3）学生协会社团（电子协会、机器人协会、无人机协会、创新创业协会）举办电子设计竞赛、机器人竞赛、创业大赛、义务维修、技术咨询与技术服务、智能电子产品设计及制作等相关活动。 （4）项目组教师指导学生自主研发具有一定市场价值的小型机器人，并申报国家实用新型专利 1 项以上。 （5）遴选 2～3 个历届学生成功创新创业典型案例，树立"灯塔"，激励学生创新创业信心及兴趣。 （6）组织国内知名专家开展相关创新创业专题讲座 1 次以上，并定期开展学生之间的交流		58
	2019	（1）依据 2018 年机器人技术行业产业发展及历届学生成功创新创业案例来完善和优化创新创业课程资源。 （2）2019 年组织学生参加黄炎培职业教育奖创业大赛、湖南省"互联网＋"大学生创新创业大赛以及机器人技术相关的各类竞赛，获湖南省二等奖以上不少于 10 人次。 （3）学生协会社团（电子协会、机器人协会、无人机协会、创新创业协会）举办电子设计竞赛、机器人竞赛、创业大赛、义务维修、技术咨询与技术服务、智能电子产品设计及制作等相关活动。 （4）项目组教师指导学生自主研发具有一定市场价值的小型机器人，并申报国家发明专利 1 项以上。 （5）遴选 2～3 个历届学生成功创新创业典型案例，树立"灯塔"，激励学生创新创业信心及兴趣。 （6）组织国内知名专家开展相关创新创业专题讲座 1 次以上，并定期开展学生之间的交流。 （7）完善"课程驱动、竞赛引领、平台孵化"的创新创业能力培养模式，建立长效机制，形成创新创业能力培养的良性循环		61
验收要点	①学生成功创新创业典型案例；②竞赛成果；③区校合作资料；④创新创业激励制度；⑤创新创业能力培养模式			

四、预期效益与标志性成果

通过三年的建设，机器人技术应用专业群全日制在校生达到 2 200 人左右，行业企业培训人员达到 3 000 人次，创新的"跨界融合、多元培养"人才培养模式，形成"应用为本、技术为乐、德技双馨"的人才培养特色，通过"院士领衔、发展导向"打造一支"名师引领、骨干支撑、知行合一"的创新型、成长型专业群团队，建设一个集"教学、科研、培训和技术服务"于一体的开放共享的机器人工程技术实训中心，全面对接和提升机器人产业的服务能力，成为湖南省乃至全国的高素质技术技能型机器人人才培养基地、职业院校机器人师资培训基地、机器人企业的员工培训基地、机器人技术应用协同创新中心。取得以下标志性成果，并在全省全国示范：

（1）以工业机器人系统集成为主线，开发高职工业机器人技术专业系列教材，应用于全国高职院校工业机器人技术专业。

（2）建成开放共享的机器人工程技术实训中心，并应用于机器人技术应用专业群专业实践和职业技能培训。

（3）形成"跨界融合、多元培养"的人才培养模式，并在全国机器人技术应用专业群及相关专业群中推广应用。

（4）创建机器人技术应用协同创新中心，开发教育机器人等产品，申报国家发明专利，通过省级以上成果鉴定，并产业化。

第三章　实　践　篇

第一节　2008 年信息工程系大事记

2008 年，信息工程系在院党委与院行政的领导下，按照教育部与省教育厅相关文件精神，通过全体教职工的共同努力，取得了较好的成绩。

一、思想政治教育

按照院党委安排，认真组织学习了省委书记张春贤同志《"坚持科学发展　加快富民强省"解放思想大讨论活动动员大会报告》、《中共湖南省委关于在全省开展"坚持科学发展、加快富民强省"解放思想大讨论活动的通知（湘发〔2008〕8 号）》、《中共湖南省信息产业厅党组开展"坚持科学发展、加快富民强省"解放思想大讨论活动实施方案（湘信党〔2008〕8 号）》、中共湖南信息职业技术学院委员会《关于开展"坚持科学发展、加快富民强省"解放思想大讨论活动实施方案》、中共湖南信息职业技术学院委员会《关于加强领导干部作风建设专题教育活动实施方案》等文件，实施效果好。

二、主要成绩

（1）2008 年 4 月，被共青团湖南省委、省信息产业厅等授予第三届湖南信息产业十大优秀青年集体。

（2）2008 年 5 月，湖南省职业院校春季技能大赛中，"火星号"取得高职组机器人比赛一等奖（指导老师：李刚成、蔡琼；参赛选手：周继征、尹依、盛俊）；"月球号"取得二等奖（指导老师：龙凯、陈鹏慧；参赛选手：郑巍巍、王远利、许畅）（湘教通〔2008〕176 号）。

（3）2008 年 5 月，在湖南省职业院校春季技能大赛中，取得团体二等奖（湘教通〔2008〕176 号）。

（4）2008 年 5 月，在湖南省职业院校春季技能大赛中，取得组织奖（湘教通〔2008〕176 号）。

（5）2008 年 5 月，取得湖南省高等职业教育省级教学团队——应用电子技术专业教学团队建设项目，团队负责人：谭立新（湘教通〔2008〕243 号）。

（6）2008 年 6 月，在全国职业院校技能大赛中，"火星二号"取得高职组机器人项目一等奖（指导老师：龙凯、陈鹏慧；参赛选手：郑巍巍、王远利、许畅）；"火星一号"取得高职组机器人项目二等奖（指导老师：李刚成、蔡琼；参赛选手：周继征、尹依、盛俊）。

（7）2008 年 6 月，在全国职业院校技能大赛中，由我系集训的湖南省中等职业院校两个选手取得中职"电子产品装配与调试"项目二等奖（指导教师：蔡彦、侯海燕、刘正源、邓知辉、张卫兵）。

（8）2008 年 8 月，朱运航副教授通过湖南省职业教育"十一五"省级重点建设项目——电子信息工程技术专业带头人立项（湘教通〔2008〕293号）。

（9）2008年9月，承担学院"系列产品（项目）驱动专业建设项目"试点工作，并取得了"基于直流电机控制与驱动的专业建设研究与实践"（项目负责人：谭立新）；"基于创新机器人控制平台开发的专业建设研究与实践"两个专业建设项目立项（项目负责人：李刚成）。

（10）2008年9月，湖南省普通高等学校青年骨干教师培养对象——谭立新同志培养计划执行情况被确定为"优秀"等级（湘教通〔2008〕316号）。

（11）2008年11月，在湖南省职业院校冬季技能竞赛高职"电子产品设计与制作"项目中，曾周阳同学荣获一等奖，盛俊同学荣获二等奖，李雪东、邓知辉两位老师荣获优秀指导教师称号。

（12）按照学院的要求认真做好了人才培养水平评估"优秀"复评的材料准备工作。

（13）按照学院的要求认真做好了党建评估的材料准备工作。

（14）2008年5月，承办了湖南省春季技能竞赛高职组机器人项目及中职组电子项目。

（15）2008年11月，承办了湖南省冬季技能竞赛高职组电子产品设计与制作项目比赛。

（16）2008年11月，在湖南信息职业教育集团首届产品（项目）洽谈会中及前期准备工作中，准备充分，效果显著，与6家企业签订了产品（项目）合作意向书。

（17）2008年10—12月，认真做好了湖南省职业教育"十一五"重点建设项目年度检查工作。主要有应用电子技术实习实训基地、应用电子技术精品专业、应用电子技术专业带头人等，得到了省教育厅专家的一致好评。

（18）2008年10—12月，代表学院作为主持单位承担了湖南省职业院校技能测试标准——电子技术专业的制定工作。

第二节　2009年信息工程系大事记

一、教学改革

（1）2009年2月，湖南省教育厅通报：信息工程系承担的湖南省职业教育"十一五"省级重点建设项目2007年三个入围项目（应用电子技术专业带头人、应用电子技术实习实训基地、应用电子技术精品专业）年度检查合格（湘教通〔2009〕51号）。

（2）2009年2—12月，按"系列产品（项目）"驱动专业建设的思路，重构了应用电子技术、电子信息工程技术两个专业课程体系，并制定了专业人才培养方案及各专业核心课程的课程标准。

（3）2009年4月，系主任谭立新副教授主持的"基于直流电机控制与驱动模块系列产品的电气自动化技术专业建设研究与实践"项目，获2008年度湖南省高等教育省级教学成果奖二等奖（湘教通〔2009〕78号）。

（4）2009 年 4 月，李刚成任课程负责人的智能电子产品设计与制作课程、谭立新任课程负责人的小型智能玩具设计与制作课程通过院级精品课程对象立项。

（5）2009 年 4 月，系主任谭立新副教授主持的中国教育学会教育机制研究分会"十一五"科研规划课题："基于两轮教育机器人设计制作的单片机应用技术课程开发与实践研究"（项目编号：〔2009〕KC034 号）通过立项。

（6）2009 年 5 月，系主任谭立新副教授获第四届湖南省普通高等学校教学名师奖（湘教通〔2009〕246 号）。

（7）2009 年 6 月，张平华的课题研究成果：《基于"直流电机控制模块"系列产品驱动的专业建设研究与实践》课题报告获湖南省教育改革发展优秀成果奖二等奖；邓知辉的课题研究成果：《基于两轮教育机器人设计制作的单片机应用技术课程开发》获湖南省教育改革发展优秀成果奖三等奖；谭立新、张平华、何忠悦的课题研究成果：《基于轮式机器人设计制作的单片应用技术课程开发研究与实践》获 2009 年湖南省职业教育与成人教育优秀论文二等奖。

（8）2009 年 8 月，电子信息工程技术专业通过湖南省职业教育"十一五"省级重点建设项目——精品专业立项，项目负责人朱运航副教授，教研室主任李刚成讲师。

（9）2009 年 8 月，申报"电子工艺与管理""电子设备与运行管理"两个新专业，主要工作人员：李雪东、肖成、邓明元、吴再华、张卫兵等，获得湖南省教育厅批准，将于2010 年招生。2009 年 7—12 月，信息工程系实验室改造。

二、科学研究

（1）2009 年 2 月，信息工程系成立"智能仿真"项目组，朱运航副教授任项目负责人；2009 年 3 月，成立"学生思想政治工作研究"课题组，潘勇军高级政工师任项目负责人。

（2）2009 年 9 月，由湖南大学电气与信息工程学院和我院信息工程系等单位联合申报的"发电机原动系统动态仿真先进方法、技术装备及其应用"获湖南省科学技术奖（科技进步三等奖）；同时，"一种发电机原动系统动态仿真的装置"获得国家知识产权局授予的发明专利及实用新型专利，我院谭立新副教授为主要研究人员。

（3）2009 年 8 月，谭立新副教授主持的"基于系列产品驱动的专业教育教学改革研究与实践"获 2009 年湖南省职业院校教育教学改革研究项目重点项目（项目编号：ZJDA2009004）；朱运航副教授主持的"通信系统电磁干扰及其控制方法研究"获湖南省教育厅科学研究资助项目（项目编号：09C1259）。

（4）2009 年 9 月，谭立新、雷道仲、何忠悦等申报的"小型智能玩具小车控制软件V1.0 版"，根据《计算机软件保护条例》和《计算机软件著作权登记办法》的规定，经中国版权保护中心审核，获国家版权局计算机软件著作权。证书号：软著登字号第0170677 号，登记号：2009SR043678。

三、技能竞赛

（1）2009 年 4 月，承办湖南省春季技能竞赛高职组电子信息项目（电子产品设计及制作）及中职组电工电子项目（电子产品装配与调试、单片机控制装置与调试、制冷与空调设备组装与调试）工作，取得组织奖。

（2）2009年9月26—27日，承办2009"天华杯"全国电子专业人才设计与技能大赛湖南赛区选拔赛。该大赛由工业与信息化部主管，分电子组装调试与开发（大学组）、电子组装调试与开发（中专组）、单片机设计与开发（大学组）三个项目，湖南省共有100多名选手、近50名指导教师与领队参加。

（3）2009年4月，在湖南省春季技能竞赛中，高职组电子信息项目（电子产品设计及制作）取得一等奖与团体二等奖。指导老师：李雪东、黄秀亮等，参赛学生：朱林、曹延焕、郭雄。

（4）2009年6月，由长沙国家高新技术产业开发区管理委员会组织的"义统杯"趣味电子创新设计大赛中，易定方、邓飞龙、蒲茂获二等奖，指导教师邓知辉获优秀指导奖。

（5）2009年5—6月，承担2009年全国职业院校技能大赛湖南省高职组电子信息项目（电子产品设计及制作）、中职组电工电子项目（电子产品装配与调试、单片机控制装置与调试、制冷与空调设备组装与调试）集训工作。

（6）2009年6月，在全国职业院校技能大赛高职组"电子产品设计及制作"比赛中取得二等奖两个。指导老师：邓知辉、谭立新、李雪东、黄秀亮等。参赛学生：朱林、曹延焕、郭雄（本校），范文宾、芮涛、张周杰（长沙航空职业技术学院）。

（7）2009年6月，在全国职业院校技能大赛中职组"电子产品装配与调试"比赛中取得三等奖两个，指导老师：蔡彦、朱运航、杨安召等，参赛学生：王平、杨志威。中职组"单片机控制装置与调试"比赛中取得二等奖一个，指导教师：张卫兵、邓明元、雷道仲、何忠悦等，参赛学生：刘波。

（8）2009年9月，获2009年全国大学生电子设计大赛湖南赛区一等奖、全国二等奖。参赛学生：郭雄、曹延焕、朱林；指导教师：李雪东、雷道仲、邓知辉、谭立新等。

（9）2009年9月，我系在2009"天华杯"全国电子专业人才设计与技能大赛湖南赛区选拔赛中又创佳绩。"电子组装、调试与开发"项目，曹延焕同学获一等奖、邓飞龙同学获二等奖；"单片机设计与开发"项目，易定方同学获二等奖；"电子组装、调试与开发"项目，郭雄、姚无愧两位同学获三等奖，罗曲、王丹丹、张吉余、周庆四位同学获优胜奖；"单片机设计与开发"项目，朱林、蒲茂、王春俊三位同学获优胜奖。此次大赛集训的指导教师主要有邓知辉、李雪东、谭立新、邓明元、蔡彦等。

（10）2009年11月，我系在2009"天华杯"全国电子专业人才设计与技能大赛中再创佳绩。曹延焕同学获"电子组装、调试与开发"项目全国二等奖；易定方同学获"单片机设计与开发"项目全国二等奖。同时获"优秀组织单位"。此次大赛集训的指导教师主要有邓知辉、李雪东、谭立新、蔡彦等。

（11）2009年12月5—6日，承办2009中国机器人大赛暨RoboCup公开赛第二分区赛，该赛由中国自动化学会机器人竞赛工作委员会、RoboCup中国委员会、科技部高技术研究发展中心主办，是国内最具影响力、最权威的机器人技术大赛和学术大会，为当今中国机器人尖端技术产业竞赛和顶尖人才汇集的活动之一。全国共54所学校380多名选手参赛。同时取得"杰出组织奖"。

我院取得 2009 中国机器人大赛暨 RoboCup 公开赛机器人水球比赛全局视觉 1 对 1 亚军，微软足球机器人仿真微软轮式机器人仿真 5 对 5 亚军，另取得四个二等奖。参赛选手：李富民、孟锦、邓永兵、王艳玉、郭兆乾、龙明雄、吴扬剑、王亮；指导教师：朱运航、陈鹏慧、张煌辉、陈哲平、韦庆丹、刘泽文等。

四、师资培养

（1）2009 年 1 月，李雪东、何忠悦、孙小进、肖成、黄秀亮等到长沙科瑞特电子有限公司参加"PCB 设计与制作"培训。

（2）2009 年 7—8 月，朱运航、陈鹏慧、刘泽文等到清华大学参加"足球机器人仿真"培训。

（3）孙小进、屈辉立、李崇容、吴再华、邓知辉等到深圳鸥鹏科技有限公司参加"无线网络传输"培训。

（4）黄秀亮、李雪东、张卫兵、蔡琼、肖成等到广州参加"嵌入式系统"培训。

五、校企合作

2009 年 9 月 24 日，与中兴通讯股份有限公司在南院 102 教室成功举行了"中兴通讯股份有限公司人才培育基地揭牌暨中兴通讯班开班"仪式。

六、其他

（1）2009 年 7 月，信息工程系教工党支部被中共湖南省直属机关工作委员会授予"先进基层党组织"荣誉称号。

（2）2009 年 9 月 10 日，朱运航、李刚成获"院优秀教师"称号，吴再华获"院优秀教育工作者"称号，谭立新、邓知辉、李崇容、肖凤团获"院优秀党员"称号，李亚峰获"院优秀思想政治工作者"称号；信息工程系教工党支部获院优秀党支部称号。2009年 9 月 16 日，信息工程系学习实践科学发展观调研报告获院一等奖。

第三节　2010 年信息工程系大事记

一、人才培养

（1）2010 年 4 月 28—30 日，承办 2010 年湖南省职业院校春季技能竞赛：高职组电子信息项目（嵌入式产品开发）及中职组电工电子项目（电子产品装配与调试、单片机控制装置与调试、制冷与空调设备组装与调试），取得组织奖。

5 月 10 日—6 月 24 日，承办 2010 年全国职业院校技能竞赛的湖南省高职电子信息项目（嵌入式产品开发）及中职组电工电子项目（电子产品装配与调试、单片机控制装置与调试、制冷与空调设备组装与调试）代表队的集训工作。

（2）2010 年 4 月 30 日，在 2010 年湖南省职业院校春季技能竞赛高职组电子信息项目（嵌入式产品开发）中取得 1 个一等奖和 1 个三等奖。参赛学生：秦倩、代林鹏、郭兆乾，龙明雄、舒畅、陈茂林；指导教师：罗坚、肖成、李平安、谭立新等。（35 支代表队）

（3）2010 年 5 月 15 日，中国水中机器人大赛暨水中机器人技术研讨会在山东大学开幕。来自北京大学、南京大学、天津大学、华北电力大学等 16 所高校的 20 余支队伍参赛。湖南信息职业技术学院是参加本次比赛唯一的高职院校，获 2 个冠军、2 个季军（水球比赛 2D 仿真 3 对 3 冠军、水球比赛 2D 仿真技术挑战赛冠军、水球比赛 2D 仿真 1 对 1 季军、全局视觉技术挑战赛季军）。参赛选手：王亮、吴扬剑、龙明雄、韦庆丹，指导老师：朱运航、陈鹏慧、蔡琼、张卫兵等。

论文《基于 MSRS 的仿生机器鱼水球比赛仿真系统》被评为本次技术研讨会的三篇优秀论文之一。

该项赛事是中国水中机器人技术领域设立最早、影响力最大的科技竞赛。本次大赛由中国自动化学会机器人竞赛工作委员会和中国自动化学会智能自动化专业委员会主办。

（4）2010 年 6 月 25—26 日，在天津举办的 2010 年全国职业院校技能竞赛高职组"优利德"杯电子设计——嵌入式产品开发项目二等奖，参赛选手：秦倩、代林鹏、郭兆乾，指导教师：罗坚、肖成、李平安。中职组电工电子——单片机控制装置与调试项目三等奖，参赛选手：陈胜，指导教师：邓明元、张卫兵等。

（5）2010 年，全国电子专业人才设计与技能大赛湖南省分区赛于 7 月 3—5 日举行，信息工程系参加了单片机设计与开发、电子设计与开发和电子装配与调试等三个项目的角逐。全国各分区赛作品全部上交工业和信息化部（简称工信部），由工信部组织专家统一评定。选手三个项目共获 2 个一等奖、5 个二等奖、11 个三等奖的可喜佳绩。

一等奖：黎际情、刘伟；二等奖：杨志威、郭艳、陈俊、匡珊瑱、谢城；三等奖：钟勇、张浩、雷晨、陈炳春、曹娜、赵世泉、张孝虎、易正辉、瞿亮、王平、李平。

指导教师：蔡彦、李雪东、邓知辉、谭立新、吴再华、雷道仲、何忠悦等。

全国电子专业人才设计与技能大赛，由工业和信息化部人才交流中心主办，由中国电子商会、中国电子学会、中国半导体行业协会指导，是我国电子类竞赛在企业和社会最具影响力、最具权威的大赛。

（6）2010 年 7 月 18—20 日，中国机器人大赛暨 RoboCup 公开赛（第 12 届）在中国内蒙古自治区鄂尔多斯市康巴什新区会展落下帷幕。为期 3 天的比赛中，有来自北京大学、清华大学、中国科大、国防科大、上海交大 171 所大学的 1 021 支代表队近 3 000 人参赛。信息工程系参加了其中十多个项目的角逐，共获得了一项冠军、三项亚军、两个一等奖、五个二等奖及一个三等奖的可喜佳绩。

水中机器人 2D 仿真组：3 对 3 冠军，1 对 1、技术挑战赛、场地追逐比赛三项亚军，12 米竞速一等奖，障碍竞速二等奖；机器人水球比赛全局视觉组：1 对 1 水球比赛、2 对 2 水球比赛、12 米接力比赛三个二等奖，技术挑战赛三等奖；微软（MSRS）轮式足球机器人仿真组：5 对 5 一等奖、11 对 11 二等奖。

指导教师：陈鹏慧、蔡琼、朱运航、韦庆丹、张卫兵、高飞等。参赛选手：王亮、吴扬剑、黄彦波、张超、胡旦、贺际嵘、杨兵、梁海燕、葛述、孙建平、黄淑华、刘彬、傅翔、吴小桂、李军、张晖军、廖军、李建阳、曾琼、王禄、廖娟娟、周长丰、周叶青、彭志红、符颖。

中国机器人大赛暨 RoboCup 公开赛是中国最具影响力、最权威的机器人技术大赛，基本覆盖了中国现有顶级的机器人专家和众多知名机器人学者，是当今中国机器人尖端技术产业竞赛和人才汇集的活动之一。

（7）2010 年 9 月 19 日，历时 6 个月的 2010 年全国电子专业人才设计与技能大赛在上海师范大学天华学院胜利落下帷幕。全国近 400 所高职和本科院校的 4 300 余名选手参加了本次大赛在 25 个省市组织的分区选拔赛，700 多名各省分区赛一、二等奖选手参加了在武汉举行的"众友杯"电子设计与制作、电子组装与调试和在上海举行的"天华杯"单片机设计与开发、嵌入式设计与开发（大学组和专业组）等项目的决赛。决赛选手来自全国各地，代表了 200 余所院校。

信息工程系参加了电子设计与制作、电子装配与调试、单片机设计与开发和嵌入式设计与开发（大学组）四个项目的角逐，荣获 1 个全国一等奖、1 个全国二等奖、6 个全国三等奖的可喜佳绩，同时获得了优秀组织奖。

参赛选手：一等奖：杨志威；二等奖：匡珊瑱；三等奖：谢城、黎际情、刘伟、代林鹏、陈茂林、舒畅。

指导教师：蔡彦、李雪东、邓知辉、谭立新、刘锰、李平安、肖成等。

全国电子专业人才设计与技能大赛是由工业和信息化部主办，中国电子商会、中国电子学会、中国半导体行业协会担任指导单位的全国性电子竞赛，至今已成功举办两届，具有重要的社会影响。

（8）2010 年 12 月，"智多星环保家居机器人有限公司"项目参加"2010 年湖南黄炎培职业教育奖创业规划大赛"，获得二等奖和优秀组织奖；指导教师：罗坚、刘锰、谭立新、邓知辉等；参赛学生：匡珊瑱、郭兆乾、代林鹏、杨志威等。

二、科学研究

（1）2010 年 5 月 19 日，湖南省职业教育"十五"重点项目——应用电子技术重点实习实训基地现场检查顺利通过，并获得专家组的高度赞扬；7 月，湖南省职业教育"十五"重点项目——应用电子技术专业带头人谭立新验收合格。

（2）2010 年 8 月，"发电机原动系统动态模拟及 PI 参数在线优化整定"通过湖南省教育厅科学研究项目立项（项目编号：10C0263），项目负责人：谭立新。

2010 年 12 月，"基于智能电子产品的系列教材开发与实践"通过工业和信息产业职业教育指导委员会立项（项目编号：HZW2010 - 108），项目负责人：谭立新。

2010 年 7 月，与湖南大学电气与信息工程学院合作的"发电机原动系统动态仿真先进方法、关键技术与应用"（成果登记号：360 - 10 - 216100352 - 04）通过教育部科技成果鉴定。

（3）2010 年 12 月，谭立新、刘锰、罗坚、李平安、肖成等申报的"嵌入式探月小车控制软件 V1.0 版"，根据《计算机软件保护条例》和《计算机软件著作权登记办法》的规定，经中国版权保护中心审核，获国家版权局计算机软件著作权，登记号：2010SR069123。

（4）2010年12月，经过3年的努力，初步完成了全系5个专业的人才培养方案、课程标准、技能题库的建设。

（5）2010年1—12月，全系教职工发表科研教研论文28篇，出版教材专著8部，通过省厅级科研立项（成果鉴定）8项。

三、社会服务

（1）2010年3月，与中科鸥鹏科技有限公司联合成立"基于PC的智能移动机器人Matlab平台开发及应用研究"项目组，吴再华副教授任项目负责人。

（2）2010年9—12月，组织深圳中科鸥鹏科技有限公司、湖南科瑞特科技公司等4家公司对信息工程系44名教职工进行新技术、新工艺、新设备培训。

（3）2010年3月10日，深圳中科鸥鹏科技有限公司董事长、高级工程师秦志强博士来信息工程系作题为《基于PC的智能移动机器人开发平台及应用研究》的学术讲座。

（4）2010年3月12日，北京大学谢广明博士来我系作题为《水中机器人设计开发》的学术讲座。

（5）2010年4月24—26日，举办竞赛机器人第六期培训班。来自全国10家知名高校20多名教师参加了本次培训。

（6）2010年6月，申报"湖南省中等职业学校专业教师培训省本级项目"。

（7）全年组织"创先争优"活动开展。

第四节　2011年信息工程系大事记

一、人才培养

（1）2011年5月6—8日，湖南省职业院校技能大赛高职组芯片级检测维修与信息服务项目获二等奖。获奖学生：杨志威、匡珊瑱；指导教师：蔡彦、肖成、李雪东。高职组机器人应用技术项目获一等奖1项、三等奖1项，指导教师：罗坚、邓知辉、李刚成、李平安、刘锰等。

（2）2011年，中国水中机器人大赛——首届水中机器人国际邀请赛暨第四届水中机器人技术研讨会于2011年5月20—22日在西南民族大学举办。本次大赛由中国自动化学会机器人竞赛工作委员会及中国自动化学会智能自动化专业委员会主办，西南民族大学承办，四川省教育厅协办。来自北京大学、山东大学、南京大学、华北电力大学、格罗宁根大学（荷兰）、仁德大学（韩国）等25所高校128个代表队近200名选手参加12个大项目的竞争。经过两天的激烈角逐，获水球比赛2D仿真3对3、2D仿真抢球大战、全局视觉障碍竞速 3 个项目的一等奖。指导教师：朱运航、陈鹏慧、蔡琼、张卫兵等。

（3）第九届"挑战杯"湖南省大学生课外学术科技作品竞赛中，刘彬、傅翔的"多功能智能小车"获科技发明制作 B 类二等奖，指导教师：谭立新、朱运航。"挑战杯"大学生课外学术科技作品竞赛是高校参赛面最广、参赛水平最高、影响最广泛的大学生学术科技作品竞赛活动，被誉为大学生学术科技"奥林匹克"。第九届"挑战杯"大学生课外学术科技作品竞赛由湖南省委宣传部、省委教育工委、省教育厅、团省委、省科技厅、省政研会、省科协、省学联共同主办，中南林业科技大学承办。全省 48 所高校共 397 件作品经过作品展示、评委现场问辩、作品公开答辩等环节的激烈角逐，最终决出本届竞赛的各个奖项。

（4）2011 年 6 月，受邀代表湖南省残疾人联合会参加中国残疾人联合会组织的全国残疾人技能比赛机器人表演赛。

（5）2011 年 6 月，代表湖南省参加全国职业院校技能大赛机器人应用技术项目竞赛，获全国第一名 1 项及三等奖 1 项。指导教师：罗坚、邓知辉、李刚成、李平安、刘锰等。本次大赛由教育部、人力资源和社会保障部等 16 个部委主办。

（6）湘教工委通〔2011〕42 号文件，经各校推荐，专家评审，省教育工委、省教育厅、团省委审定，全省共有 173 个项目被确定为 2011 年度湖南省大学生德育实践项目，并对每个项目资助经费 0.3 万元。信息工程系易正辉同学的"利用电子技术，服务社区居民"获资助。

（7）2011 年，中国机器人大赛暨 RoboCup 公开赛于 2011 年 8 月 23—26 日在甘肃兰州落下帷幕。本次大赛由中国自动化学会机器人竞赛工作委员会、RoboCup 中国委员会、甘肃省兰州市人民政府、科技部高技术发展研究中心主办。本届大赛分为 RoboCup 足球机器人、FIRA 足球机器人、空中机器人、水中机器人、舞蹈机器人、双足竞步机器人、微软足球机器人仿真、机器人武术擂台等 12 个大项 89 个比赛项目，来自北京大学、清华大学、澳门大学等 168 所大学的 1 500 多支代表队近 3 000 人参赛。鱼跃 1 队（队员：吴小桂、周叶青、贺际嵘、周欢、欧阳立平）、鱼跃 2 队（队员：孟榆烨、廖娟娟、胡旦、单柏平、唐宏、孙建平、彭小龙）、金星队（队员：黄彦波、郑荣庆、许冠平、饶天、朱玉娇、毛伟）3 个队伍参加了本次大赛 3 个大项中的 14 个小项目的比赛，经过 3 天的激烈角逐，鱼跃 2 队获水中机器人 2D 仿真抢球大战冠军，2D 仿真协作过孔、2D 仿真花样游泳、2D 仿真带球接力 3 个一等奖，2D 仿真水球斯诺克二等奖；鱼跃 1 队获水中机器人全局视觉带球接力一等奖，全局视觉水球 1 对 1、全局视觉带球避障 2 个二等奖；金星队获得了微软（MS）轮式机器人 11 对 11 仿真一等奖、轮式机器人 5 对 5 二等奖。指导老师：朱运航、蔡琼、陈鹏慧、张卫兵、刘飞等。

二、科学研究

（1）2011 年 6 月，电子信息工程技术专业成功申报湖南省职业教育"十二五"重点建设项目——示范性特色专业。

（2）2011 年 7 月，"制图员（Protel）职业技能鉴定题库研究与开发"项目成功申报湖南省人力资源和社会保障厅课题（项目编号：湘人社函〔2011〕258号），课题主持人：谭立新教授，核心人员：李雪东、邓知辉、蔡彦、何忠悦等9人。

（3）2011年9月，"水中仿生机器人仿真控制平台的研发"项目成功申报湖南省教育厅科学研究项目，课题主持人：陈鹏慧，核心成员：蔡琼、朱运航、刘泽文、张卫兵、刘飞、雷道仲、孙小进、肖斌等。

（4）2011年9月，李刚成副教授获评湖南省高等学校青年骨干教师培养对象。

（5）2011年9月，仿生机器鱼水球比赛实时仿真系统中的裁判/规则仿真控制系统（简称：机器鱼水球比赛裁判/规则仿真控制系统）V1.0版获国家版权局计算机软件著作权（软著登字号第0310600号，登记号：2011SR046926）。主要研究人员：朱运航、陈鹏慧、蔡琼、张卫兵、韦庆丹、刘飞。

（6）2011年11月，由谭立新教授主持的中国教育学会"十一五"科研规划课题"基于'两轮教育机器人'设计与制作的单片机应用技术课程开发研究与实践"（课题编号：KC034）结题，结题报告获全国一等奖。主要研究人员有：邓知辉、张平华、何忠悦、雷道仲、张卫兵、李雪东、吴再华、邓明元、王艳平、秦志强、杨洁等（证书编号：220088）。

（7）2011年12月1日，由湖南省教育厅组织电子信息工程技术专业建设研讨会，湖南省教育厅职成处处长张大伟、副处长朱日红、主任科员汪忠民及刘婕，湖南省教科院纪检副书记王江清，福建信息职业技术学院副院长，教育部电子信息通信技术专业教学指导委员会成员杨元挺教授，南京信息职业技术学院副院长，教育部高职高专人才培养评估专家库专家，教育部电子信息通信技术专业教学指导委员会成员王钧铭教授，湖南机电职业技术学院副院长，机械行业教育教学专业指导委员会副主任委员杨翠明教授，深圳中科欧鹏科技有限公司总经理，中国机器人竞赛委员会知名专家，华南理工大学等兼职教授秦志强博士，威胜集团湖南威铭能源科技有限公司技术总监曹斌高级工程师，湖南科瑞特科技股份有限公司总经理张宏立高级工程师等省内外专家参加了本次研讨会。

（8）发表科研教研论文30余篇，其中EI收录3篇；编写教材2部。

三、社会服务

（1）2011年4月14—15日，承办2011年全国职院芯片级检测维修与信息服务教学改革与技能大赛说明研讨会（长沙）。

（2）2011年5月6—8日，承办2011年湖南省职业院校技能大赛高职组电子信息项目（芯片级检测维修与信息服务项目）及中职组电工电子项目（电子产品装配与调试、单片机控制装置与调试、制冷与空调设备组装与调试），取得组织奖。

（3）2011年5月，获批湖南省中等职业学校师资培训基地（电子技术应用专业）。

（4）2011年11月，与苏宁电器湖南公司等建立了"双元制"校企业合作。

（5）2011年9—10月，与深圳中兴、深圳华为、美的精品电器、长沙威胜集团、长沙宇顺、广州讯联湖南公司等20多家企业建立了校企合作关系。

四、党务工作

2011 年 7 月，信息工程系教工党支部获湖南省经济和信息化委员会党组先进基层党组织，吴再华、王超、罗昌政获优秀党员；《湖南经信》以专版予以报道。

第五节 2012 年信息工程系大事记

一、人才培养

指导学生参加省级以上竞赛项目 7 项次，获奖 25 人次。其中，省级竞赛一等奖 6 人次，二等奖 3 人次，三等奖 5 人次；国家级和全国性竞赛特等奖 2 人次，一等奖 9 人次（有的学生同时参加了多项竞赛）。新增"双元制"校企合作学生 67 人次，组织"双元制"学生座谈会 1 次，1 人获评湖南省优秀学生党员。

（1）2012 年 5 月，在湖南省职业院校技能竞赛中，获高职电子产品设计与制作（基于 FPGA）项目省二等奖，参赛学生：张腾、张明、张爱香，指导教师：李雪东、张平华、李平安、刘锰等；高职芯片级检测与维修项目省三等奖，参赛学生：张林、王利勇，指导教师：蔡彦、肖成等；高职组机器人技术应用项目两个一等奖，参赛学生：黄开粤、李争光、李洪波、朱世勇、单柏平、郑荣庆，指导教师：邓知辉、罗坚、雷道仲、何忠悦等。

（2）2012 年 6 月，参加 2012 年全国职业院校竞赛，获高职机器人技术应用项目二等奖，参赛学生：黄开粤、李争光、李洪波、朱世勇、单柏平、郑荣庆，指导教师：邓知辉、罗坚、雷道仲、何忠悦等。

全国职业院校技能大赛是教育部联合工业和信息化部等 23 个部门、组织共同举办的一项全国性职业教育学生竞赛活动。

（3）2012 年 11 月 24—25 日，中国教育机器人大赛在深圳大学举行，信息工程系参加了教育机器人擂台对抗赛、机器人游深圳、教育机器人智能搬运比赛三个项目，经过两天的角逐，获教育机器人擂台对抗赛特等奖（冠军），教育机器人智能搬运赛、机器人游深圳赛一等奖（亚军），参赛学生：黄开粤、李争光、朱世勇、李洪波、罗涛、雷玉鹏，指导老师：邓知辉、张平华、徐红丽等。湖南教育电视台和《湖南经信快报》予以专题采访和报道。

中国教育机器人大赛由中国自动化学会机器人竞赛工作委员会、中国人工智能学会智能机器人专业委员会主办，深圳大学承办；全国 40 多所高校 157 支队伍参加了比赛。教育机器人是用于科学素质教育、工程素质教育和工程技能教育的机器人，其机械、控制（传感器、芯片等）和软件等三大组成部分均必须满足开放和可扩展的要求。同时，不同层次的教育机器人都能够与相关层次的教学课程紧密结合，达到理论与实践紧密结合的教学和训练要求。教育机器人竞赛项目以其趣味性、挑战性、综合性和对抗性深受欢迎。

（4）2012 年 9 月，参加 2012 年湖南黄炎培职业教育奖创业规划大赛，杜鹏等 3 位同学的"挑战机器人"儿童俱乐部获三等奖。

（5）2012 年 9 月，与深圳中科鸥鹏智能科技有限公司"双元制"校企合作培养学生 30 人，与广州讯联通信公司湖南分公司"双元制"校企合作培养学生 37 人。

（6）2012 年 11 月 5 日，深圳中科鸥鹏智能科技有限公司董事长秦志强博士来校与中科鸥鹏"双元制"班学生进行座谈会。

（7）2012 年 5 月 17 日，匡珊瑱同学获得中共湖南省委教育工作委员会优秀学生党员的称号。

（8）2012 年认真完成了信息工程系各班级的正常教学和学生管理工作，推荐学生参加毕业班学生顶岗实习和就业工作。

二、科学研究

省级以上科研立项 3 项，取得国家计算机软件著作权 1 项，发表研究论文 20 多篇，组织专业建设论证会 2 次，通过湖南省职业教育"十一五"重点项目验收 5 项，课题结题 1 项。

（1）2012 年 2 月，智能控制项目组举行应用电子技术等专业建设研讨会，深圳中科鸥鹏智能科技有限公司董事长秦志强博士、湖南科瑞特科技有限公司董事长张玉希高工、长沙雷立行电子科技有限公司吴定国经理等参加。

（2）2012 年 3 月 5 日，智能仿真项目组举行嵌入式系统工程、通信技术两个专业建设研讨会，北京大学博士生导师谢广明教授、广州讯联湖南实业通信公司凌志群总工程师、智翔集团长沙基地龚浩总经理等参加。

（3）2012 年 7 月 6 日，根据《关于湖南省职业教育"十一五"省级重点建设项目验收结果公示》，由信息工程系具体负责的湖南省职业教育"十一五"省级重点建设项目的应用电子技术、电子信息工程技术 2 个专业通过"高职精品专业"验收；应用电子技术专业谭立新同志、电子信息工程技术专业朱运航同志通过"高职专业带头人"验收；应用电子技术专业通过"省级重点实习实训基地"验收。同时，协助完成了"省示范性高职院校"验收。

（4）取得湖南省教育厅科学研究项目 3 项，见表 1。

表 1　取得湖南省教育厅科学研究项目

项目编号	项目名称	主持人	主要参与人员	研究年份	项目类别
12C1174	基于 MRDS 水中机器人仿真控制 3D 平台的研发	蔡琼	陈鹏慧、刘泽文、徐红丽、刘飞	2012—2014	一般项目
12C1175	基于网络控制的家庭服务机器人关键技术研究与应用	邓知辉	谭立新、李雪东、张平华、黄秀亮、罗坚、蔡彦、肖成、刘正源	2012—2014	一般项目

续表

项目编号	项目名称	主持人	主要参与人员	研究年份	项目类别
12C1176	基于单片机的万能红外线遥控开关技术的研究	雷道仲	何忠悦、罗坚、奚素霞、王艳平、孙小进	2012—2015	一般项目

（5）2012年9月，雷道仲等申报的"遥控开关控制软件（遥控开关控制）V1.0版"，根据《计算机软件保护条例》和《计算机软件著作权登记办法》的规定，经中国版权保护中心审核，获国家版权局计算机软件著作权，登记号：2012SR091415。

（6）2012年10月，由谭立新主持的湖南省职业院校教育教学改革研究与实践项目"基于系列产品驱动的专业建设研究与实践"（项目编号：ZJDA2009004）（重点）结题。

（7）2012年1—12月，发表论文20篇（其中中文核心篇、SCI、EI、ISTP收录6篇），编写教材专著3部。

（8）持续组织了湖南省职业教育"十二五"重点建设项目——电子信息工程技术省级示范性特色专业建设项目的建设方案修订与优化工作，四易其稿；协助湖南信息职业技术学院完成了示范性职教集团的申报工作。

三、社会服务

承办6个项目省级技能竞赛1次，对外培训20多人次，职业技能鉴定404人次，教师外出培训12人次。

（1）2012年5月，对外培训高、中职学校10多个，培训教师、学生20多人次，组织消防安全培训1次。

（2）2012年5月14—16日，承办2012年湖南省职业院校技能竞赛高职组电子信息类项目电子产品设计与制作（基于FPGA技术）、机器人技术应用2个项目，以及中职组电工电子4个项目的竞赛工作，获组织奖。

（3）2012年6月3日，组织24人进行无线电调试工职业技能鉴定；6月23—24日，组织380人参加Protel制图员职业技能鉴定。

（4）2012年，教师培训12人次。7月10—8月3日，黄秀亮、李雪东、肖成3位到深圳市斯达瑞科技有限公司参加"AOI、ATE测试技术，SMT贴片技术项目"培训；8月12—19日，李刚成、彭宏娟、胡志、陈鹏慧4位到威胜集团参加"企业文化和电子产品新技术项目"培训；7月10日—8月2日，邓知辉、张平华、徐红丽3位到深圳中科鸥鹏智能科技有限公司参加项目培训；12月3日—28日，孙小进、胡志2人到长沙通信职业技术学院参加通信新技术培训。

（5）2012年11月，组织消防安全培训1次，信息工程系师生200多人参加了培训。

四、党群工作（略）

积极参加湖南信息职业技术学院组织的政治学习、党风廉政建设、创先争优、项目管理、落实文化工程建设等工作。

（1）2012 年 7 月，信息工程系教工党支部获评湖南省经济与信息化委员会 2011—2012 年先进基层党组织。

（2）2012 年 7 月，信息工程系教工党支部获评湖南信息职业技术学院 2011—2012 年"创先争优"先进基层党组织，谭立新、蔡琼等被评为优秀党员。

（3）2012 年 5 月，信息工程系团总支获得共青团湖南信息职业技术学院委员会先进团总支称号。

（4）2012 年 3 月，信息工程系分工会和信息工程系教工党支部组织全系职工和党员去江西明月山和支部进行政治学习活动。

（5）2012 年 6—7 月，代表湖南信息职业技术学院组织开展了大学生走读铜官村之乡村文化活动。

（6）2012 年 9 月 10 日，谭立新、邓知辉、朱运航、黄秀亮等教师获"十一五""十二五"省级重点项目建设先进个人；穆立君、王艳平获 2012 年教学工作先进个人。

（7）2012 年 9 月，张平华获评湖南信息职业技术学院"学雷锋活动标兵"。

（8）2012 年 11 月，于淑芳获评湖南信息职业技术学院"道德标兵"。

（9）2012 年 11 月，参加湖南信息职业技术学院第六届校运会及 37 周年校庆活动，获拔河比赛第 3 名，男子、女子篮球比赛第 5 名和乒乓球比赛第 2 名。

（10）2012 年全年组织电子协会为社区"家电义务维修"10 次，维修洗衣机 20 台、电风扇 4 个、电视机 8 台、手机 12 部。

第六节　2013 年信息工程系大事记

一、人才培养

全年组织和指导学生参加全国和省级竞赛项目 9 项次，获奖人次 27 人次，其中，省级一等奖 4 项 12 人次，省级二等奖 1 项 3 人次；国家级和全国性竞赛特等奖 2 项 6 人次，2 项一等奖 6 人次。

（1）2013 年 5 月，在湖南省职业院校技能竞赛中，获高职电子产品设计与制作项目省二等奖，参赛学生：罗滔、雷玉鹏、李琳；指导教师：张平华、邓知辉等。

（2）2013 年 10 月 20 日，中国教育机器人大赛（湖南赛区）在湖南信息职业技术学院举行，信息工程系参加了教育机器人擂台对抗赛、机器人游中国、教育机器人智能搬运、机器人灭火比赛四个项目，经过一天的角逐，四个项目全部获一等奖，参赛学生：罗滔、周雄、雷玉鹏、邓黎、朱林兵、胡志文、陈勇刚、孟夏宇、李琳、万朵，指导老师：雷道仲、邓知辉、张平华、彭宏娟等。

（3）2013 年 11 月 8—9 日，中国教育机器人大赛在南京工程学院举行，信息工程系参加了教育机器人擂台对抗赛、机器人游中国、教育机器人智能搬运、机器人灭火比赛四个项目，获两个特等奖（冠军）、两个一等奖（亚军），参赛学生：罗滔、周雄、雷玉鹏、邓黎、朱林兵、胡志文、陈勇刚、孟夏宇、李琳、万朵，指导老师：雷道仲、邓知辉、张平华、彭宏娟等。

（4）2013年10—11月，认真做好了2011级252名学生的顶岗实习与推荐工作，主要有华为技术、中兴通讯、海尔集团、新世纪光电等全国知名企业。

二、科学研究与专业建设

省级以上科研（重点）立项1项，发表研究论文20多篇（其中EI收录6篇），出版专著、教材4部，项目组组织专业建设论证会20余次，签订校际合作协议1份、产学研合作协议1份。

（1）2013年11月4日，根据《关于公布2013年湖南省职业院校教育教学改革研究项目立项名单的通知》（湘教通〔2013〕478号），谭立新教授主持的"高职专业建设效益评价模型及其应用"（项目编号：ZJA2013016）课题获2013年湖南省职业院校教育教学改革研究重点项目资助。

（2）主要专著和教材有：张平华、徐红丽等编著的《电子设计自动化技术（EDA）》，谭立新、雷道仲编著的《单片机技术及应用》，谭立新著作的《专业建设哲理分析、系统设计与智慧落实》等。

（3）组织与完成了2013级信息工程系电子信息工程技术、应用电子技术、通信技术、嵌入式系统工程、玩具设计与制造、电子设备与运行管理6个专业的人才培养方案和课程标准修订与开发。

（4）按照电子信息工程技术省级示范性特色专业建设的任务书进度和要求，基本完成了2013年的建设任务；做好了湖南省电子信息工程技术等专业比较分析调研报告。

（5）11月，与湖南农业大学签订共建电子信息工程技术专业的协议，共建电子信息工程技术。

（6）11月，与长沙长泰机器人有限公司签订产学研校企合作合同，全面进行"清洁机器人"项目合作与产品开发和"订单式"人才培养。

（7）开发了"带视觉的移动服务机器人"样机，可进一步进行功能拓展与二次开发，为"清洁机器人"开发奠定了基础。

（8）组织了"老年社区服务机器人产业开发"的前期调研工作，并作为湖南省经济和信息化委员会的调研项目支撑材料。

三、社会服务与教学团队建设

承办3个项目省级技能竞赛1次，中国教育机器人大赛湖南赛区1次，对外培训20多人次，职业技能鉴定252人次，教师外出培训11人次。

1. 对外培训与交流

（1）2013年4—6月，对外培训高中职学校10多个，培训教师学生20多人次。

（2）2013年5月16日，与深圳中科鸥鹏智能科技有限公司合作成立了机器人辅助项目教学师资培训基地；8月10—21日，组织了中国教育机器人竞赛湖南地区第二届教练员培训，培训长沙市电子工业学校、长沙高新技术工程学校、桃源县职业中专等学校 6 人，指导教师：张平华、雷道仲、邓知辉、谭立新等；11 月 10—20 日，培训了湘北职业中专 2 名教师，指导教师：张平华、雷道仲、邓知辉、谭立新等。

（3）2013 年 10 月—2014 年 4 月，组织国家培训项目——青年教师下企业顶岗实习培训项目（中职电子技术应用），合作企业：湖南科瑞特科技有限公司，培训学员 3 人。

（4）2013 年 10 月 1—7 日，与"三一重工""好小子"等参加长沙世界之窗"机械狂欢节"，并在湖南经视、湖南卫视等媒体报道。

2. 技能竞赛承办

（1）2013 年 5 月，承办 2013 年湖南省职业院校技能竞赛高职组电子信息类项目电子产品设计与制作、中职组电工电子 2 个项目（单片机控制装置与调试、制冷与空调设备组装与调试）的竞赛工作，获组织奖。

（2）2013 年 10 月 19—20 日，承办中国教育机器人大赛（湖南赛区），并取得优秀组织奖。

3. 职业技能鉴定

2013 年 10 月 28 日，组织 252 人参加 Protel 制图员职业技能鉴定。

4. 教师外出培训

（1）1 月 8—29 日，谭立新、李刚成、李雪东 3 人参加新加坡南洋理工学院等 5 所学校"教育部高职教育培训班"。

（2）7 月 8 日—8 月 2 日，朱运航、于淑芳、彭宏娟 3 人参加电子信息工程技术专业国家骨干教师国内培训项目，培训地点：湖南铁道职业技术学院。

（3）7 月 5 日—8 月 5 日，学院安排信息工程系谭立新、邓知辉、肖成及全校 16 位同志去德国代根多夫应用技术大学参加"高职教育"培训。

（4）何忠悦去企业参加青年教师下企业（威胜集团）顶岗实习培训 3 个月，邓知辉参加物联网技术培训 40 天。

（5）组织了系级教师专题培训 3 次。

（6）招聘新教师 2 人。

四、党群工作（略）

第七节　2014 年信息工程系大事记

一、人才培养

全年组织和指导学生参加全国竞赛项目 4 项次，获奖人次 12 人次，其中，冠军 9 人次 3 项次。

（1）2014 年 9 月，启动中国教育机器人竞赛工作，于 2014 年 11 月 1—2 日参加全国比赛，参赛学生 11 人。唐文毅、孟夏宇、朱林兵、聂威、龙威鑫、游铁钢、卢万欣、邹润光、朱武、米长发、曾冬阳 11 位学生参加的"机器人灭火""机器人游中国""智能机器人搬运"和"机器人擂台对抗"4 个项目中，"智能机器人搬运""机器人擂台对抗"及"机器人灭火"3 个项目获得全国总冠军，"机器人游中国"获得全国季军的好成绩；指导教师：雷道仲、李平安、蔡琼、于淑芳。

（2）2013 年 10—11 月，认真做好了 2012 级 315 名学生的顶岗实习与就业推荐工作，主要有华为技术、中兴通讯、美的集团、新世纪光电等全国知名企业。

二、科学研究与专业建设

省级以上科研（重点）立项 1 项，电子信息工程技术省级示范性特色专业验收获评"优秀"，发表研究论文 20 多篇（其中 EI 收录 6 篇），出版专著、教材 4 部，发明专利 2 项，实用新型专利 5 项，计算机软件著作权 4 项，项目组组织专业建设论证会 20 余次，签订校际合作协议 3 份、产学研合作协议 4 份。

1. 科研教项目

（1）2014 年 7 月，根据"关于公布职业教育'十二五'省级重点建设项目 2014 年度入围项目的通知（湘教通〔2014〕402 号）"，由湖南信息职业技术学院信息工程系牵头，长沙市电子工业学校、衡阳市职业中专、郴州综合职业中专 3 所国家综合改革示范校联合申报的电子信息工程技术专业中高职衔接项目获得立项。该项目现已进入实质性建设阶段，2014 年三所学校分别招生 28 人、52 人、52 人，并已按中高职衔接的人才培养体系运行。

（2）2014 年 5 月，获得湖南省教育厅科学研究项目 1 项，负责人：熊英。

2. 项目建设

（1）2014 年 1—12 月，电子信息工程技术专业省级示范性特色专业认真组织项目建设，并于 7 月完成了湖南省财政厅组织的 2013 年绩效考核工作，11 月份完成了湖南省教育厅组织的 2014 年下半年的绩效考核工作。

（2）2014 年 12 月，电子信息工程技术省级示范性特色专业验收获评"优秀"。

3. 中高职衔接项目第一次研讨会

2014 年 9 月 28—29 日，电子信息工程技术专业中高职衔接项目第一次研讨会召开，四所合作学校校长、教学校长、专业负责人、学籍管理人员、专业骨干教师等参加了研讨会，进行项目研究。经本次会议研究，在中高职衔接人才培养方案、课程标准，下一步工作安排及任务分工方面初步形成了共识。

4. 计算机软件著作权

（1）2014 年 4 月 24 日，邓知辉、谭立新、罗坚、李刚成、朱运航、张卫兵、肖斌等的"智能工厂服务机器人控制软件（服务机器人控制）V1.0"获国家知识版权局计算机软件著作权，登记号：2014SR048853。

（2）2014 年 8 月 12 日，邓知辉、朱运航、唐文毅、游铁钢等的"智能消防服务机器人控制软件（消防机器人控制）V1.6.2"获国家知识版权局计算机软件著作权，登记号：2014SR118272。

5. 国家发明专利

（1）一种带视觉的服务机器人，谭立新、张卫兵等 5 人。

（2）一种可移动服务机器人，谭立新、张卫兵等 5 人。

6. 国家实用新型专利

（1）一种基于单片机的小型机器人，李平安。

（2）一种带视觉的服务机器人，谭立新、张卫兵等 5 人。

（3）一种可移动服务机器人，谭立新、肖成等 5 人。

（4）一种新型机器人，李平安、孙小进、胡志等 3 人。

（5）家用多功能定时器，彭宏娟。

7. 国际发明专利 1 个

正在申报。

8. 专著与论文

（1）谭立新、朱林、黄秀亮、孙小进、罗坚著作的《智能家居机器人设计与控制》由北京理工大学出版社出版，40 万字。

（2）雷道仲等著作的《基于 C51 单片机的机器人设计与制作》出版，20 万字。

（3）信息工程系发表科研教研论文 20 余篇，其中，三大检索收录 3 篇。

三、社会服务与教学团队建设

承办省级技能竞赛 1 次，对外培训 100 多人次，职业技能鉴定 315 人次，教师外出培训 16 人次，组织与聘请专家讲座"机器人与智能技术"等相关专题 6 次。

1. 对外培训与交流

（1）2014 年 3 月 6 日，信息工程系项目组在系主任谭立新教授的带领下赴长沙长泰机器人有限公司调研。参与调研的成员有李刚成、黄秀亮、李雪东、孙小进、邓知辉、刘锰、张卫兵。长泰机器人总工程师黄钊雄、项目总监张继伟、综合管理部部长吴姗带领项目组成员考察了公司生产基地及研发中心，总工程师黄钊雄介绍了公司技术开发、生产经营和公司未来发展趋势。调研组对公司工业机器人的技术关键、人才需求情况和生产、经营状况进行了深入的了解，并就校企双元合作、产学研合作进行进一步洽谈。同时，对合作项目——"2014 年教育部培训项目高等职业学校电子信息工程技术专业骨干教师顶岗实践培训实施方案"做了深入的研讨及修订。

（2）2014 年 7 月 13 日—8 月 24 日，承办湖南省职业院校教师省本级培训项目——中职电子技术应用专业教师培训。培训了来自湖南省 23 个中职学校 25 名骨干教师。

（3）2014 年 7 月 14 日—8 月 30 日，与长沙长泰机器人公司、湖南科瑞特股份公司等合作承办教育部职业院校骨干教师国家级培训项目——高职电子信息工程技术专业教师下企业（工业机器人技术应用），培训来自湖南省 11 所高职院校骨干教师 12 名学员。

（4）2014 年 8 月，去深圳泛海三江股份公司调研，并就共建电子信息工程技术专业智能家居等三个实验室和订单式人才培养达成初步协议，并于 2014 年 10 月正式签订了人才培养正式合作，深圳泛海三江股份公司无偿在学院建设一个价值 20 多万元的集智能家居、智能消防、智能楼宇在内的实训室。

（5）2014 年 8 月，去湖南艾博特机器人公司调研，并与其签订了"双元式"人才培养协议，为公司及湖南省工业机器人企业培养 30 名相关人才。

（6）2014 年 8 月，去长沙雨花经济开发区调研，并初步达成在长沙雨花经济开发区工业机器人研究院设立湖南信息职业技术学院智能技术研究所，由政府"出地、出楼、出资金"，学校"出技术、出人、出课题"，企业"出项目、出资金、出成果"的"政、校、企"合作的产学研合作新形式。

（7）2014 年 6 月，湖南省职业院校新技术培训省本级项目——机器人与智能技术项目立项，并于 11 月中旬正式开班。

（8）2014 年 5 月，与湖南远洋船务管理有限公司达成协议，应用电子技术专业、电子信息工程技术专业"订单"培养"海员"，9 月正式运行，2014 级学生订单人才 18 人。

（9）2014 年 8 月 20 日，与湖南明盛科技公司签订产学研合作合同。

（10）2014 年 11 月 9 日—12 月 10 日，承办湖南省机器人与智能技术新技术培训，培训学员 44 人。

（11）2014 年 10 月 28 日，协助组织 2014 年湖南智能制造装备产业合作对接会相关资料与产品展示，展示了迎宾机器人、家居智慧小卫士、旅游机器人等 5 个新开发机器人；并与长沙雨花经济开发区（湖南省示范性工业机器人园区）签订人才培养、产学研全面合作合同。

（12）2014 年 12 月 9 日，国防科技大学马宏绪教授应邀来信息工程系对机器人与智能技术培训班学员作"军用机器人技术"讲座；2014 年 12 月 12 日，湖南省经济和信息化委员会副主任黄东红在北院综合楼多功能厅作"以智能制造为突破口，推动产业转型升级"专题讲座；2014 年 12 月 14 日，湖南大学王耀南教授应邀来信息工程系对机器人与智能技术培训班学员作"机器人技术及其发展趋势"讲座；2014 年 12 月 18 日，湖南省教育科学研究院刘显泽作"职业教育课程论：总论与方法"讲座。

2. 技能竞赛承办

（1）2014 年 5 月，承办 2014 年湖南省职业院校技能竞赛高职组电子信息类项目芯片级检测维修与数据恢复项目竞赛。

（2）2014 年协助承办了中国教育机器人竞赛等项目。

3. 职业技能鉴定

2014 年 6 月 7—8 日，组织 315 人参加 Protel 制图员职业技能鉴定。

4. 教师外出培训

（1）2014 年 7—8 月，张平华、徐红丽参加由湖南铁道职业技术学院承办的教育部职业院校骨干教师国家级培训项目——高职电子信息工程技术专业教师下企业。

（2）2014 年 7—8 月，孙小进、肖成 2 位教师参加由湖南信息职业技术学院承办的教育部职业院校骨干教师国家级培训项目——高职电子信息工程技术专业教师下企业（工业机器人技术应用）。

（3）2014 年 9 月始，新进教师熊英、李宇峰、石英春、张颖、曹璐云、黄亚辉参加校本级培训项目及国家教师资格认定培训。

（4）2014 年 11 月 9 日—12 月 10 日，李平安、张卫兵、黄亚辉、石英春 4 位参加湖南信息职业技术学院承办的湖南省机器人与智能技术新技术培训。

（5）2014 年 11 月，何忠悦参加由湖南铁道职业技术学院承办的湖南省工业机器人应用技术新技术培训。

四、党群工作（略）

第八节　2015 年电子工程学院大事记

2015 年在院党委和院行政的领导下，以学生培养为中心，以省级中高职衔接项目建设为重点，全面兼顾学院重点工作和"十二五"规划，在全体职工的共同努力下，取得了以下成绩：

一、人才培养

全年组织和指导学生参加全国竞赛项目 14 项次，获奖人次 75 人次，冠军 15 人次 5 项次。

（1）2015 年 8 月，启动中国教育机器人竞赛工作。2015 年 10 月和 11 月分别参加湖南省预选赛和全国比赛，参赛学生 18 人，朱林兵、汪志豪、巢理、孟夏宇、邹润光、蒋钰、龙威鑫、谢陈君、游铁钢、聂威、黄俊、晏家新、晏家新、黄俊、聂威、彭俊泉、欧阳慧健、林超等 18 位学生参加的机器人智能搬运、机器人灭火救援、机器人游中国、中国教育机器人、机器人搬运码垛（标准赛）、机器人搬运码垛（挑战赛）6 项获全国总冠军；机器人擂台对抗赛获得全国一等奖。机器人智能搬运、机器人灭火救援、机器人游中国、机器人搬运码垛（标准赛）、机器人搬运码垛（挑战赛）、机器人擂台对抗赛 6 项获湖南省一等奖。指导教师：谭立新、雷道仲、李平安、黄亚辉、孙小进、邓知辉、肖成等 7 人。

（2）2015 年 6 月，启动中国机器人大赛竞赛工作。2015 年 7 月，参加水中机器人大赛，参赛学生 11 人。李龙、吴灿辉、陈威、谢思远、曾军霖、胡久念、黎旭东、彭俊泉、易明浩、王裕文、姿英惠等 11 名学生参加的中国水中机器人竞赛抢球博弈、赛水中搬运获全国一等奖，花样游泳获全国二等奖，生存挑战获全国三等奖。2015 年 8 月，参加微软仿真大赛，参赛学生 7 人。李龙、吴灿辉、陈威、谢思远、黎旭东、彭俊泉、王裕文等 7 名学生参加的微软仿真 5 对 5 获全国一等奖、11 对 11 获全国二等奖。指导教师：蔡琼、陈鹏慧、张卫兵、李刚成等 4 人。

（3）2015 年 4 月，启动湖南省职业院校技能大赛。2015 年 5 月，参加嵌入式产品开发项目，参赛学生：龙威鑫、聂威、游铁钢 3 人，获得湖南省一等奖。指导教师：李平安、李宇峰。

（4）2015 年 6 月，启动"乐易考杯"湖南省"互联网 +"大学生创新创业大赛。2015 年 9 月，参加院级选拔赛，参赛学生 16 名。朱林、曹延焕、黎鑫宇、唐振宇、孟夏宇、龙威鑫、聂威、游铁钢、黄俊、李洪波、谢陈君、陈雨露、黎旭东、彭俊泉、易明浩、李龙等 12 人参加的智多星家居服务机器人、智能家居协助机器人、智慧生活、健康可穿戴设备等 4 个项目，获得校级 3 个一等奖和 1 个二等奖，并获得校级组织奖。其中，智能家居协助机器人和智慧生活两个项目代表学校参加省级"互联网 +"大学生创新创业大赛实践组比赛，并获得三等奖，"智多星家居服务机器人有限公司"项目代表学校参加省级"互联网 +"大学生创新创业大赛创意组比赛，获三等奖。指导教师：孙小进、黄秀亮、李平安、雷道仲、罗昌政、黄亚辉、蔡琼、陈鹏慧、朱运航等 9 人。

（5）2015 年 4 月，组织了机器人、电子设计与制作、PCB 设计与制作 3 个校级竞赛，参与学生 200 多人次。

（6）2015 年 10—11 月，认真做好了 2013 级 290 名学生的顶岗实习与就业推荐工作，主要有华为技术、中兴通讯、美的集团、新世纪光电等全国知名企业。

二、科学研究与专业建设

省级以上科研（重点）立项 4 项，发表研究论文 20 多篇（其中 EI 源刊一篇，EI 收录 6 篇），出版专著、教材 4 部，发明专利 2 项，实用新型专利 3 项，计算机软件著作权 12 项，项目组组织专业建设论证会 20 余次，签订校际合作协议 3 份、产学研合作协议 4 份。

1. 科研教研项目 5 项

（1）2015 年 5 月，获得湖南省教育厅科学研究项目 4 项，负责人：张平华、罗坚、李平安、孙小进。

（2）获得湖南省教育科学"十二五"规划湖南省青年项目 1 项，负责人：张平华。

2. 项目建设

（1）省级中高职衔接项目。由湖南信息职业技术学院信息工程系牵头，长沙市电子工业学校、衡阳市职业中专、郴州综合职业中专等三所国家综合改革示范校联合申报的电子信息工程技术专业中高职衔接项目（湘教通〔2014〕402 号）已进入实质性建设阶段，2015 年三所学校分别招生 100 人、50 人、50 人，并已按中高职衔接的人才培养体系运行。

2015 年 4 月，在郴州综合职业中专组织了中高职衔接项目建设研讨会 1 次，并作了"专业建设哲理分析、系统设计与智慧落实"讲座 1 次。

2015 年 12 月，在武汉协助长沙市电子工业学校组织了中高职衔接调研会 1 次。

（2）全年慕课建设。肖成负责的 PCB 设计技术、邓知辉负责的电路设计与仿真通过学校验收。

（3）改进迎宾机器人。

3. 实验室建设

（1）工业机器人实验室建设。为了培养面向湖南（长沙）机器人产业示范园区配套人才，加快学院专业群发展，提高学校社会服务能力，实验室建设方面重点筹备了工业机器人实验室的新建工作。2015 年 3 月起，对湖南省多家企业和已建成工业机器人实验室的兄弟院校进行了调研，与有意向的系统集成商进行了多轮洽谈。2015 年 6 月初，形成了初步的建设方案，并上报了项目需求，暑假期间通过党委会对该项目追加 200 万元预算。2015 年 9 月，召开了 2 次党政联席会，讨论研究了建设方案和评分标准等事宜，9 月 18 日召开建设方案征集评审会议，聘请了湖南大学的孙炜教授、长沙华恒机器人系统有限公司郑长剑高级工程师等 7 位知名专家，进行了评审。2015 年 10 月，根据专家组的意见对工业机器人实验室建设方案进行了整合，形成了最后的建设方案。2015 年 11 月，对建设方案中的参数进行了细化，启动了政府招投标程序。2015 年 12 月初，正式挂网，12 月 25 正式招标。

（2）嵌入式系统设计与开发实验及单片机实验室开发。以家居机器人和智能小车为载体，自主开发了嵌入式系统设计与开发实验及单片机实验室，已通过学校验收。

4. 计算机软件著作权 12 个

（1）2015 年 7 月，蔡琼等"仿生机器鱼水球比赛实时仿真系统中的 3V3 控制系统"获国家知识版权局计算机软件著作登记，登记号：2015SR132582。

（2）2015 年 4 月，蔡琼等"仿生机器鱼水球比赛实时仿真系统中协作过孔系统"获国家知识版权局计算机软件著作权登记，登记号：2015SRO65896。

（3）2015 年 7 月，蔡琼等"物流机器人'火星一号'控制软件"获国家知识版权局计算机软件著作登记，登记号：2015SR132591。

（4）2015 年 7 月，雷道仲等"一种智能循迹避障控制机器人控制软件"获国家知识版权局计算机软件著作登记，登记号：2015SR132583。

（5）2015 年 5 月，李平安等"智能导游服务机器人控制软件"获国家知识版权局计算机软件著作登记，登记号：2015SR088478。

（6）2015 年 5 月，李平安等"智能搬运物流服务机器人控制软件"获国家知识版权局计算机软件著作登记，登记号：2015SR085400。

（7）2015 年 4 月，邓知辉等"智能工厂自动货运机器人控制系统"获国家知识版权局计算机软件著作登记，登记号：2015SRO65907。

（8）2015 年 9 月，邓知辉等"智能餐厅无线寻呼服务系统软件 V1.2"获国家知识版权局计算机软件著作登记，登记号：2015SR187599。

（9）2015 年 9 月，邓知辉等"智能家居控制系统客户端软件 V1.0"获国家知识版权局计算机软件著作登记，登记号：2015SR187597。

（10）2015 年 9 月，邓知辉等"炉内温度控制系统软件 V1.0"获国家知识版权局计算机软件著作登记，登记号：2015SR186889。

（11）2015 年 6 月，张卫兵等"智能工厂全自动物料运输车控制软件"获国家知识版权局计算机软件著作登记，登记号：2015SR101892。

（12）2015 年 5 月，谭立新等"一种带视觉系统的服务机器人控制系统（带视觉系统的服务机器人控制系统）V1.0"获国家知识版权局计算机软件著作登记，登记号：2015SR085396。

5. 国家发明专利 2 个

（1）一种机电一体化工业机器人自动化控制系统，李平安。

（2）可充电的无线传感器网络中随机事件捕获调度，朱运航。

6. 国家实用新型专利 3 个

（1）一种智能循迹避障控制机器人，雷道仲。

（2）一种新型机器人，李平安、孙小进。

7. 专著与论文

（1）雷道仲等《基于 C51 单片机的机器人设计与制作》，由中南大学出版社出版，20 万字。

（2）孙小进等《工业机器人项目设计与应用》，待出版；何忠悦等《工业机器人离线编程与仿真》，待出版。

（3）邓知辉《电路设计与仿真》，校本教材，36 000 字。

（4）谭立新等《基于经典实例开发的单片机快速入门指导手册》，北京理工大学出版社出版。

（5）孙小进等《三菱工业机器人集成应用技术》，北京理工大学出版社出版，27 万字。

（6）信息工程系发表科研教研论文 20 余篇，其中，三大检索收录 3 篇，EI 源刊 1 篇。

三、社会服务与教学团队建设

承办省级技能竞赛 1 次、中国机器人大赛（湖南赛区）1 次，对外培训 400 多人次，职业技能鉴定 290 人次，进行对外"高职工业机器人技术专业课程体系构建与实践环节设计"相关专题讲座 5 次。

1. 对外培训与交流

（1）2015 年 7 月，参加国培项目中职教师企业顶岗实践项目"电子技术应用"，培训中职教师 4 名。

（2）2015 年 11 月 13 日，由湖南信息产业职业教育集团主办，长泰机器人有限公司、长沙机器人产业技术创新战略联盟协办的"万众创新推动中国'智'造——2015 年湖南省机器人产业技术培训会"隆重召开。湖南省长沙市雨花经开区管委会副主任邓波、湖南信息产业职业教育集团秘书长肖放鸣、长泰机器人有限公司总工程师黄钊雄、湖南蓝天机器人科技有限公司、湖南博胜智能机械有限公司、湖南电器研究所、长沙理工大学等 40 多家家企业院校 70 多名代表出席了此次会议。此次培训会议共历时一天，围绕工业机器人多层面展开，旨在促进湖南机器人产业链的行业发展，共同探讨机器人在产、学、研、用方面的有机融合，提升湖南本土机器人行业的发展水平。培训会上，湖南大学余洪山教授、三一重工李仁博士、湖南信息职业技术学院谭立新教授作专题讲座。

（3）2015 年 11 月 9—10 日，参加由机械工业联合会及湖南经济和信息委员会举办的"2015 年中国国际工程机械配套件博览交易会"，并进行工业机器人、控制系统和软件专题展览。协助组织相关资料与产品展示，展示了迎宾机器人、家居智慧小卫士、旅游机器人等 5 个开发机器人。

（4）谭立新、张卫兵应邀参加 2015 年 11 月 23 日—11 月 25 日在北京举办的 2015 世界机器人大会，此次大会由中国科学技术协会、工业和信息化部、北京市人民政府举办，由中国电子学会、中国机器人产业联盟、中国科协青少年中心承办。大会围绕世界机器人研究和应用重点领域以及智能社会创新发展，开展高水平的学术交流和最新成果展示，搭建国际协同创新平台，组织我国专家和国际同行研讨机器人发展创新趋势，明确机器人产业发展导向，探寻机器人革命对未来社会发展的深刻影响，为我国制定机器人产业发展战略、推动制造业转型升级提供决策参考，提升我国机器人产业的国际影响力。

（5）2015 年 10 月 17 日，湖南信息产业职业教育集团在长沙市麓升国际酒店隆重召开了高职高专工业机器人技术暨国家级"十三五"规划教材重点申报与出版项目研讨会，会议取得了圆满成功。本次会议由湖南信息产业职业教育集团主办，北京理工大学出版社、湖南科瑞特科技股份有限公司承办。参加本次会议的人员有来自全国各地高职院校一线的专业学科带头人、骨干教师，也有来自企业的负责人、技术骨干以及出版社的领导。会议旨在共同促进高职高专工业机器人技术人才培养；促进工业机器人技术专业课程建设；从专业引领，资源建设层面促进工业机器人教学资源的基础和核心建设。

研讨会上，首先由湖南信息产业职业教育集团肖放鸣秘书长致辞，秘书长代表湖南信息产业职教集团介绍了 2015 年集团以机器人技术人才培养为主体组织开展的一系列活动。湖南信息职业技术学院谭立新教授作了"工业机器人技术专业课程体系设置及实训环节设计实践"专题讲座、科瑞特总经理张宏立作"工业机器人系统集成及实训基地建设方案"专题讲座、科瑞特董事长张玉希作"智能制造与工业机器人企业所需技能分析"专题讲座。

（6）参加中高职衔接会议，武汉，3 人。通过学习，了解武汉地区在中高职衔接方面的成功经验与具体做法，为"电子信息工程技术中高职衔接项目"建设提供参考。主要议题：中高职人才培养衔接项目的课程设置、教学改革，教育教学计划实施与管理方案的研讨。

（7）组织了 3 个教研室按期初计划如期开展了教学研究活动。

（8）2015 年 10 月，与黄金工业园初步达成合作协议。

2. 技能竞赛承办

（1）2015 年 5 月，承办了 2015 年湖南省职业院校技能竞赛高职组高职嵌入式产品开发项目竞赛。

（2）2015 年 10 月，承办了中国教育机器人竞赛等项目。

3. 职业技能鉴定

2015 年 10 月 28 日，组织 290 人参加 Protel 制图员职业技能鉴定。

4. 教师外出培训

（1）2015 年 1—7 月，邓知辉参加国防科技大学脱产培训，培训内容：仿生机器人技术。

（2）张平华老师在湖南师范大学任国内访问学者。

第九节　2016 年电子工程学院大事记

2016 年，电子工程学院在学校领导的关心、指导、监督下，认真完成年初的工作计划，做好学生、教职工的各项工作。从以下几个方面进行总结。

一、人才培养

（1）全年组织和指导学生参加全国竞赛项目 17 项次，获奖 80 余人次，冠军 4 人次 1 项次，一等奖 20 人次 7 项次，二等奖 40 余人次 5 项次。见表 1。

表 1 全年组织和指导学生参加全国竞赛项目

序号	时间	项目	主办单位	获奖情况	奖项级别	获奖学生	指导教师
1	2016 年 4 月	电子产品设计及制作	职业技能大赛 湖南省教育厅	一等奖	省级	陈威、胡冈、方志东	邓知辉、雷道仲
2	2016 年 4 月	嵌入式产品设计及应用		一等奖	省级	黄俊、晏家新、谢陈君	李平安、李宇峰
3	2016 年 5 月	嵌入式产品装配调试	职业技能大赛 教育部	二等奖	国家级	黄俊、欧阳慧健	李平安、李宇峰
4	2016 年 5 月	电子产品设计及制作		二等奖	国家级	陈威、胡冈、方志东	邓知辉、雷道仲
5	2016 年 5 月	电子产品芯片级检测维修与数据恢复		三等奖	国家级	祁峰、涂生洋	黄亚辉、张卫兵
6	2016 年 5 月	嵌入式应用开发		三等奖	国家级	晏家新、谢陈君	李平安、李宇峰
7	2016 年 10 月	2016 中国机器人大赛 水中机器人自主视觉单鱼顶球项目	中国自动化学会 教育部高等学校自动化类专业教学指导委员会 长沙市人民政府	一等奖（冠军）	国家级	刘起宇、郑明贵、彭柄清、王永成	陈鹏慧、龙凯、张平华、李刚成
8	2016 年 10 月	2016 中国机器人大赛 水中机器人复杂石油管道检测项目		一等奖	国家级	符镇武、韩伟、刘奇宇、朱金露	李刚成、蔡琼、龙凯、陈鹏慧
9	2016 年 10 月	2016 中国机器人大赛 水中机器人全局视觉 2V2		三等奖	国家级	郑明贵、胡久念、黎鑫雨、张旭	肖成、张平华、蔡琼、张卫兵
10	2016 年 10 月	2016 中国机器人大赛 助老服务机器人助老生活服务项目		三等奖	国家级	张鑫成、符镇武、朱金露、胡久念	张卫兵、肖成、谭立新、陈鹏慧
11	2016 年 10 月	2016 中国机器人大赛 助老服务机器人助老环境与安全服务项目		三等奖	国家级	韩伟、张鑫成、王永成、张旭	蔡琼、张卫兵、肖成、李刚成

续表

序号	时间	项目	主办单位	获奖情况	奖项级别	获奖学生	指导教师
12	2016 年 11 月	2016 年第六届教育机器人大赛 机器人搬运码垛项目		一等奖	国家级	沈双庆、黄俊、晏家新	李平安、谭立新
13	2016 年 11 月	2016 年第六届教育机器人大赛 机器人智能搬运项目		二等奖	国家级	魏曾平、梁康、汪志豪	张平华、孙小进
14	2016 年 11 月	2016 年第六届教育机器人大赛 机器人游中国高铁项目	中国人工智能学会	二等奖	国家级	谢陈君、王龙、傅凌云	李宇峰、阳领
15	2016 年 11 月	2016 年第六届教育机器人大赛 机器人擂台对抗项目		二等奖	国家级	高思、付安莲、欧阳慧健	石英春、申丹丹
16	2016 年 11 月	2016 年第六届教育机器人大赛 机器人灭火和救援项目		一等奖	国家级	胡冈、唐叔军、巢理	李斌、黄亚辉
17	2016 年 11 月	2016 年第六届教育机器人大赛 小型物流机器人系统项目		一等奖	国家级	孟夏宇、耿新汶、黎浩、陈梦教、周辉	雷道仲、徐红丽

（2）推荐参加湖南省"互联网＋大学生创新创业大赛"，获得省级二等奖，是高职类学校的最好成绩。见表 2。

表 2　"互联网＋大学生创新创业大赛"获奖情况

序号	时间	项目	主办单位	获奖情况	奖项级别	获奖学生	指导教师
1	2016 年 9 月	长沙海科森教育科技有限公司	湖南省教育厅	二等奖	省级	孟夏宇、耿新汶、黎浩陈梦教、周辉	雷道仲、谭立新、李平安

（3）组织 20 个学生队伍参加学校举办的"互联网＋学生创新创业大赛"，取得 2 个一等奖、1 个二等奖、1 个三等奖。见表 3。

表3 "互联网+学生创新创业大赛"获奖情况

序号	时间	项目	主办单位	获奖情况	奖项级别	获奖学生	指导教师
1	2016年6月	长沙海科森教育科技有限公司	湖南信息职业技术学院	一等奖	校级	孟夏宇、耿新汶、黎浩	雷道仲、谭立新
2	2016年6月	"梦想智造"文化传播有限公司		三等奖	校级	游铁钢、陈梦教、周辉	雷道仲、谭立新
3	2016年6月	远航无人机创新科技有限公司		一等奖	校级	黄俊、晏家新、谢陈君、欧阳慧健、唐淑军	李平安、李宇峰

（4）2016年10—11月，认真做好了2016级290名学生的顶岗实习与就业推荐工作，主要有华为技术、中兴通讯、美的集团、新世纪光电等全国知名企业。

二、科学研究与专业建设

省级以上科研（重点）立项4项，发表研究论文20余篇（其中SCI期刊收录1篇、EI收录3篇、中文核心2篇、中文教育核心2篇），出版专著、教材4部。实用新型专利20余项，国家发明专利1个，计算机软件著作权20余项，项目组组织专业建设论证会10余次。

1. 科研教研项目5项

（1）2016年5月，获得湖南省教育厅科学研究项目4项，负责人：蔡琼、张卫兵、李宇峰、石英春。

（2）2016年11月，获得湖南省哲学社会科学规划基金1项：2016年湖南省社科基金"2025湖南智造"高职项目，负责人：张平华。

2. 计算机软件著作权8个

（1）2016年5月，基于Android的交互式视觉智能机器人控制软件（登记号：2016SR094996）。

（2）2016年5月，交互式智能语音服务机器人控制软件（登记号：2016SR095554）。

（3）2016年7月，便携式无线评分控制器软件V1.0（登记号：2016SR187948），人员：黄亚辉、李刚成、雷道仲、李平安、石英春、罗奇、徐红丽。

（4）2016年1月，水中机器人抢球博弈控制系统（登记号：2016SR006323）。

（5）2016年1月，水中机器人生存挑战控制系统（登记号：2016SR006324）。

（6）2016年1月，仿生机器鱼水球比赛实时仿真系统中的花样游泳控制系统（登记号：2012SR027793）。

（7）2016年1月，一种带视觉的服务机器人控制系统（登记号：2015SR085396）。

（8）2016年1月，轮式足球机器人仿真5V5决策系统V1.0（登记号：2016SR006311）。

3. 国家发明专利1个

一种机电一体化工业机器人自动化控制系统，李平安。

4. 国家实用新型专利 18 个

（1）2016 年 12 月，一种自动物流运输智能车控制系统（专利号：ZL201520746798.4），发明人：张卫兵、谭立新、李刚成、龙凯、尤铁刚。

（2）2016 年 2 月，基于视觉的智能家居服务机器人循迹滚轮定位装置（专利号：ZL201520803234.X），发明人：李平安等。

（3）2016 年 2 月，机器视觉工业机器人连接装置（专利号：ZL201520803279.7），发明人：孙小进、李平安等。

（4）2016 年 2 月，自动分拣工业机器人固定装置（专利号：ZL201520803280.X），发明人：孙小进等。

（5）2016 年 2 月，基于视觉的智能家居服务机器人定位装置（专利号：ZL201520803292.2），发明人：李平安等。

（6）2016 年 10 月，一种基于单片机的重量测量与显示系统（专利号：ZL201620348515.5）。

（7）2016 年 10 月，一种简易金属探测器电路（专利号：ZL201620520828.4）。

（8）2016 年 9 月，一种基于单片机的水位控制装置（专利号：ZL201620195273.0）。

（9）2016 年 8 月，一种墙内钢筋位置检测系统（专利号：ZL201620195085.8）。

（10）2016 年 1 月，一种可充电的无线传感器（专利号：ZL201420452235.X）。

（11）2016 年 3 月，一种基于逻辑元件的路径规划小车（专利号：ZL201520935105.6），发明人：黄亚辉、陈焕文、罗奇、廖继旺。

（12）2016 年 8 月，一种墙内钢筋位置检测系统（专利号：ZL201620195085.8），发明人：黄亚辉、余国清、罗奇、徐红丽、雷道仲、李平安、孙小进。

（13）2016 年 9 月，一种基于单片机的水位控制装置（专利号：ZL201620195273.0），发明人：黄亚辉、雷道仲、李平安、孙小进、罗奇、徐红丽、张四平。

（14）2016 年 10 月，一种基于单片机的重量测量与显示系统（专利号：ZL201620348515.5），发明人：黄亚辉、李刚成、雷道仲、李平安、罗奇、徐红丽。

（15）2016 年 1 月，M – bus 通信过载检测电路，专利号：ZL201620043810X，发明人：石英春等。

（16）2016 年 1 月，燃气表阀门控制电路（专利号：ZL2016200438133），发明人：石英春等。

（17）2016 年 2 月，计量信号采样电路（专利号：ZL201620133480.0），发明人：石英春等。

（18）2016 年 2 月，GPRS 电源控制电路（专利号：ZL201620133657.X），发明人：石英春等。

5. 发明专利 2 个

正在申报。

6. 教材、专著

（1）2016 年 8 月，孙小进，电子设计自动化技术，北京理工大学出版社，参编。

（2）2016 年 7 月，李刚成，电路设计与仿真——基于大案例一案到底，中央广播电视大学出版社，主编。

（3）2016年6月，石英春，电路基础——高职高专电子类专业"十三五"规划教材，中国商务出版社，副主编。

7. 项目建设

（1）中高职衔接项目。

由湖南信息职业技术学院电子工程学院牵头，长沙市电子工业学校、衡阳市职业中专、郴州综合职业中专等3所国家综合改革示范校联合申报的电子信息工程技术专业中高职衔接项目（湘教通〔2014〕402号）已进入实质性建设阶段，2016年已有52人回到湖南信息职业技术学院电子工程学院开始大专阶段的学习与生活。

2016年11月3、4日，湖南省职业教育"十二五"重点建设项目"电子信息工程技术中高职衔接项目"第四次研讨会在衡阳市职业中专学校召开。本次研讨会由湖南信息职业技术学院主办，衡阳市职业中专学校承办，会期历时2天。参加本次研讨会的有湖南省信息职业技术学院、衡阳市中等职业技术学校、郴州综合职业中专、长沙市电子工业学校及永州工业贸易中等专科学校等单位共计30多人参与此次研讨。

2016年11月24日，继湖南省职业教育"十二五"重点建设项目"电子信息工程技术中高职衔接项目"第四次研讨会，长沙市电子工业学校张祥吉副校长、教务科林干祥科长、电子部刘国云主任、电子部胡贵树副主任、原中高职衔接班班主任、电子支部李平松书记一行应邀来学校与电子工程学院教师及中高职衔接班电信1601、1602班的21名学生进行互动交流。

（2）工业机器人实验室建设。

根据工业机器人实验室建设方案，电子工程学院机器人工程技术中心2016年下半年已经基本完成，12月完成验收工作。

（3）无人机专业申报。

2016年10月，无人机专业申报全体成员一起努力将无人机专业申报书提交湖南省教育厅，通信技术教研室孙小进为主要负责人。在此之前，智能控制教研室进行多次下企业调研的工作。

2016年9月22日，湖南信息职业技术学院电子工程学院实训室主任黄秀亮、通信技术教研室主任孙小进老师及刘猛、陈鹏慧、曹璐云、孙丹丹四位骨干教师前往湖南基石信息技术有限公司，与该公司电商运营部张纯就信息职院无人机专业申报中的课程体系构建、实训室建设展开研讨。

三、社会服务与教学团队建设

承办省级技能竞赛1次，承接省本级培训项目1项，对外培训100多人次，职业技能鉴定290人次，进行对外"工业机器人应用技术专业构建方案"相关专题讲座5次。

1. 对外培训与交流

（1）2015年9月—2016年3月，承接省本级培训项目：中职应用电子技术专业教师下企业顶岗实践项目，培养中职教师5人。

（2）2016年11月16日，在湖南农业大学承办的"百家争鸣"学术讲座上，谭立新作"工业4.0时代背景下,机器人与我们的生活"主题报告。

(3) 2016年11月23日—11月25日,谭立新应邀参加在北京举办的2016世界机器人大会,此次大会由中国科学技术协会、工业和信息化部、北京市人民政府举办,由中国电子学会、中国机器人产业联盟、中国科协青少年中心承办。大会围绕世界机器人研究和应用重点领域以及智能社会创新发展,开展高水平的学术交流和最新成果展示,搭建国际协同创新平台,组织我国专家和国际同行研讨机器人发展创新趋势,明确机器人产业发展导向,探寻机器人革命对未来社会发展的深刻影响,为我国制定机器人产业发展战略、推动制造业转型升级提供决策参考,提升我国机器人产业的国际影响力。

(4) 2016年10月,趋望城黄金工业园调研,并初步达成建设科技孵化和创业基地的意向。

2. 技能竞赛承办

(1) 2016年5月,承办2016年湖南省职业院校技能竞赛高职组高职嵌入式产品开发项目竞赛。

(2) 2016年10月,承办了中国教育机器人竞赛湖南赛区比赛。

3. 职业技能鉴定

2016年10月,组织290人参加Protel制图员职业技能鉴定。

4. 教师外出培训

(1) 2016年7月—2016年8月,黄秀亮、蔡琼、孙小进、龙凯参加了40多天的工业机器人培训,培训地点为长沙科瑞特有限公司、上海库卡工业机器人培训学院。

(2) 2016年7月5日—8月25日,肖成参加项目设计与生产现场管理下企业顶岗培训,培训地点:深圳中兴通讯有限公司长沙分公司。

(3) 2016年7月5日—8月25日,朱运航参加国培项目:工业机器人。

(4) 2016年7—8月,曹璐云、胡志、彭宏娟、熊英参加省培项目,培训地点为株洲的铁道职业技术学院。

(5) 2016年9月,雷道仲作为国内访问学者正式开始湖南师范大学学习。

(6) 2016年9月,蔡琼作为国内访问学者正式开始在中南大学学习。

(7) 2016年全年,张平华作为青年骨干教师在湖南大学进修学习。

5. 教师获得省级荣誉(表4)

表4 教师获得省级荣誉

序号	时间	项目	主办单位	获奖情况	奖项级别	获奖人员
1	2016年	优秀共产党员	湖南省	省级		雷道仲
2	2016年9月	智能小车避障功能设计与实现	信息化教学大赛湖南省教育厅	省级	三等奖	张平华
3	2016年9月	《"二三分段式"的中高职衔接专业课程体系构建研究》论文获2016年优秀论文	湖南省教育科学研究工作者协会	省级	一等奖	张平华

四、学生管理工作

2016 年度，电子工程学院在"有信仰、有信心、有信用"的三信人才培养的基本原则下，学生管理工作人员加强学生活动的开展，活动列表如下。

（1）2016 年 1 月 1 日，"元旦晚会"活动。

（2）2016 年 3 月 23 日，"第八届主持人大赛"活动。

（3）2016 年 3 月 15 日，"创业计划大赛"活动。

（4）2016 年 4 月 10 日，"第三十二期党团知识竞赛"活动。

（5）2016 年 4 月 20 日，"班旗设计大赛"活动。

（6）2016 年 5 月 4 日，"第 69 个 5.8 世界红十字日"活动。

（7）2016 年 5 月 31 日，"红十字会授牌授旗仪式"活动。

（8）2016 年 5 月 15 日，"班级友谊篮球赛"活动。

（9）2016 年 6 月 5 日，"情系端午节，爱驻新康院"志愿者活动。

（10）2016 年 9 月 13 日，"青少年救护技能比武"服务活动。

（11）2016 年 9 月 24 日，"第一届成人礼"活动。

（12）2016 年 11 月 5 日，"关爱老人，温暖社会"志愿者服务活动。

（13）2016 年 11 月 10 日，"主持人大赛"初赛活动。

（14）2016 年 11 月 23 日，"黄金就业园交流会"活动。

（15）2016 年 11 月 25 日，"湘信好声音歌手大赛"活动。

五、湖南省电子学会工作

湖南信息职业技术学院是湖南省电子学会（学会）理事单位，学院院长陈剑旄教授被聘为荣誉理事长，谭立新教授被选为湖南省电子学会理事长，秘书处设立在电子工程学院，完成的主要工作如下。

（1）2016 年 5—7 月，筹备并成功举办了 2016 年湖南省电子学会会员代表大会暨第七届换届选举大会，完满完成学会换届相关工作。

（2）新增成员单位 30 余家，新增会员 300 余人。

（3）2016 年 8—11 月，完成了学会网站、微信公众号平台建设。

（4）2016 年 10 月，成立了学会党支部，选举产生了学会支部委员。

（5）2016 年 11 月，成立湖南省电子学会中小学生机器人创客中心。

（6）2016 年 12 月，学会作为第一协办单位，在长沙成功举办 2016（十二届）中国制造业产品创新数字化国际峰会。

第十节　2017 年电子工程学院大事记

一、人才培养

（1）全年组织和指导学生参加全国技能竞赛项目 6 项次，获奖 80 余人次，冠军 4 人次 1 项次，一等奖 20 人次 7 项次，二等奖 40 余人次 5 项次。见表 1。

表 1 参加全国技能竞赛获奖情况

序号	时间	获奖项目	主办单位	获奖学生	指导教师	获奖等级
1	2017 年 4 月	2017 年湖南省职业院校技能竞赛电子产品芯片级检测维修与数据恢复项目	湖南省教育厅	郑明贵、方志东	张卫兵、李雪东	一等奖
2	2017 年 4 月	2017 年湖南省职业院校技能竞赛电子产品芯片级检测维修与数据恢复项目	湖南省教育厅	刘柯成、邹序波	李斌、肖成	一等奖
3	2017 年 4 月	2017 年湖南省职业院校技能竞赛嵌入式技术与应用开发项目	湖南省教育厅	魏曾平、沈双庆、黄俊	李平安、李宇峰	二等奖
4	2017 年 4 月	2017 年湖南省职业院校技能竞赛嵌入式技术与应用开发项目	湖南省教育厅	高思、胡冈、唐叔军	雷道仲、谭立新	三等奖
5	2017 年 6 月	2017 年湖南省职业院校技能竞赛嵌入式技术与应用开发项目	湖南省教育厅	黄俊、魏曾平、沈双庆	李平安、李宇峰	三等奖
6	2017 年 5 月	2017 年湖南省职业院校技能竞赛电子产品芯片级检测维修与数据恢复项目	湖南省教育厅	郑明贵、方志东	张卫兵、肖成	三等奖
7	2017 年 6 月	2017 年全国职业院校技能大赛电子产品芯片级检测维修与数据恢复项目	全国职业院校技能大赛组委会	郑明贵、方志东	张卫兵、肖成	二等奖
8	2017 年 6 月	2017 年全国职业院校技能大赛高职组嵌入式技术与应用开发项目	全国职业院校技能大赛组委会	黄俊、魏曾平、沈双庆	李平安	三等奖
9	2017 年 11 月	2017 第七届中国教育机器人大赛智能搬运	中国人工智学会、湖南省教育厅等	魏曾平、蔡虎、高思	徐红丽、李平安	二等奖
10	2017 年 11 月	2017 第七届中国教育机器人大赛搬运码垛	中国人工智学会、湖南省教育厅等	沈双庆、罗光辉、魏曾平	钟卫乔、谭立新	一等奖

序号	时间	获奖项目	主办单位	获奖学生	指导教师	获奖等级
11	2017 年 11 月	2017 第七届中国教育机器人大赛机器人游中国高铁	中国人工智学会、湖南省教育厅等	梁康、夏恩铭、胡冈	李平安、黄亚辉	一等奖
12	2017 年 11 月	2017 第七届中国教育机器人大赛擂台对抗	中国人工智学会、湖南省教育厅等	高思、唐叔军、梁康	雷道仲、孙小进	一等奖
13	2017 年 11 月	2017 第七届中国教育机器人大赛灭火和救援	中国人工智学会、湖南省教育厅等	胡冈、杨志雄、唐叔军	徐红丽、雷道仲	一等奖

（2）电子工程学院鼓励教师、学生参加创新创业大赛，2017 年共组队 50 余组参加各类创新创业大赛、互联网＋大赛，其中获得荣誉见表 2。

表 2　参加创新创业大赛获奖情况

序号	时间	获奖项目	主办单位	获奖学生	指导教师	获奖等级
1	2017 年 7 月	长沙市望城区首届全民创业大赛	长沙市望城区人力资源和社会保障局	宁望文、方志东、周玉倩、胡峰	刘锰、邓知辉、汪淼湘	二等奖
2	2017 年 7 月	长沙市望城区首届全民创业大赛	长沙市望城区人力资源和社会保障局	王志坚、雷淋淋、张雪梅、罗杨、孙琪	刘锰、邓知辉、汪淼湘	三等奖
3	2017 年 7 月	黄炎培职业教育创新创业大赛	湖南省教育厅	王志坚、宁望文、陈威、张雪梅、何堂平	刘锰、邓知辉	优胜奖
4	2017 年 7 月	黄炎培职业教育创新创业大赛	湖南省教育厅	方志东、雷淋淋、周玉倩、胡峰、吴灿辉	刘锰、邹华	优胜奖
5	2017 年 7 月	2017 年长沙市大中专学生自主创业项目设计大赛	长沙市教育局	方志东、雷淋淋、周玉倩、胡峰、吴灿辉	刘锰、邹华	一等奖
6	2017 年 7 月	"建行杯"第三届湖南省"互联网＋"大学生创新创业大赛	湖南省教育厅	胡峰、王志坚、罗杨、张雪梅、吴灿辉	邓知辉、刘锰、罗昌政	三等奖

（3）组织多名学生参加中国中央团委湖南省团委、湖南省教育厅举办的"挑战杯"湖南省大学生课外学术科技作品竞赛，获得1个一等奖、1个三等奖，见表3。

表3 大学生课外学术科技作品竞赛获情况

序号	时间	获奖项目	主办单位	获奖学生	指导教师	获奖等级
1	2017年7月	第十二届"挑战杯"湖南省大学生课外学术科技作品竞赛	中国中央团委湖南省团委，湖南省教育厅	雷淋淋	刘锰、邓知辉、罗昌政	一等奖
2	2017年7月	第十二届"挑战杯"湖南省大学生课外学术科技作品竞赛	中国中央团委湖南省团委，湖南省教育厅	方志东	邓知辉、刘锰、汪淼湘	三等奖

（4）2017年10—11月，认真做好了2017级390名学生的顶岗实习与就业推荐工作，主要有中兴通讯、华灿广电、威盛、浙江金来、新世纪光电等全国知名企业。

二、科学研究与专业建设

省级以上科研（重点）立项3项，发表研究论文21余篇（其中EI源刊1篇、CSCD 1篇、中文核心1篇），出版专著、教材3部，申请实用新型专利9项、国家发明专利1个、计算机软件著作权20余项。

1. 科研教研项目3项（表4）

表4 科研教研项目

序号	姓名	项目名称	项目编号	项目来源	项目类别	批准时间	参研人员
1	孙小进	长沙市生态文明理念下的大学生生态创业研究		长沙市社科联	哲学社会科学	2017年10月	李刚成、陈鹏慧、李平安
2	陈鹏慧	基于OpenCV的仿生机器鱼视觉跟踪的研究	17C1129	湖南省教育厅	科学研究一般项目	2017年1月	龙凯、李刚成、尹小雁、谭立新等
3	雷道仲	基于多传感器的U形区域循迹避障机器人的研究与设计		湖南省教育厅	科学研究一般项目	2017年1月	雷道仲、阳领、王艳平、杨洁

2. 计算机软件著作权19个（表5）

表5 计算机软件著作权

序号	姓名	成果（项目）名称	登记号	获准时间	参与人员
1	石英春	电子式智能有线表软件	2017SR046603	2017年2月	黄亚辉
2	石英春	通用预付费水表软件	2017SR046600	2017年2月	李宇峰

续表

序号	姓名	成果（项目）名称	登记号	获准时间	参与人员
3	石英春	通信工装程序	2017SR397572	2017 年 7 月	
4	石英春	RS485 通信表软件	2017SR407357	2017 年 7 月	李宇峰
5	李宇峰	基于多摄像头的全景航拍相机嵌入式软件	2017SR419354	2017 年 8 月	李宇峰、李平安、胡志
6	孙小进	机器人信息库管理系统 V1.0	2017SR491315	2017 年 9 月	黄秀亮、何忠悦等
7	孙小进	无人机图像采集管理系统 V1.0	2017SR491029	2017 年 9 月	李平安、杨洁等
8	孙小进	无人机智能控制系统 V1.0	2017SR521579	2017 年 9 月	谭立新、黄秀亮等
9	黄亚辉	基于 CCD 的自平衡智能小车控制软件 V1.0	2017SR169676	2017 年 5 月	谭立新、黄秀亮、李平安、肖成、石英春、李彬
10	黄亚辉	基于多源信息融合的 LED 光源节能控制软件 V1.0	2017SR172279	2017 年 5 月	雷道仲、阳领
11	黄亚辉	便携式数字电容表控制系统软件 V1.0	2017SR328745	2017 年 6 月	阳领、雷道仲
12	黄亚辉	便携式液位控制系统软件 V1.0	2017SR328754	2017 年 6 月	阳领、李平安
13	黄亚辉	简易计算器控制软件 V1.0	2017R11S526569	2017 年 10 月	无
14	黄亚辉	出租车计价器控制系统软件 V1.0	2017R11S526614	2017 年 10 月	肖成
15	黄亚辉	超声波测距系统软件 V1.0	2017R11S565804	2017 年 11 月	李刚成
16	黄亚辉	多点温度报警器控制系统软件 V1.0	2017R11S565810	2017 年 11 月	雷道仲、石英春
17	黄亚辉	步进电动机控制系统软件 V1.0	2017R11S565806	2017 年 11 月	无
18	雷道仲	数字电压表控制软件 V1.0		2017 年 8 月	黄亚辉、李平安
19	肖成	WiFi 智能控制系统软件	2017R11L006218	2017 年 3 月	肖成等

3. 国家实用新型专利 9 个（表6）

表6 国家实用新型专利

序号	姓名	专利名称	专利代码	专利类型	获准时间	其他发明人
1	石英春	一种便携式预付费电能表	ZL2016211723013	实用新型	2017 年 9 月	石英春、谭立新、李宇峰、熊英、黄亚辉

序号	姓名	专利名称	专利代码	专利类型	获准时间	其他发明人
2	石英春	基于电能表的远传通信电路	ZL2016214967490	实用新型	2017年9月	石英春、谭立新、肖成、李宇峰、刘锰
3	石英春	一种电能表IC卡短路保护控制电路	ZL2016214967503	实用新型	2017年8月	石英春、雷道仲、孙小进、杨文、黄亚辉
4	李宇峰	一种基于多摄像头的无人机航拍装置	ZL201621316043.1	实用新型专利	2017年5月	李平安、罗坚、雷道仲、石英春
5	黄亚辉	一种用于轮式机器人上的攻击装置组	ZL201720187463.2	实用新型专利	2017年9月	谭立新、李平安、阳领、陈鹏慧、何忠悦、肖成、石英春
6	黄亚辉	一种多功能水下垃圾打捞机器人	ZL201720218144.3	实用新型专利	2017年9月	谭立新、雷道仲、李平安、陈鹏慧、肖成、阳领、罗奇
7	黄亚辉	一种玩具机器人上的远距离抓取装置	ZL201720187464.7	实用新型专利	2017年10月	罗昌政、雷道仲、蔡琼、熊英、吴再华、罗奇、谢哲
8	邓知辉	机器人（人形）	ZL201630648505.9	外观设计专利	2017年5月	刘锰、吴灿辉、汪淼湘
9	肖成	一种基于单片机的无线保真智能小车	ZL201620775650.8	实用新型专利	2017年11月	肖成等

4. 发明专利

1个。

5. 教材3部（表7）

表7　教材

序号	作者	出版时间	著作（教材）名称	出版社	ISBN书号	CIP数据核字号	本书字数	备注
1	孙小进	2017年7月	工业机器人安装、调试与维护	北京理工大学出版社	978－7－5682－4362－9	（2017）第169496号	33.5万	副主编
2	孙小进	2017年7月	工业机器人仿真与离线编程	北京理工大学出版社	978－7－5682－4351－3	（2017）第169962号	52.5万	副主编
3	肖成	2017年1月	Altium Designer电路设计教程	中央广播电视大学出版社	978－7－3040－8371－7	（2017）第003631号	31.9万	参编

6. 项目申报与建设

（1）项目建设。

中高职衔接项目：由湖南信息职业技术学院电子工程学院牵头，长沙市电子工业学校、衡阳市职业中专、郴州综合职业中专等 3 所国家综合改革示范校联合申报的电子信息工程技术专业中高职衔接项目（湘教通〔2014〕402 号）处于实质性建设阶段，2017 年已有 150 多人回到湖南信息职业技术学院电子工程学院开始大专阶段的学习与生活。

无人机专业建设项目：为了更加深入地了解无人机专业的发展动态、前沿技术、科技应用等，在 2016 年的无人机专业建设的基础上，智能仿真教研室孙小进主任带领无人机专业教师团队对博航、北方航空、联诚无人机工作室等多个无人机企业进行了进一步的调研。2017 年上半年，无人机应用技术专业实验室建设方案初稿撰写完毕。

工业机器人工程技术中心建设：2017 年年初，工业机器人工程技术中心验收合格，正式投入教学、科研工作中。

中兴校企合作项目：与中兴校企合作洽谈，2017 年 1 月份，具体的细节性的合同一直在协商沟通中，展开了人才培养方案修订及实验室方案 4G、5G 升级等工作。

（2）项目申报。

2017 年 11—12 月，参与申报项目 8 项，其中有 7 项获得批准或获得推荐资格。见表 8。

表 8　申报项目

序号	项目	参与申报人员	备注
1	全国高校黄大年式教师团队：智能机器人教师团队	谭立新、蔡琼、肖成等	湖南拟推荐对象
2	2017 年高等职业院校优秀青年教师跟岗访学项目：电子电器应用与维修	孙小进、雷道仲、罗昌政等	申报成功
3	2017 年高等职业院校优秀青年教师跟岗访学项目：电子技术应用	黄秀亮，张颖，张平华，胡志等	申报成功
4	长沙市高等职业教育特色专业群：机器人技术应用专业群	孙小进等	2017 年长沙市高等职业教育重点项目入围
5	长沙市高等职业教育精品网络共享课程：单片机应用技术	张卫兵，肖成等	2017 年长沙市高等职业教育重点项目入围
6	长沙市高等职业教育教学团队：智能机器人教学团队	谭立新，蔡琼，肖成等	2017 年长沙市高等职业教育重点项目入围
7	国家级培训项目：企业顶岗电子技术应用	孙小进，黄秀亮	申报成功
8	工业机器人技术专业	蔡琼，熊英，杨文等	未成功

三、社会服务与教学团队建设

承办省级技能竞赛 1 次，承接省本级培训项目 1 项，对外培训 100 多人次，职业技能鉴定 390 余人次，进行对外"工业机器人应用技术专业构建方案"相关专题讲座 5 次。

1. 对外培训与交流

（1）机器人工程技术中心接待领导、兄弟院校、企业、专家参观20余次。

2017年3月24日，江西工业职业技术学院机电工程学院余萍院长一行四人来电子工程学院交流与学习。余萍院长重点参观了工业机器人实训中心、智能玩具项目室、智能仿真项目室、智能控制项目室。参观结束后，与电子工程学院教师进行了深入的交流。

（2）2017年，在衡阳高中，孙小进作为专家出席由湖南省科协举办的全国第38届青少年创新创业大赛湖南赛区。

（3）2017年，孙小进、雷道仲、李平安参加怡雅杯青少年华中地区赛。

2. 技能竞赛承办

（1）2017年5月，承办2016年湖南省职业院校技能竞赛高职组高职嵌入式产品开发项目竞赛。

（2）2017年10月，承办中国教育机器人竞赛湖南赛区比赛。

3. 职业技能鉴定

2017年10月，组织390多人参加Protel制图员职业技能鉴定。

4. 教师外出培训

（1）2017年5月，孙小进、刘锰，北京，中国教育学会学习培训，无人机应用技术项目。

（2）2017年7—8月，蔡琼、龙凯，工业机器人培训。

（3）2017年9月，雷道仲，结束在湖南大学为期一年的国内访问学者的学习，顺利毕业。

（4）2017年9月，蔡琼，结束在中南大学为期一年的国内访问学者的学习，顺利毕业。

（5）2017年全年，张平华作为青年骨干教师在湖南大学进修学习。

5. 教师获得省级荣誉（表9）

表9　教师获得省级荣誉

序号	获奖时间	姓名	成果（项目）名称	授奖单位	成果类别/等级
1	2017年7月	申丹丹	湖南省信息化教学大赛高职信息化课程教学专业课程组项目	湖南省教育厅	二等奖
2	2017年7月	张颖	湖南省信息化教学大赛	湖南省教育厅	二等奖

四、学生管理工作

设立"党员示范岗"，系统培养"三信"英才，这是电子工程学院通过多次党政联席会议研究作出的决定，旨在在新工业革命浪潮下，充分发挥广大党员在立德树人、智能创新方面的示范带头作用，引领、带动学院教师主动、全面提升素质和技能、人格魅力，以促进学生成长成才，使学院在全省及至全国立德树人、智能创新成绩突出，同时，及时总结推广好做法、好经验，不断提升学院的影响力。

1. 以"雷锋精神"为引领，培养有"信仰"的学子

学校地处雷锋故乡望城，雷锋精神有其天然影响力，对大学生而言，雷锋精神的本质：一是在学习上"向上"，发扬刻苦钻研的"钉子"精神；二是在生活上"向上"，发扬艰苦奋斗的创业精神；三是在价值取向上"向善"，发扬"大爱无疆"的奉献精神；四是在人际关系上"向善"，发扬助人为乐的合作精神。主要依托的四个载体：一是每年面向新生的"青春与梦想同在，成长与责任同行"的成人礼活动；二是电子协会，每年以3月5日为代表的不定期为社区进行义务家电维修与智能产品使用咨询等活动；三是机器人协会、无人机协会为中小学进行的机器人创意创新指导与科学普及与应用推广活动；四是国际红十字会志愿服务队"义务献血""关爱老人""腊八节施粥"及其他志愿服务活动。

2. 以"工匠精神"为指引，铸造有"信心"的学子

主要依托：一是课堂与自习专业学习，提升学生的专业基本能力、核心能力与职业素养；二是教学团队组织、学工团队紧密配合的中国机器人竞赛、大学生电子设计大赛、"互联网＋"创新创业大赛、中国教育机器人大赛、机器人和智能电子产品设计与制作、专业协会的日常技术活动、协助教师进行机器人科学研究与技术服务等，彰显机器人技术服务与应用的"技术与工艺"，通过身边的技术技能榜样，提升学生在机器人技术学习过程中的"信心"；三是引导学生追求"工匠精神"的本质与内核，"精益求精、做到极致、专心专注"于机器人装配工艺、结构工艺、程序设计、路径优化、应用编程、视觉控制等技术技能领域，有信心成为机器人某一领域的行家状元。

3. 以"协同创新"为途径，锤炼有"信用"的学子

主要依托：一是电子工程学院创新创业实践基地、项目组、学生创新创业协会、项目路演等进行协同与合作等；二是黄金创业园创业孵化基地、长沙市高新产业开发区、长沙雨花经济开发区等创新创业基地等进行机器人和智能电子产品的创意创新与创业孵化活动，整合与融合社会资源，通过"园校互动"，提高学生的创新意识与创业能力，提升协同意识与合作能力；三是在合作过程中的合同协议意识培养及实现合同协议意识的能力提升，培养学生"重合同、守信用"的公民意识。

具体活动列表如下。

（1）2017年1月1日，"元旦晚会"活动。

（2）2017年3月5日，"电子协会义务维修"活动。

（3）2017年4月9日，"第三十三期党团知识竞赛"活动。

（4）2017年4月23日，"班旗设计大赛"活动。

（5）2017年5月8日，"第70个5·8世界红十字日"活动。

（6）2017年5月，电子工程学院团总支荣获共青团湖南省委员会"五四红旗团总支"称号。

（7）2017年5月25日，"同台唱校歌，爱我湘信院"活动。

（8）2017年6月7日，"七一文艺汇演"活动。

（9）2017年10月9日，"第二届成人礼"活动。

（10）2017年10月20日，"第十三届迎新杯"活动。

五、湖南省电子学会工作

湖南信息职业技术学院是湖南省电子学会（学会）理事长单位，学院院长陈剑旄教授被聘为荣誉理事长，谭立新教授选为湖南省电子学会理事长，秘书处设立在电子工程学院。完成的主要工作如下。

（1）2017年6月21日，举办湖南省电子学会年会，推选先进科技工作者8位、优秀会员8位。总结了2016年度工作，做了2017年的工作计划，邀请了4位专家进行专题讲座。

（2）新发展个人会员18个、单位会员8个。

（3）2017年3月，协办湖南省高校首届研究生电子设计竞赛，大赛取得圆满成功。

六、湖南省机器人与人工智能推广学会

1. 学会筹备工作过程

（1）酝酿阶段：2017年年初。

2017年年初，经湖南瑞森可机器人有限公司（副总经理陈华荣、项目经理王灿）与湖南信息职业技术学院（谭立新院长）协商，为发展湖南省的机器人与人工智能技术，搭建资源、技术、人才培养以及供应链的共享平台，决定发起省级机器人与人工智能推广学会，拟邀请湖南大学王耀南教授为荣誉会长。同时，与中南大学王击教授、湖南科技大学邓朝晖教授、长沙理工大学樊绍胜教授、湖南机电职业技术学院杨翠明院长、长沙智能制造研究院邓子畏院长等人积极沟通，最终得到大家的一致认可，确定正式开始发起学会。

（2）申办阶段：2017年1—4月。

通过发起单位湖南瑞森可机器人科技有限公司项目经理王灿与相关部门多方面的工作沟通，于3月31日获得湖南省民政厅社会组织管理局的核名通知书；4月，正式成立学会筹备组。

（3）征集会员阶段：2017年4—8月。

5—6月，进行学会章程的起草，了解发起单位的参与意愿、参与形式、建议等。7月7日，由湖南省民政厅社会组织管理局主持并召开了发起人座谈会。座谈会上明确了学会的宗旨，表达了发起人自愿参与的意愿，审议了学会章程初稿，提出了对学会发展有利的建议等。8月，学会筹备组工作人员着力于发展会员，确定办公场所，拟定执行机构人员、秘书处工作人员人选等工作，为召开第一次会员大会做准备。

（4）征求意见和报批阶段：2017年9月。

筹备组经一段时间的筹备，完成《关于成立湖南省机器人与人工智能推广学会的请示》《湖南省机器人与人工智能推广学会章程》《湖南省机器人与人工智能推广学会第一届委员会候选人名单》等文件，筹备组成员陈鹏慧多次与湖南省民政厅社会组织管理局进行工作的沟通协调，获得湖南省民政厅社会组织管理局的批准，最终确定召开成立大会的时间、地点和大会议程。

2. 学会召开第一届会员代表大会暨成立大会

2017年10月13日，湖南省机器人与人工智能推广学会成立大会暨第一届会员代表大

会成功召开。学会由湖南大学、中南大学、长沙理工大学、湖南瑞森可机器人有限公司、湖南信息职业技术学院等单位发起成立，湖南省民政厅社会组织管理局龙吉士同志等相关领导出席。

湖南信息职业技术学院原副院长肖放鸣致欢迎辞，并通报了学会筹备工作情况。湖南省民政厅社会组织管理局龙吉士宣读同意召开第一次会员大会的批复文件。大会上通报了学会章程、执行机构、理事会成员，选举产生了本届理事会的常务理事、会长、副会长、秘书长等。湖南大学国家"十二五""863"项目智能机器人主题专家、博士生导师王耀南教授、国防科技大学机电工程与自动化学院博士生导师、国际奥林匹克青少年智能机器人竞赛中国赛区委员会主席马宏绪教授当选为学会名誉会长，湖南信息职业技术学院院长陈剑旄教授当选为会长。

第十一节　2018年电子工程学院大事记

一、人才培养

（1）全年组织和指导学生参加全国技能竞赛项目、湖南省技能竞赛项目20项次，获奖人次62余人次，特等奖3人次1项次，一等奖22人次8项次，二等奖22余人次8项次。见表1。

表1　技能竞赛获奖情况

序号	时间	获奖项目	主办单位	获奖学生	指导教师	获奖等级
1	2018年1月	2018年湖南省职业院校技能竞赛嵌入式技术与应用开发项目	湖南省教育厅	李政、罗光辉、何元福	雷道仲、孙小进	一等奖
2	2018年1月	2018年湖南省职业院校技能竞赛嵌入式技术与应用开发项目	湖南省教育厅	夏恩铭、杨志雄、蔡虎	李平安、李宇峰	二等奖
3	2018年1月	2018年湖南省职业院校技能竞赛电子产品芯片级检测维修与数据恢复项目	湖南省教育厅	朱金露、王永成	张卫兵、肖成	一等奖
4	2018年1月	2018年湖南省职业院校技能竞赛电子产品芯片级检测维修与数据恢复项目	湖南省教育厅	刘柯成、邹序波	李雪东、张卫兵	二等奖

序号	时间	获奖项目	主办单位	获奖学生	指导教师	获奖等级
5	2018 年 4 月	2018 年全国职业院校技能竞赛电子产品芯片级检测维修与数据恢复项目	教育部	刘柯成，邹序波	肖成、张卫兵	二等奖
6	2018 年 5 月	湖南省机器人大赛	湖南省机器人与人工智能推广协会	蔡虎、刘明昊	廖梦笔，石英春	二等奖
7	2018 年 5 月	2018 年中国服务机器人大赛助老环境与安全服务项目	中国自动化学会、教育部高等学校自动化类专业教学指导委员会	廖佐军、尹俊、曾浩铠	蔡琼、龙凯、陈鹏慧	二等奖
8	2018 年 5 月	2018 年中国服务机器人大赛助老生活服务项目	中国自动化学会、教育部高等学校自动化类专业教学指导委员会	马志平、丁丁瑶、谢学文	谭立新、张卫兵、钟卫桥	三等奖
9	2018 年 5 月	2018 年中国服务机器人大赛助老助残创意赛项目	中国自动化学会、教育部高等学校自动化类专业教学指导委员会	蔡虎、杨丰宇、段宇涛	谭立新、雷道仲、王魏	季军（一等奖）
10	2018 年 5 月	2018 年湖南省机器人大赛植保无人机项目	湖南省机器人与人工智能推广学会、湖南省电子学会、湖南省机器人产业技术创新战略联盟	方志东、王志坚、徐畅鑫	刘锰、邹华	一等奖
11	2018 年 5 月	2018 年湖南省机器人大赛足球机器人项目	湖南省机器人与人工智能推广学会、湖南省电子学会、湖南省机器人产业技术创新战略联盟	雷淋淋、胡峰、李标	刘锰、石英春	三等奖
12	2018 年 5 月	2018 年湖南省机器人大赛小四轴飞行器项目	湖南省机器人与人工智能推广学会、湖南省电子学会、湖南省机器人产业技术创新战略联盟	宁望文、蒋文明、邓定东	刘锰、黄亚辉	三等奖

序号	时间	获奖项目	主办单位	获奖学生	指导教师	获奖等级
13	2018 年 5 月	2018 年全国职业院校技能竞赛嵌入式技术与应用开发项目	全国职业院校技能大赛组织委员会	罗光辉、夏恩铭、李政	李平安、李宇峰	三等奖
14	2018 年 7 月	第五届大唐杯全国大学生移动通信技术大赛湖南赛区	电信科学技术研究院、中国通信学会、大唐移动通信设备有限公司	谷小科，李岳强	廖梦笔，孙小进	二等奖
15	2018 年 7 月	第五届大唐杯全国大学生移动通信技术大赛湖南赛区	电信科学技术研究院、中国通信学会、大唐移动通信设备有限公司	朱用兵、李勇强	孙小进，廖梦笔	二等奖
16	2018 年 7 月	第五届大唐杯全国大学生移动通信技术大赛湖南赛区	电信科学技术研究院、中国通信学会、大唐移动通信设备有限公司	刘思颖、谭翼衡	孙小进，廖梦笔	三等奖
17	2018 年 10 月	2018"行学启源"杯全国职业院校无人机应用创新技能大赛控飞行挑战赛项目	全国航空工业职业教育教学指导委员会	胡肖宁、李乐	刘锰、孙小进	三等奖
18	2018 年 10 月	2018"行学启源"杯全国职业院校无人机应用创新技能大赛程控飞行挑战赛项目	全国航空工业职业教育教学指导委员会	邓定东、罗光辉	陈鹏慧、刘锰	三等奖
19	2018 年 11 月	2018 年第八届中国教育机器人大赛机器人灭火和救援项目	中国教育机器人大赛组委会、中国人工智能学会	杨志雄、周志童、蒲高辉	李平安、张平华	一等奖
20	2018 年 11 月	2018 年第八届中国教育机器人大赛机器人高铁游中国项目	中国教育机器人大赛组委会、中国人工智能学会	夏恩铭、刘明昊、唐立波	雷道仲、黄亚辉	特等奖
21	2018 年 11 月	2018 年第八届中国教育机器人大赛机器人搬运码垛项目	中国教育机器人大赛组委会、中国人工智能学会	罗光辉、周翔	李刚成、王小金	一等奖

续表

序号	时间	获奖项目	主办单位	获奖学生	指导教师	获奖等级
22	2018年11月	2018年第八届中国教育机器人大赛机器人搬运项目	中国教育机器人大赛组委会、中国人工智能学会	蔡虎、王欣东、杨丰宇	肖成、徐红丽	二等奖
23	2018年11月	2018年第八届中国教育机器人大赛机器人擂台项目	中国教育机器人大赛组委会、中国人工智能学会	李政、夏恩铭、蔡虎	孙小进、石英春	一等奖
24	2018年11月	2018年第八届中国教育机器人大赛小型物流机器人系统项目	中国教育机器人大赛组委会、中国人工智能学会	罗光辉、杨志雄、李政	谭立新、李亚峰	一等奖

（2）电子工程学院鼓励教师、学生参加各类各级创新创业大赛、互联网+大赛，获得的荣誉见表2。

表2 创新创业大赛、互联网+大赛获奖情况

序号	时间	获奖项目	主办单位	获奖学生	指导教师	获奖等级
1	2018年5月	2018年"创青春"湖南省大学生创业大赛长沙星宏电子科技有限公司项目	湖南省团省委、省教育厅、省经信委、省人社厅、省科协、省学联	李厚超、赵赛格、徐双吉、李标、孙祺、徐畅鑫、方志东	刘锰、黄亚辉、廖梦笔	银奖
2	2018年5月	2018年长沙市黄炎培职业教育奖创业规划大赛消费级无人机服务项目	长沙市教育局	李乐、胡肖宁、王志坚、蒋文明、宁望文	刘锰、黄亚辉	二等奖
3	2018年6月	2018年"挑战杯——彩虹人生"湖南省职业学校创新创效创业大赛速航无人机项目	湖南省团省委、省教育厅、省经信委、省人社厅、省科协、省学联	李乐、胡肖宁、李厚超、邓定东、宁望文、谌海文	黄亚辉、刘锰、廖梦笔	二等奖
4	2018年6月	2018年"挑战杯——彩虹人生"湖南省职业学校创新创效创业大赛"英雄梦"原创智能电子产品项目	湖南省团省委、省教育厅、省经信委、省人社厅、省科协、省学联	赵赛格、罗杨、胡峰、孙祺、孙紫琦	刘锰、邹华、石英春	二等奖

序号	时间	获奖项目	主办单位	获奖学生	指导教师	获奖等级
5	2018 年 6 月	2018 年"挑战杯——彩虹人生"全国职业学校创新创效创业大赛"英雄梦"原创智能电子产品项目	共青团中央、教育部、人力资源社会保障部、中国科协、全国学联	胡峰、赵赛格、罗杨、孙祺、孙紫琦、谌海文、曾超、肖威、胡肖宁、李厚超	刘锰、邹华、黄亚辉	三等奖
6	2018 年 8 月	2018 年第四届中国"互联网+"大学生创新创业大赛原创智能玩具项目	湖南省教育厅	肖威、孙祺、胡峰、夏璐、孙紫琦、徐畅鑫、谌海文、曾超	刘锰、邹华、张平华	三等奖
7	2018 年 11 月	2018 年湖南省黄炎培职业教育奖创业规划大赛消费级无人机服务项目	湖南省教育厅	李乐、胡肖宁、王志坚、蒋文明、宁望文	刘锰、黄亚辉	三等奖

（3）2018 年 11 月 20 日开始，认真做好 2016 级 370 名学生的顶岗实习与就业推荐工作，主要有华为、中兴通讯、华灿广电、威盛、浙江金来、新世纪光电等全国知名企业。

二、科学研究与专业建设

省级以上科研（重点）立项 4 项，发表研究论文 28 余篇（其中 SCI 收录 1 篇、中文核心 2 篇），出版专著、教材 4 部，国家发明专利 4 个，实用新型专利 8 项，计算机软件著作权 28 余项。

1. 科研教研项目 3 项（表 3）

表 3　科研教研项目

序号	姓名	项目名称	项目编号	项目来源	项目类别	批准时间	参研人员
1	邓知辉	电路设计与仿真精品在线开放课程	湘教通〔2018〕430 号	省教育厅	省级精品在线开放课程建设项目	2018 年 9 月	邓知辉、朱运航、张颖、曹璐云、彭宏娟
2	孙小进	长沙市地方高职院校专业设置与产业结构对接实践研究	2018 csskkt78	长沙市社会科学规划委员会长沙市社会科学界联合会	长沙市社科规划一般项目	2018 年 10 月	李刚成、陈鹏慧、李平安

序号	姓名	项目名称	项目编号	项目来源	项目类别	批准时间	参研人员
3	肖成	省级精品在线开放课程建设项目——PCB 设计技术		湖南省教育厅	省级精品在线开放课程建设项目	2018 年9 月	熊英、李雪东、李刚成等
4	王小金	新时代下长沙市职业院校网络意识形态安全研究	2018 csskkt41	长沙市社会科学规划委员会长沙市社会科学界联合会	长沙市社科规划一般项目	2018 年7 月	傅如良、蔡琼、邹华

2. 论文 28 篇（表 4）

表 4　论文

序号	姓名	论文名称	发表刊物	主办单位	ISSN 刊号	CN 刊号	发表日期	期刊级别
1	谭立新	基于"项目驱动、八维一体"的高职机器人教学团队建设思考	工业和信息化教育	电子工业出版社	2095 – 5065	10 – 1101/ G4	2018 年1 月	省级以上
2	阳领	以学生为主体的高职院校课程教学实践浅探——以《单片机应用技术》为例	科技经济导刊	山东省科学技术协会	ISSN 2096 – 1995	CN37 – 1508/N	2018 年1 月	省级
3	孙小进	长沙市生态文明理念下的大学生生态创业研究	学园	云南出版传媒（集团）有限责任公司	1674 – 4810	53 – 1203/C	2018 年1 月	省级
4	孙小进	基于现代学徒制的高职人才培养体系研究	科学大众（科学教育）	江苏省科协	1006 – 3315	32 – 1427/N	2018 年1 月	省级
5	孙小进	生态文明理念下的大学生生态创业的生态环境研究	科学大众（科学教育）	江苏省科协	1006 – 3315	32 – 1427/N	2018 年2 月	省级

序号	姓名	论文名称	发表刊物	主办单位	ISSN 刊号	CN 刊号	发表日期	期刊级别
6	李宇峰	Inverstigating image Stitching for Action Recognition	Multimedia Tools and Applications	Springer US	1380－7501（Print）1573－7721（Online）WOS：000425132600020		2018 年 2 月	SCI 收录
7	孙小进	生态文明理念下的大学生创新创业体系研究	当代教研论丛	哈尔滨市教育研究院	2095－6517	23－1586/G4	2018 年 2 月	省级
8	孙小进	基于 KAS 的机器人技术应用专业群课程体系构建	创新创业理论研究与实践	黑龙江格言杂志社有限公司	2096－5206	23－1604/G4	2018 年 2 月	省级
9	李平安	大学创新创业教育的实践模式与探索	创新创业理论研究与实践	黑龙江格言杂志有限公司	2096－5206	23－1604/G4	2018 年 3 月	省级
10	孙小进	生态文明理念下的大学生生态创业素质的研究	现代职业教育	山西教育教辅传媒集团有限责任公司	2096－0603	14－1381/G4	2018 年 3 月	省级
11	左光群	无线通信在金属输送管热处理生产线中的设计与应用	世界有色金属	有色金属技术经济研究院	ISSN1002－5065	CN11－2472/TF	2018 年 4 月	国家级
12	孙小进	基于"职业技能竞赛"的创新创业激励机制的构建研究	当代教育实践与教学研究	方圆电子音像出版社有限公司	2095－6711	13－9000/G	2018 年 4 月	省级
13	王小金	Humble Opinion about the Challenges and Countermeasures of College Ideological and Political Education in the New Media Times	Information and Business Management	Singapore Management and Sports Science Institute	2251－3051	978－981－11－7597－8	2018 年 6 月	国际会议

序号	姓名	论文名称	发表刊物	主办单位	ISSN 刊号	CN 刊号	发表日期	期刊级别
14	孙小进	无人船运行轨迹图像细化分割方法	舰船科学技术	中国舰船研究院；中国船舶信息中心	1672－7649	11－1885/U	2018 年 6 月	中文核心
15	李平安	高职教育"以赛促学、以赛促教"教学模式改革探析	求知导刊	广西期刊传媒集团有限公司	2095－624X	45－1393/N	2018 年 7 月	省级
16	张卫兵	FAST 算法机器人角点检测中的应用与研究	电子制作	中国商业联合会	1006－5059	CN11－3571/TN	2018 年 7 月	省级
17	刘锰	高职院校大学生创新创业教学实践与教育研究	东方教育	江苏广播电视报	2079－3111	32－0034	2018 年 7 月	省级
18	肖成	翻转课堂在电子信息类实践教学中的应用探讨	科学咨询（教育科研）	重庆市人民政府科技顾问团	1671－4822	50－1143/N	2018 年 7 月	省级以上
19	肖成	以学科竞赛为导向的电子信息专业实践教学研究	科学咨询（科技·管理）	重庆市人民政府科技顾问团	1671－4822	50－1143/N	2018 年 7 月	省级以上
20	肖成	浅谈电子信息专业智能控制技术实训基地建设的实现	数字通信世界	电子工业出版社	1672－7274	11－5154/TN	2018 年 7 月	省级以上
21	肖成	湖南中高职衔接试点项目电子信息工程技术专业建设纪实	现代职业教育	山西教育教辅传媒集团有限责任公司	2096－0603	14－1381/G4	2018 年 7 月	省级以上

序号	姓名	论文名称	发表刊物	主办单位	ISSN刊号	CN刊号	发表日期	期刊级别
22	肖成	浅析如何创建中高职衔接项目智能机器人教师团队	现代职业教育	山西教育教辅传媒集团有限责任公司	2096 – 0603	14 – 1381/ G4	2018年7月	省级以上
23	孙小进	基于遥感图像的船舶航迹追踪算法研究	舰船科学技术	中国舰船研究院、中国船舶信息中心	1672 – 7649	11 – 1885/U	2018年7月	中文核心
24	阳领	基于单片机的智能家居加湿系统设计	科技风	河北省科技咨询服务中心	ISSN 1671 – 7341	CN13 – 1322/N	2018年9月	
25	阳领	传感器应用技术课程教学改革实践	信息系统工程	天津市信息中心	ISSN 1001 – 2362	CN12 – 1158/N	2018年9月	
26	孙小进	现代学徒制背景下高职院校工匠精神培育探究	现代职业教育	山西教育教辅传媒集团有限责任公司	2096 – 0603	14 – 1381/ G4	2018年9月	省级
27	王小金	长沙市院校网络意识形态安全建设的路径探究	广东蚕业	广东省蚕学会	2095 – 1205	44 – 1319/S	2018年9月	省级以上
28	张平华	Curriculum Development of Application Technology of Micro-controllers Based on Mooc	2017 3rd International Conference on Social Science and Development（ICSSD 2017）	DEStech Publications, Inc.	978 – 1 – 60595 – 517 – 9			

3. 教材3部（表5）

表5 教材

序号	作者	出版时间	著作（教材）名称	出版社	ISBN书号	CIP数据核字号	本书字数	备注
1	刘锰	20182	小型嵌入式产品开发	合肥工业大学出版社	978 – 7 – 5650 – 3845 – 7	（2018）第029169号	25万	主编

序号	作者	出版时间	著作（教材）名称	出版社	ISBN书号	CIP数据核字号	本书字数	备注
2	孙小进	20183	生态文明理念下的大学生生态创业	中国原子能出版社	978－7－5022－8873－0	（2018）第034775号	22万	独著
3	孙小进	20182	小型嵌入式产品开发	合肥工业大学出版社	978－7－5650－3845－7	（2018）第029169号	26万	副主编

4. 发明专利4个（表6）

表6　发明专利

序号	姓名	专利名称	专利代码	获准时间	其他发明人
1	孙小进	一种射频通信系统	ZL201510299761.6	2018年1月	李平安，黄秀亮等
2	陈鹏慧	一种用于工件分拣的机器人	ZL201610051539.9	2018年2月	蔡琼，龙凯，刘泽文，钟淼
3	龙凯	运输装置及其实现方法	ZL201510885225.4	2018年10月	张卫兵，李刚成，谭立新，游铁刚，蔡琼，陈鹏慧，肖成
4	张卫兵	运输装置及实现方法	ZL201510885225.4	2018年10月	李刚成，龙凯，谭立新

5. 国家实用新型专利8个（表7）

表7　国家实用新型专利

序号	姓名	专利名称	专利代码	获准时间	其他发明人
1	黄亚辉	物流运输机器人	ZL201720218115.7	2018年3月	雷道仲，阳领，蔡琼，张平华，张卫兵，胡志，徐红丽
2	邓知辉	一种智能台灯	ZL201720484930.8	2018年5月	刘锰，汪森湘，方志东，雷淋淋，吴灿辉
3	石英春	通信信号电平转换电路	ZL2018202514709	2018年9月	石英春，陈圣明，杨文，李宇峰，曹璐云
4	石英春	低功耗电压检测电路	ZL2018202536587	2018年11月	石英春，李刚成，蔡琼，刘斌
5	龙凯	一种公路直管式排水管廊用管道清理机器人	ZL201720522444.0	2018年5月	李刚成，蔡琼，陈鹏慧，张卫兵

序号	姓名	专利名称	专利代码	获准时间	其他发明人
6	龙凯	一种机器人抓取装置	ZL201721034969.6	2018 年 5 月	陈鹏慧，刘锰，李刚成，张卫兵
7	龙凯	一种土壤采样机器人	ZL201721140848.X	2018 年 5 月	张卫兵，陈鹏慧，蔡琼，李刚成
8	孙小进	一种无人机高空摄像装置	ZL201720924206.2	2018 年 2 月	邱立国，黄秀亮，雷道仲等

6. 计算机软件著作权 28 个（表 8）

表 8　计算机软件著作权

序号	姓名	成果（项目）名称	登记号	获准时间	参与人员
1	黄亚辉	电子密码锁控制系统软件 V1.0	2018SR202235	2018 年 3 月	徐红丽
2	黄亚辉	红外遥控开关控制系统软件 V1.0	2018SR205069	2018 年 3 月	
3	黄亚辉	万年历控制系统软件 V1.0	2018SR205048	2018 年 3 月	柴静
4	黄亚辉	交通灯控制系统软件 V1.0	2018SR278610	2018 年 4 月	罗奇
5	黄亚辉	足球机器人小车系统软件 V1.0	2018SR513039	2018 年 7 月	
6	黄亚辉	双足行走机器人控制系统软件 V1.0	2018SR513035	2018 年 7 月	
7	阳领	基于单片机的超声波测距系统软件	2018SR673101	2018 年 8 月	阳领，雷道仲
8	阳领	基于多传感融合的智能家居控制系统软件	2018SR673103	2018 年 8 月	阳领，雷道仲
9	张颖	超声波测距仪软件 V1.0	2018SR676141	2018 年 8 月	
10	张颖	基于互相关和矩阵乘 DFT 重采样的图像配准仿真软件 V1.0	2018SR676619	2018 年 8 月	
11	张颖	基于傅里叶梅林变换的图像配准仿真软件 V1.0	2018SR676562	2018 年 8 月	
12	张颖	多功能定时器软件 V1.0	2018SR677576	2018 年 8 月	
13	张颖	贪吃蛇游戏软件 V1.0	2018SR674215	2018 年 8 月	
14	张颖	特征与频率域相结合的异源图像配准仿真软件 V1.0	2018SR674209	2018 年 8 月	
15	张卫兵	智能家居机器人 WiFi 远程制系统 V1.0	2018SR494325	2018 年 7 月	李斌，郑明贵，肖成
16	刘锰	小四轴无人机软件 V1.0	2018SR635768	2018 年 8 月	汪森湘，黄继雄，龙凯

序号	姓名	成果（项目）名称	登记号	获准时间	参与人员
17	刘锰	蓝牙小车手机 APP 控制程序软件 V1.0	2018SR628845	2018 年 8 月	汪森湘，龙凯，黄继雄
18	刘锰	舞蹈机器人软件 V1.0	2018SR629933	2018 年 8 月	邓知辉，石英春，尹小雁
19	刘锰	手机音乐播放器 V1.0	2018SR6289030	2018 年 8 月	黄秀亮，邹华，邓知辉
20	李宇峰	基于 Android 的相机参数设置软件	2017SR629898	2018 年 1 月	李宇峰
21	李宇峰	多镜头监控摄像机的移动检测模块的嵌入式软件 V1.0	2018SR058871	2018 年 1 月	李宇峰，李平安，石英春
22	李宇峰	多镜头监控摄像机的智能补光模块的嵌入式软件 V1.0	2018SR058904	2018 年 1 月	李宇峰，徐红丽，孙小进
23	龙凯	智能机器人研究分析工作系统	2018SR870155	2018 年 10 月	陈鹏慧，张卫兵，蔡琼，刘锰，李刚成
24	孙小进	无人机地面站操控平台 V1.0	2018SR184990	2018 年 3 月	李平安，黄秀亮等
25	孙小进	自动化高精度激光雕刻系统 V1.0	2018SR183154	2018 年 3 月	黄秀亮，李平安等
26	张平华	一种基于 FPGA 的动态干燥米箱软件 V1.0	2018SR512075	2018 年 7 月	
27	张平华	一种基于 FPGA 的智能课桌辅助系统软件 V1.0	2018SR512057	2018 年 7 月	
28	张平华	基于 FPGA 的直接序列扩频通信系统软件 V1.1	2018SR188750	2018 年 3 月	

7. 项目申报、建设与验收

（1）"工业机器人技术专业"现代学徒制项目的申报与建设：2018 年 5 月，由蔡琼带领的工业机器人团队成功申报了工业机器人技术专业的现代学徒制项目。2018 年 10 月，该项目正式进入建设阶段。

（2）一流特色专业群申报的申报与建设：成功申报湖南省高等职业教育一流特色专业群建设项目——机器人技术应用专业群。

（3）中高职衔接项目验收：2018 年 3 月，湖南省职业教育"十二五"重点建设项目——电子信息工程技术专业中高职衔接试点项目验收合格。

（4）无人机实验室建设项目：无人机实验室建设方案论证，已上报学校党委会议，采购计划通过，预计在 2019 年上半年进行建设。

（5）实验室改造项目：印制电路板制作中心产地改造，工作台进行了全面更换。

三、社会服务与教学团队建设

承接国家、省级培训项目 3 项，对外培训 100 多人次，职业技能鉴定 370 余人次，接待上级领导、兄弟院校、中职院校参观交流 20 余次，进行科普推广 10 余次。

1. 对外培训与交流

（1）2018 年 6 月 11—15 日、2018 年 10 月 8 日—11 月 11 日，2017 年中等职业院校优秀青年教师跟岗访学项目：电子电器应用与维修，培训人数 2 人。

（2）2018 年 6 月 11—15 日、2018 年 10 月 8 日—11 月 11 日，2017 年中等职业院校优秀青年教师跟岗访学项目：电子技术应用，培训人数 6 人。

（3）2018 年 7 月 15 日—8 月 5 日，2018 年湖南省职业院校教师省级培训项目，"中国制造 2025"新技术应用培训，人工智能技术培训，培训人数 30 人。

（4）2018 年 7 月 9 日—8 月 8 日，2017 年湖南省职业院校教师国家级培训项目——中职教师企业实践（电子技术应用）实施，培训人数 8 人。

（5）2018 年 6 月 30 日—7 月 15 日，湖南省广播电视高山台站技术人员广播电视技术理论知识培训班，培训人数 40 人。

（6）智能控制项目室、智能玩具项目室、智能仿真项目室、机器人工程技术中心等，接待领导、兄弟院校、企业、专家参观次数 20 余次。

（7）学生社团电子协会、机器人协会、无人机协会进行义务维修、科普推广 10 余次。

2. 职业技能鉴定

2018 年 10 月，组织 322 人参加 Protel 制图员职业技能鉴定。

3. 教师外出培训

（1）2018 年 1 月 27 日—2 月 4 日，陈鹏慧、廖梦笔，上海锡月科技有限公司，无人机骨干教师培训项目。

（2）2018 年 4 月 18—21 日，蔡琼、高维、袁雪琼，上海西玛特培训。

（3）2018 年 5 月 17—19 日，阳领，湖南省科协，国家创新工程师培训。

（4）2018 年 6 月 10—11 日，高维、陈圣明，乐山职业技术学院，第六届全国现代学徒制试点工作培训班。

（5）2018 年 7 月 5—31 日，张平华，湖南化工职业技术学院，湖南省职业院校信息技术应用能力培训。

（6）2018 年 7 月 21—28 日，杨文、陈圣明，湖南新硕自动化有限公司，工业机器人视觉技术培训。

（7）2018 年 7 月 16 日—8 月 5 日，阳领，湖南省职业院校"中国制造 2025"新技术应用（人工智能技术）培训。

（8）2018 年 8 月 5—13 日，谭立新、李刚成、蔡琼、雷道仲、孙小进、陈鹏慧，上海同济大学职业教育学院与景格学院，专业带头人综合能力提升暑期培训班。

（9）2018 年 8 月 1—30 日，肖成，职业院校教师素质提高计划，2018 高职专业带头人领军能力研修（电子信息类专业）。

（10）2018 年 8 月 21 日—9 月 2 日、2018 年 10 月 8 日—11 月 4 日，王巍，2018 年湖南优秀青年教师跟岗访学。

（11）2018 年 11 月 2—11 月 4 日，肖成、邓知辉，省级精品在线开放课程培训，湖南教育厅。

（12）2018 年 10 月 24—26 日，黄亚辉，湖南大学，长沙市青年岗位能手职业素质培训。

（13）2018 年 11 月 17 日，肖成、孙小进等人，参加公需科目《加快开放强省建设》（2018 年度）培训。

（14）2018 年 6 月 5—7 日，熊英，武汉中国国际自动化与机器人博览会；2018 年 12 月 6 日—12 月 7 日，武汉 2018 Matlab 和 Simulink 技术研讨会（人工智能方向）。

（15）2018 年 9 月，陈鹏慧，开始在中南大学为期一年的国内访问学者的学习。

（16）2018 年 9 月，蔡琼作为青年骨干教师，开始在湖南大学进修学习。

4. 教师获得省级荣誉（表 9）

表 9　教师获得省级荣誉

序号	获奖时间	姓名	成果（项目）名称	授奖单位	成果类别/等级
1	2018.03	谭立新等	系统论视野下机器人应用人才培养湖南省职业教育省级教学成果奖	湖南省教育厅	二等奖
2	2018.08	张平华等	《别让递归毁了你的生活》湖南省职业院校技能竞赛教师职业能力比赛课堂教学	湖南省教育厅	三等奖
3	2018.09	谭立新	国家"万人计划"教学名师（高等学校）候选人（高等职业学校）	湖南省教育	湖南省推荐